# 개념탑재 인벤터
# 부품 모델링 기초 2일 마스터

**개념탑재 인벤터**

**부품 모델링 기초 2일 마스터**

**발 행** | 2023년 9월 15일 초판 1쇄

**저 자** | 정인수, 이예진, 이승열, 김애림
**발 행 처** | 피앤피북
**발 행 인** | 최영민
**주 소** | 경기도 파주시 신촌로 16
**전 화** | 031-8071-0088
**팩 스** | 031-942-8688
**전자우편** | pnpbook@naver.com
**출판등록** | 2015년 3월 27일
**등록번호** | 제406-2015-31호



**정가 : 24,000원**

**ISBN** 979-11-92520-60-5 (93550)

---



---

국가직무능력표준
National Competency Standards

정인수 · 이예진 · 이승열 · 김애림 공저

# 인벤터 부품 모델링 기초 2일 마스터

피앤피북

# PREFACE

3D CAD는 현대 제조 및 설계 분야에서 더 이상 선택 사항이 아닌 필수적인 소프트웨어이며, 제품의 개발과 생산 과정에서 빠르고 정확한 3D 모델링은 혁신과 경쟁력을 결정하는 핵심적인 요소 중 하나입니다.

다양한 3D CAD 소프트웨어 중 Autodesk Inventor는 제품 디자인 및 엔지니어링 작업을 효율적으로 수행하기 위해 기계설계, 소비재 디자인 등 다양한 산업 분야에서 널리 사용되고 있으며, 개념탑재 CAD 시리즈의 3번째 도서인 '개념탑재 인벤터 부품 모델링'은 디지털 디자인 분야의 성장과 혁신을 주도하고자, Inventor를 활용한 부품 모델링에 초점을 맞추어 출간되었습니다.

현대 산업 분야에서는 정밀하고 효율적인 부품 모델링 기술이 제품 개발의 핵심 역량으로 자리매김하고 있습니다. 이에 따라 우리는 Inventor의 강력한 기능과 기술을 통해 디자이너와 엔지니어들이 창의적이고 혁신적인 제품을 개발하도록 돕고자 합니다.

이 책은 초보자부터 전문가까지 이론과 실무의 조화를 통해 Inventor를 효과적으로 활용하여 복잡한 부품을 모델링하고 디자인하는 과정을 경험하도록 돕기 위해 만들어졌으며, 기존에 사용하던 다른 3D CAD에서 Inventor로 전환하려는 분들에게 Inventor의 다양한 기능을 빠르게 습득하고 활용할 수 있도록 안내되어 있습니다.

그리고 Youtube 채널 'TOP JAE 개념탑재술'에 제공되는 학습 동영상을 이 책과 함께 활용하면 Inventor를 더욱 쉽고 편하게 익힐 수 있을 것이라 생각하며, 학습 과정 중에 궁금한 사항은 네이버 카페 '개념탑재술'을 통해 질문을 남겨주시면 성심성의껏 답변드리도록 하겠습니다.

이 책을 통해 학습하시는 모든 분들이 Autodesk Inventor 제품을 활용해 산업 현장에서 창의적이고 혁신적인 기여를 이루어낼 수 있기를 기대하며, 앞으로도 준비 중인 '개념탑재' 도서 시리즈와 **'개념탑재 인벤터 조립품 모델링, 도면'** 책에도 많은 관심 부탁드리겠습니다.

감사합니다.

2023년 9월
저자 일동

- **개념탑재술 Youtube 채널 : https://www.youtube.com/@TOPJAE**
- **개념탑재술 네이버 카페 : https://cafe.naver.com/topjae**
- **개념탑재 센터 : https://topjae.inclass.co.kr/**

CHAPTER. 01

## Inventor 시작하기 12

CONTENTS

## CHAPTER. 02

## 사용자 환경 최적화 및 공동 작업 도구 36



## CHAPTER. 03

## 스케치와 부품 피처 60

## CHAPTER. 04
## 기초 형상 3D 모델링 84

CONTENTS

CHAPTER. 05

# 응용 형상 3D 모델링 136

CONTENTS

# CHAPTER. 01

## Inventor 시작하기

SECTION 01

# Inventor에 대해서

## 01 Inventor에 대해서

Inventor는 기계설계를 위한 3D CAD 소프트웨어로 강력한 3D 모델링, 프레임 설계, 프리젠테이션, 도면, 시뮬레이션 도구 등을 제공하고 있으며, 사용자는 Inventor의 다양한 도구를 활용해 제품을 신속하게 설계하고 반복적인 작업을 자동화할 수 있습니다.

### 1 주요 기능

- **파라메트릭 모델링**

직관적인 사용자 인터페이스로 설계에 중점을 두고 3D 모델을 작성할 수 있습니다.

- **어셈블리 모델링**

다양한 어셈블리 방법으로 각 조립품을 설계하고 부품 간의 간섭 확인이 가능합니다.

- **도면 작성**

제조용 도면을 신속하게 작성하고 DWG 파일과의 높은 호환성을 제공합니다.

- **프레임 설계**

용접 구조물을 신속하게 설계하고 시뮬레이션 할 수 있습니다.

- **판금**

복잡한 판금 제품을 설계하고 편집이 가능합니다.

- **컨텐츠 센터**

최적화된 라이브러리가 제공되어 표준 부품을 추가하고 신속한 설계가 가능합니다.

## 02 Inventor 2024 Windows의 시스템 요구사항

| 시 스 템 | 요 구 사 항 |
|---|---|
| 운영 체제 | 64비트 Microsoft® Windows® 11 및 Windows 10 이상 |
| 프로세서 | 최소: 2.5 GHz 이상<br>권장: 3.0GHz 이상, 4개 이상의 코어 |
| 메모리 | 최소: 16GB RAM(부품 조립품이 500개 미만인 경우)<br>권장: 32GB RAM 이상 |
| 해상도 | 일반 디스플레이: 1280 x 1024<br>권장: 3840 x 2160(4K)<br>최적 화면 배율: 100%, 125%, 150% 또는 200% |
| 그래픽 | 최소: 29GB/S 대역폭 및 DirectX 11을 지원하는 1GB GPU<br>권장: 106GB/S 대역폭 및 DirectX 11을 지원하는 4GB GPU |
| 디스크 공간 | 설치 프로그램 및 전체 설치: 40GB |
| 네트워크 | 다음은 Autodesk Network License Manager에서 지원되는 운영 체제입니다.<br><br>· Windows 7 SP1<br>· Windows 10<br>· Windows Server 2016<br>· Windows Server 2019 |
| 포인팅 장치 | MS 마우스 규격<br>생산성: 3DConnexion SpaceMouse®, 드라이버 버전 10.7.0 이상 |
| .NET Framework | .NET Framework 버전 4.8 이상 |

SECTION 02

# 새로 만들기 및 파일 형식

## 01 새로 만들기

Inventor에서 템플릿을 선택해 새 파일을 작성하기 위해 새로 만들기 명령을 실행하는 방법입니다.

### 1 파일 메뉴에서 새로 만들기

파일 메뉴의 [새로 만들기] 명령을 이용하여 새 파일을 작성할 수 있습니다.

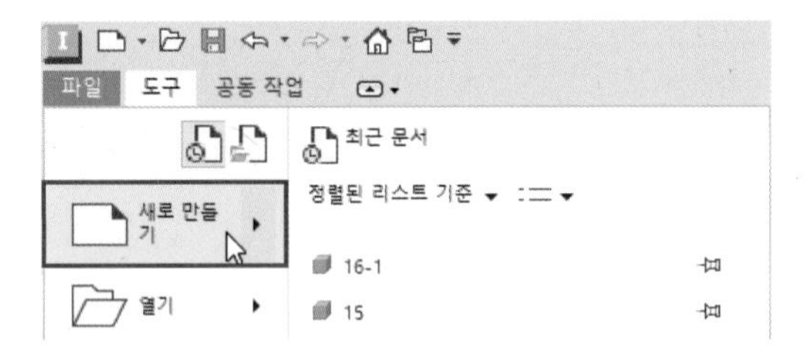


### 2 홈 탭에서 새로 만들기

홈 탭의 [새로 만들기] 명령을 이용하여 새 파일을 작성할 수 있습니다.

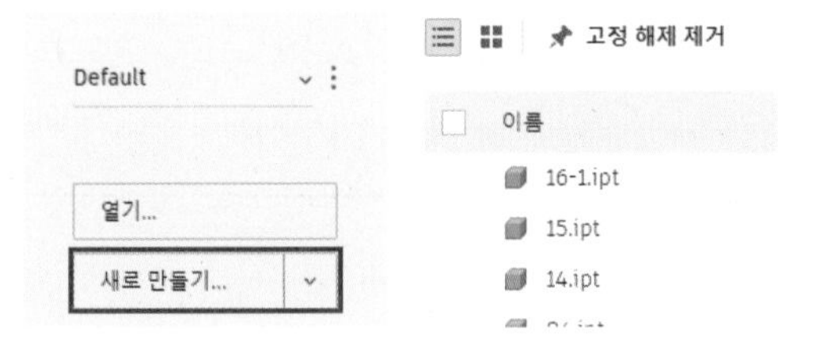


### 3 신속 접근 도구막대에서 새로 만들기

신속 접근 도구막대의 [새로 만들기] 명령을 이용하여 새 파일을 작성할 수 있습니다.

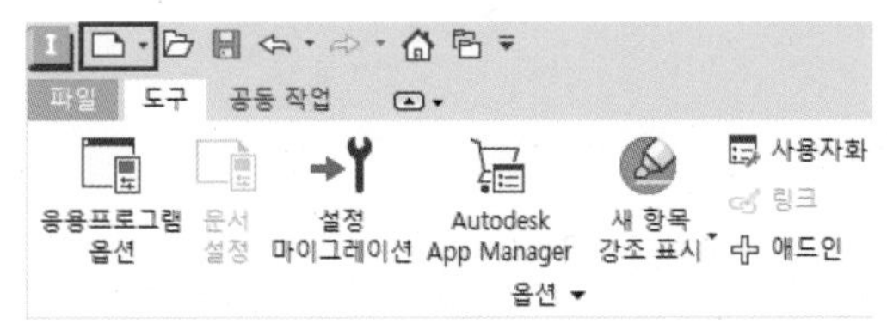

## 02 Inventor의 파일 형식

Inventor에서 작업할 수 있는 부품, 조립품, 도면, 프리젠테이션 파일의 구조와 사용 방법을 알아봅니다.

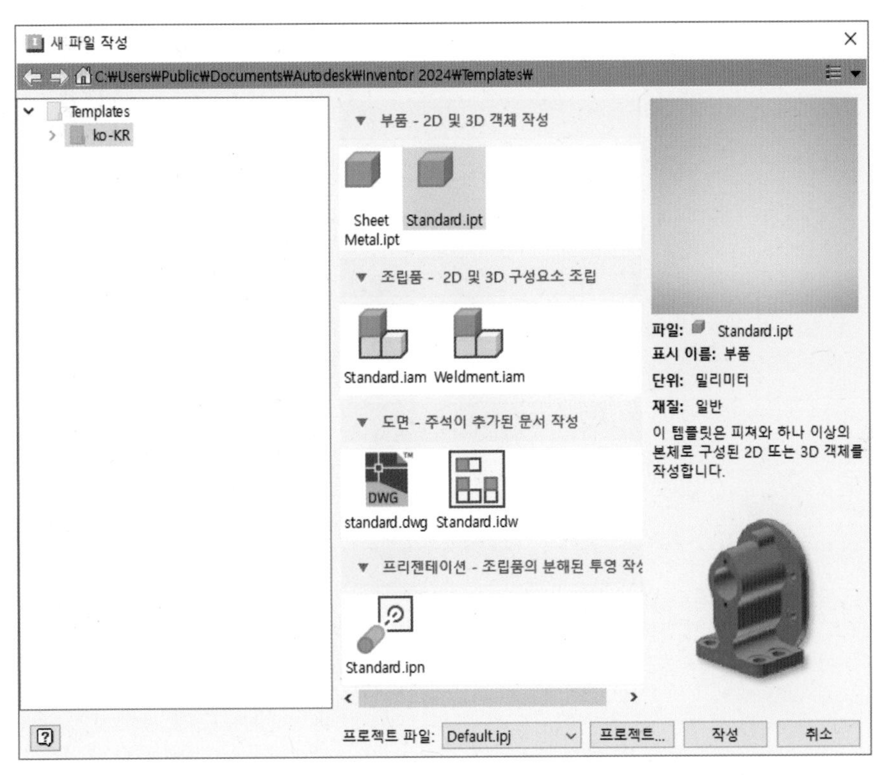


### 1 부품 파일 (.ipt)

부품 모델링 작업을 하기 위해서는 '부품 환경(템플릿)'에서 작업해야 합니다.

부품 환경의 작업 명령은 서로 결합하여 구성하는 스케치, 피쳐, 본체를 조작합니다. 대부분의 부품 모델링 작업은 스케치 작업으로부터 시작되며, 스케치는 피쳐를 작성하는 데 필요한 모든 형상의 프로파일입니다.

부품은 단일 본체 부품과 다중 본체 부품으로 구분할 수 있습니다.

**Standard.ipt** : 부품 작성 템플릿

**Sheet Metal.ipt** : 판금 부품 작성 템플릿, 부품 작성 환경의 확장입니다.

## 2 조립품 파일(.iam)

조립품 파일 작업을 하기 위해서는 '조립품 환경(템플릿)에서 작업해야 합니다.

부품을 조립품에 삽입하거나 스케치 및 부품 명령을 사용하여 조립품 환경에서 부품을 작성하여 조립품 파일을 구성합니다. 그리고 다른 부분 조립품(Sub assembly)을 조립품에 삽입할 수 있습니다.

**Standard.iam** : 조립품 작성 템플릿

**Weldment.iam** : 용접구조물 조립품 작성 템플릿, 조립품 작성 환경의 확장입니다.

## 3 도면 파일 (.idw, .dwg)

부품, 조립품 프리젠테이션을 작성한 후 도면 파일을 생성해 설계를 문서화할 수 있습니다.

**Standard.idw** : 기본 INVENTOR 도면 작성 템플릿

**Standard.dwg** : dwg 도면 작성 템플릿 DWG파일에서 INVENTOR를 사용하여 데이터를 작성하는 경우 INVENTOR에서만 데이터를 수정할 수 있습니다.

## 4 프리젠테이션 파일 (.ipn)

프리젠테이션 파일은 다목적 파일 형식으로, 조립품의 분해된 뷰를 작성하거나 조립품 분해, 조립 순서를 표시하는 애니메이션을 작성할 수 있으며, 애니메이션을 .wmv 또는 .avi 파일 형식으로 저장할 수 있습니다.

**Standard.ipn** : 프리젠테이션 템플릿

SECTION 03

# 데이터 열기 및 저장하기

## 01 열기

Inventor에서 [열기] 명령을 이용하여 내 컴퓨터에 저장되어 있는 파일을 열 수 있습니다.

### 1 파일 메뉴에서 열기

파일 메뉴의 [열기] 명령을 이용하여 기존 파일을 열 수 있습니다.

### 2 홈 탭에서 열기

홈 탭의 [열기] 명령을 이용하여 기존 파일을 열 수 있습니다.

## 3 신속 접근 도구막대에서 열기

신속 접근 도구막대의 [열기] 명령을 이용하여 기존 파일을 열 수 있습니다.

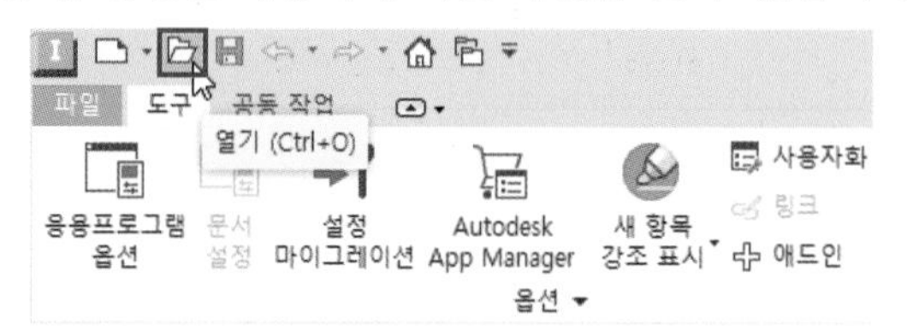


Inventor에서 열 수 있는 파일 형식입니다.

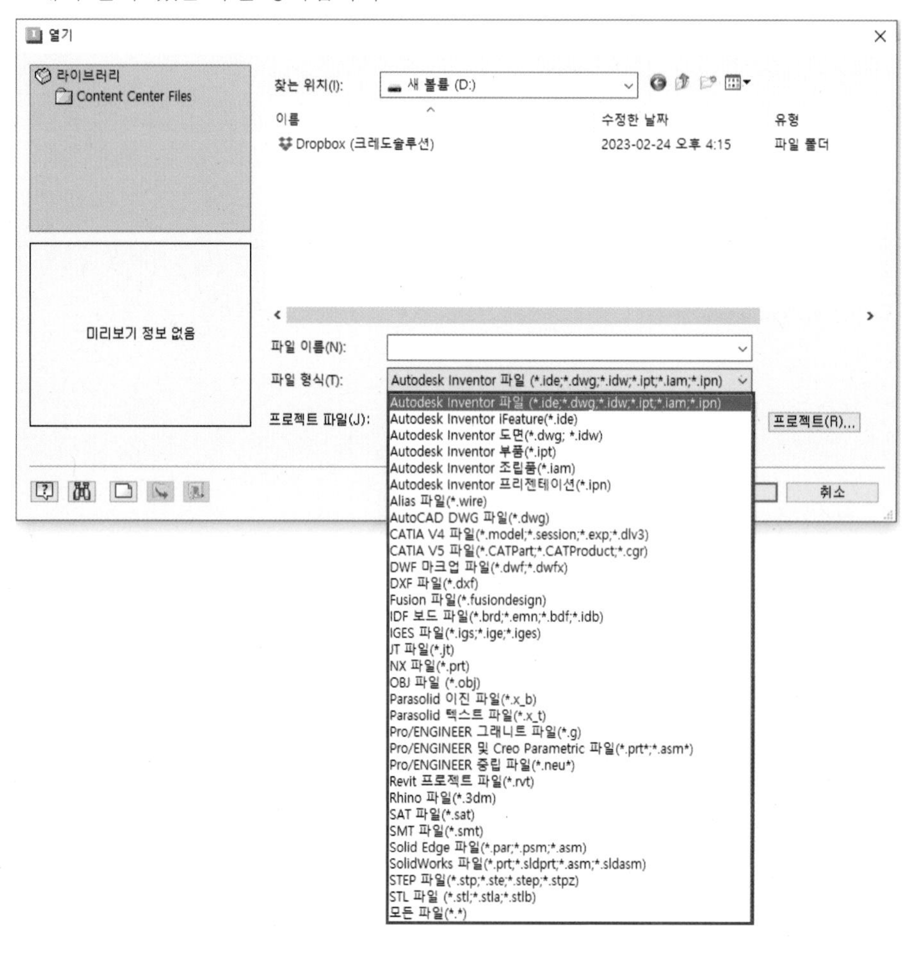

## 02 저장

Inventor에서 [저장] 명령을 이용하여 원하는 위치에 파일을 저장할 수 있습니다.

### 1 파일 메뉴에서 저장

파일 메뉴의 [저장] 명령을 이용하여 파일을 저장할 수 있습니다.

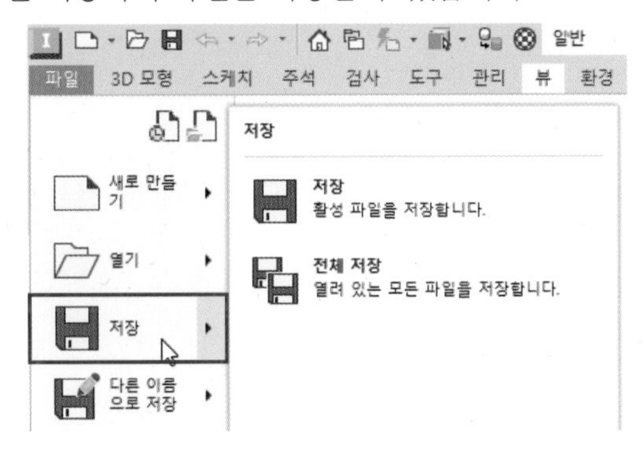


### 2 신속 접근 도구막대에서 저장

신속 접근 도구막대의 [저장] 명령을 이용하여 파일을 저장할 수 있습니다.

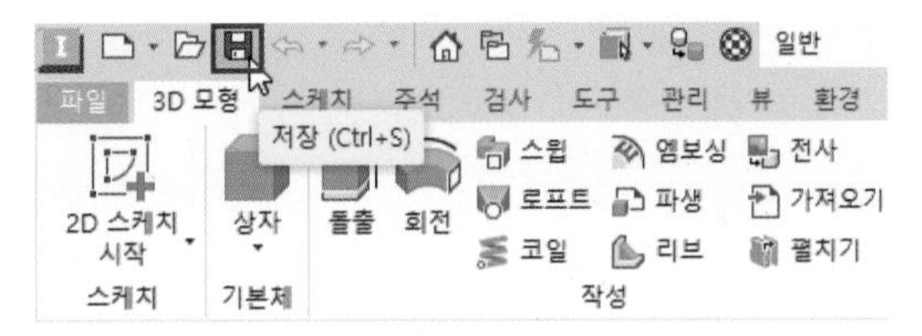


### 3 파일 메뉴에서 다른 이름으로 저장

파일 메뉴의 [다른 이름으로 저장] 명령으로 기존 파일을 새 Inventor 파일로 저장하거나 [다른 이름으로 사본 저장] 명령으로 기존 파일을 다양한 파일 형식으로 저장할 수 있습니다.

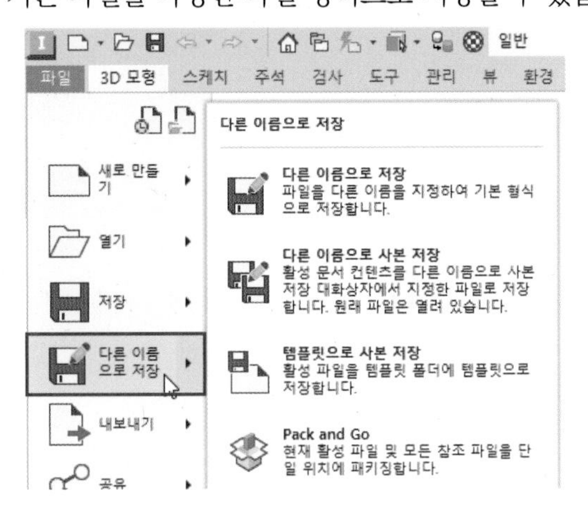

다른 이름으로 사본 저장할 수 있는 파일 형식입니다.

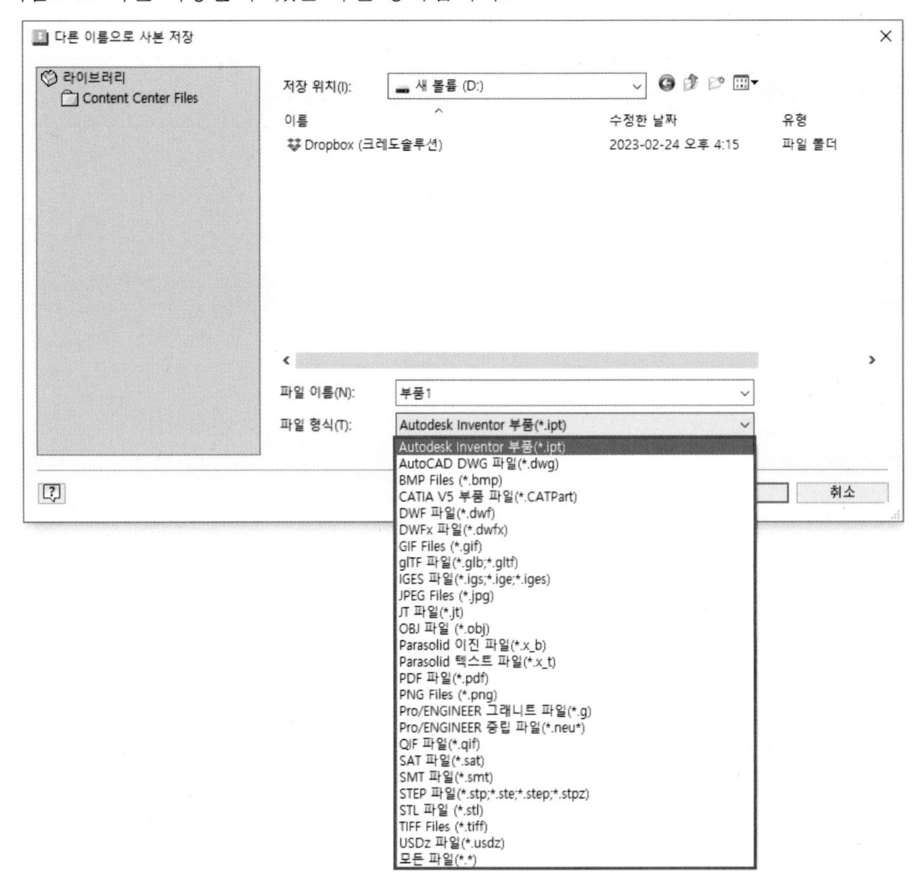

## 4 템플릿으로 사본 저장

이전 버전에서 부품 템플릿의 좌표계 방향은 Y-Up, 조립품 템플릿은 Z-Up 이었습니다. 그래서 조립품에 부품을 삽입하면, 부품의 방향이 다르게 삽입되며, 많은 사용자들이 좌표계 방향을 변경해 템플릿을 새로 만들어 부품과 조립품의 좌표계 방향이 동일하게 사용하는 경우가 있었습니다.

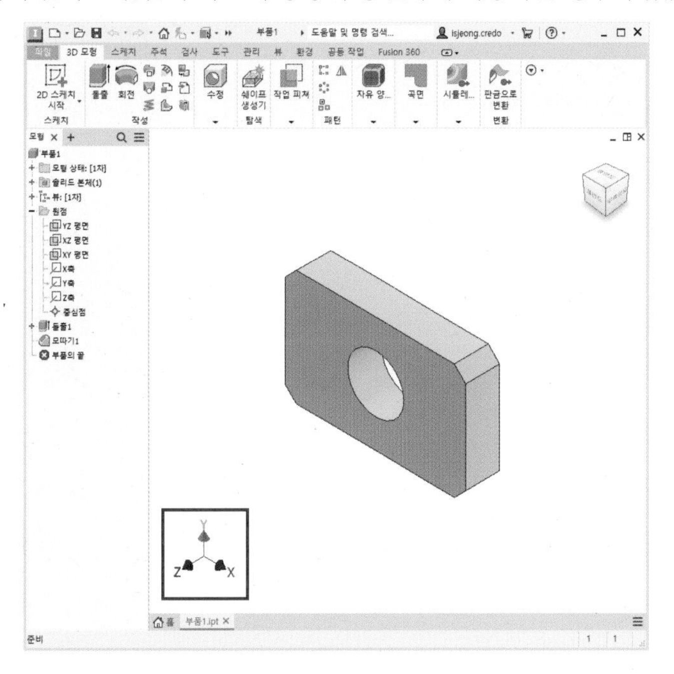

이전 버전 부품 템플릿 좌표계 (Y-Up)

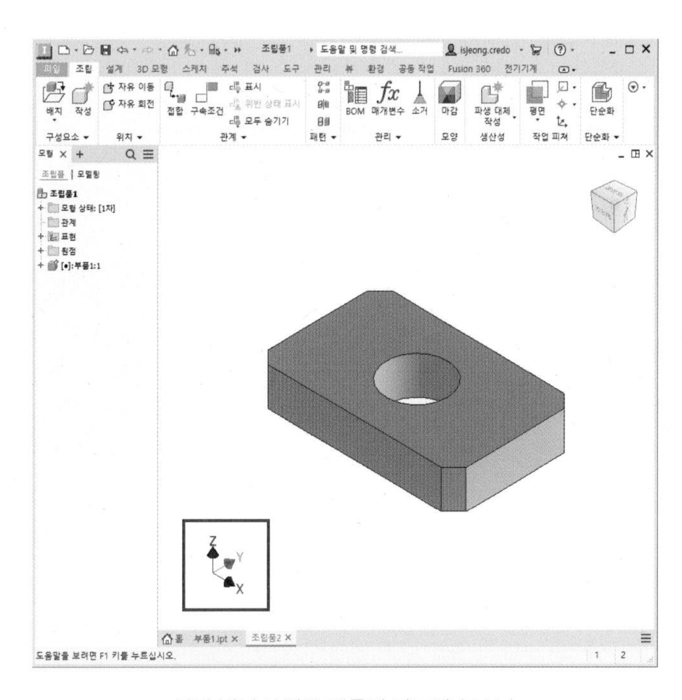

이전 버전 조립품 템플릿 좌표계 (Z-Up)

현재 2024 버전에서는 부품과 조립품 템플릿의 좌표계 방향이 모두 Y-Up으로 되어있어 좌표계 방향을 변경하지 않아도 되지만, 이 책에서 다루는 예제는 좌표계 방향을 Z-Up으로 하여 설명하고 있기 때문에 좌표계 방향을 Z-Up으로 하여 부품 템플릿을 만드는 방법에 대해 알아보겠습니다.

35페이지를 참고하여 XZ평면을 정면도로 설정하고, 뷰 큐브를 Z-Up 방향으로 전환한 다음 홈 뷰를 설정한 다음 [파일] - [다른 이름으로 사본 저장] - [템플릿으로 사본 저장]을 클릭합니다.

템플릿 파일 저장 위치에 이름을 지정하고 저장합니다.

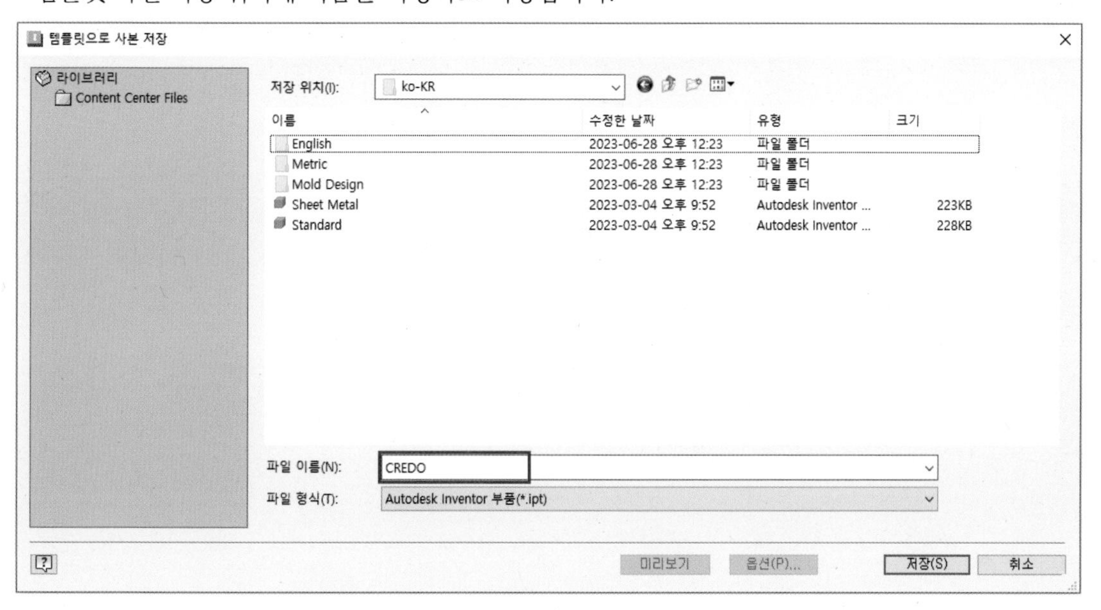


새로 만들기 [명령]을 실행하면 좌표계 방향을 Z-Up으로 변경한 'CREDO' 템플릿을 사용할 수 있으며, 조립품 템플릿의 좌표계 방향도 같은 방법으로 변경하여 템플릿을 만들어 사용하면 됩니다.

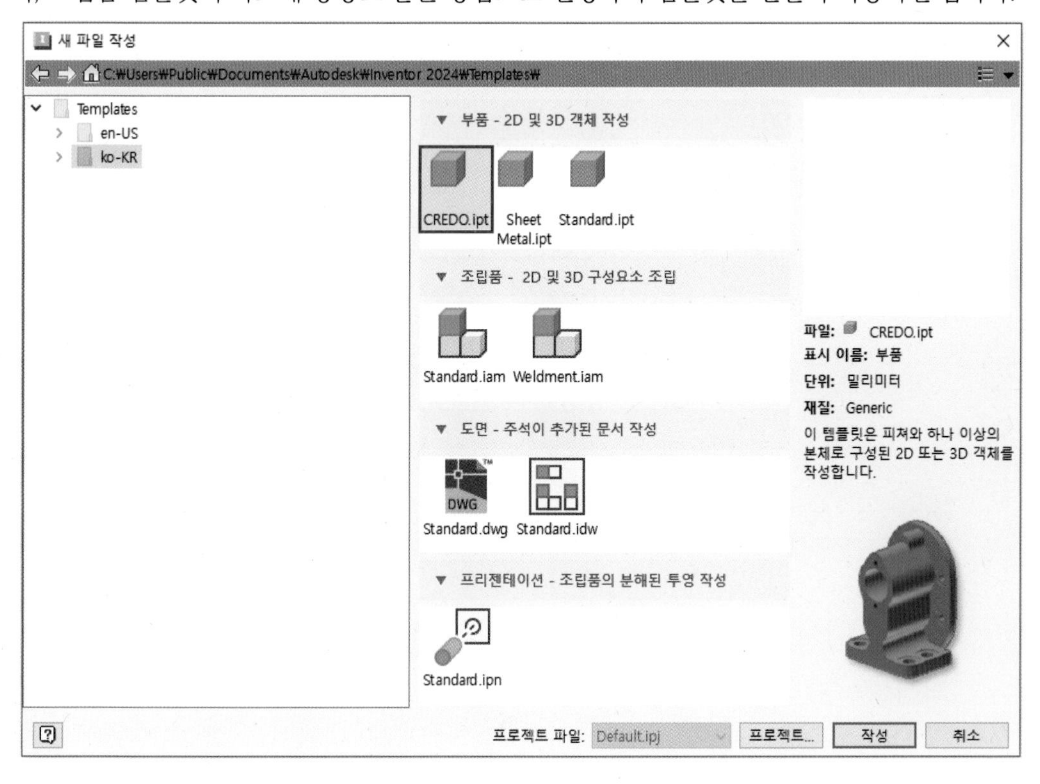

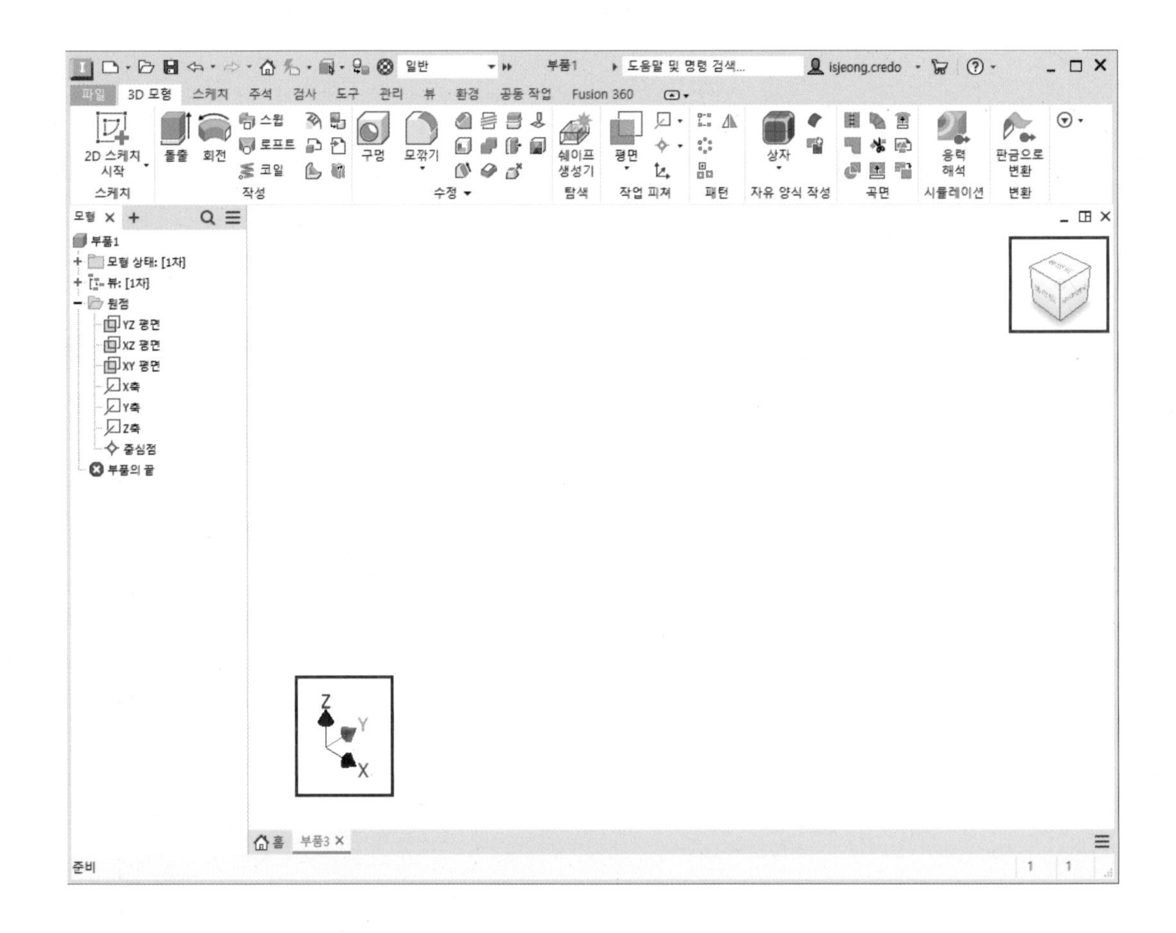
일반
부품1
도움말 및 명령 검색...
isjeong.credo
파일
3D 모형
스케치
주석
검사
도구
관리
뷰
환경
공동 작업
Fusion 360
2D 스케치 시작
스케치
돌출
회전
스윕
로프트
코일
작성
구멍
모깎기
수정
쉐이프 생성기
탐색
평면
작업 피처
패턴
상자
자유 양식 작성
곡면
응력 해석
시뮬레이션
판금으로 변환
변환
모형
부품1
모형 상태: [1차]
뷰: [1차]
원점
YZ 평면
XZ 평면
XY 평면
X축
Y축
Z축
중심점
부품의 끝
Z
Y
X
홈
부품3
준비

# 03 내보내기

Inventor에서 [내보내기] 명령을 이용하여 Inventor에서 다른 CAD 응용프로그램 형식으로 파일을 내보내거나 이미지 및 PDF 파일 형식으로 내보낼 수 있습니다.

## 1 파일 메뉴에서 내보내기

파일 메뉴의 [내보내기] 명령을 이용하여 파일을 다른 형식으로 내보낼 수 있습니다.

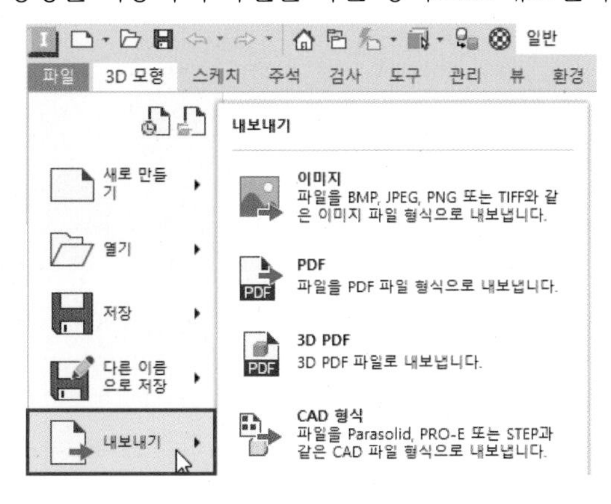


Inventor로 내보낼 수 있는 CAD 파일 형식입니다.

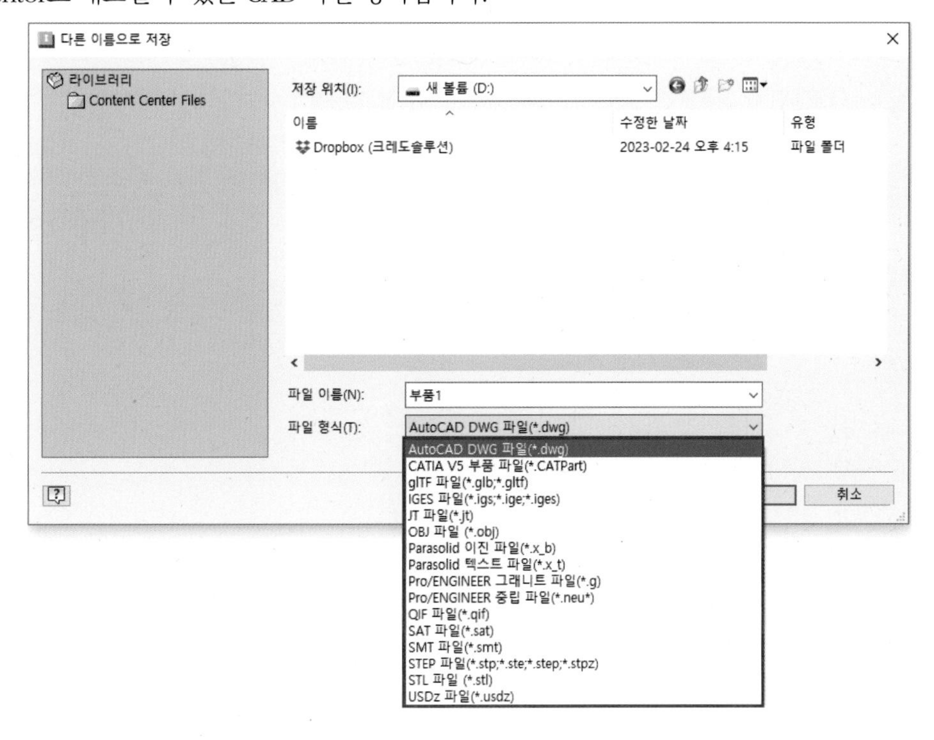

SECTION

# 04 사용자 인터페이스

## 01 응용프로그램 윈도우 - 홈

홈에서는 파일을 작성하고, 파일을 열고, 프로젝트를 변경할 수 있습니다.

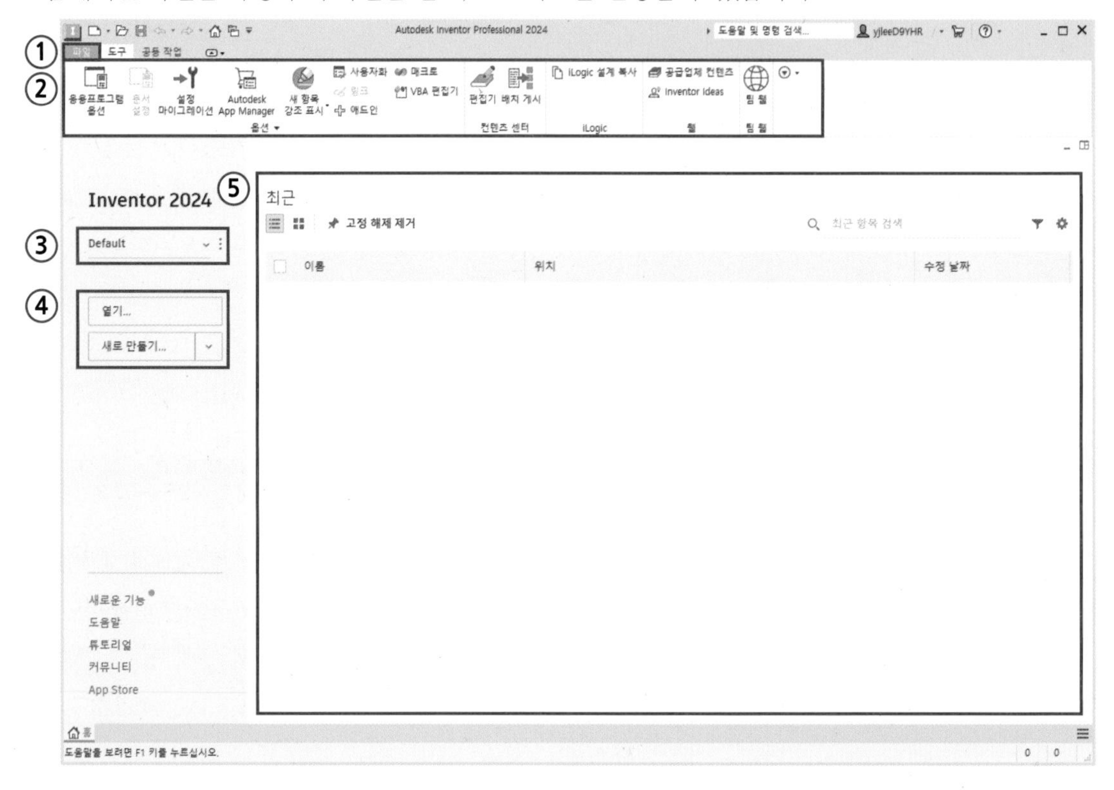


**1 응용프로그램 메뉴(어플리케이션 버튼) :** 모든 환경에서 접근할 수 있는 공통적인 명령 세트입니다.

**2 패널 도구 막대 :** 각각의 환경에 맞는 작업을 위한 명령어 아이콘 세트입니다.

**3 활성 프로젝트 변경 :** 프로젝트를 관리하거나 현재 활성 프로젝트를 변경할 수 있는 아이콘입니다.

**4 열기 및 새로 만들기 :** 기존 인벤터 파일을 열거나 기본 템플릿을 활용하여 파일을 새로 만들 때 사용하는 아이콘입니다.

**5 최근 :** 최근 작업한 문서를 리스트업하여 보여줍니다.

## 02 응용프로그램 윈도우 – 부품

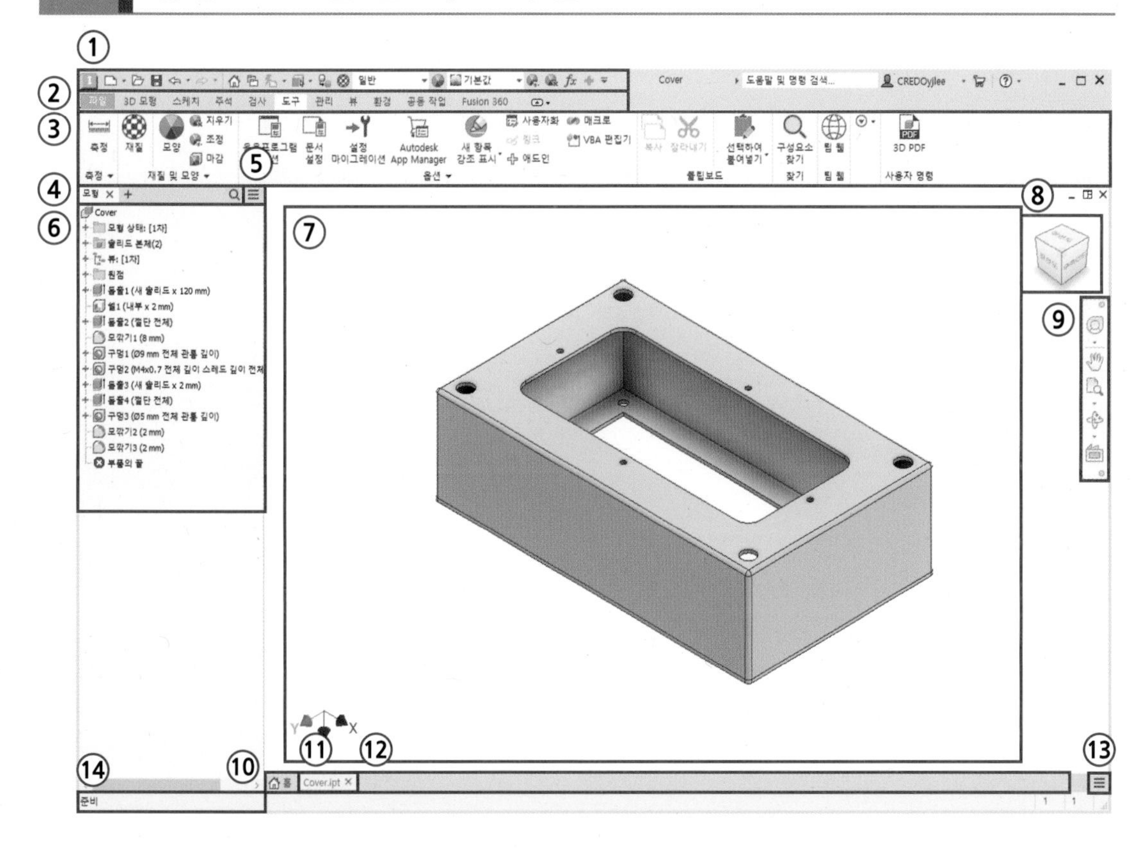


**1 신속 접근 도구막대 :** 사용자화할 수 있는 소규모 명령 세트에 빠르게 액세스할 수 있습니다.

**2 리본 탭 :** 명령 및 환경을 포함합니다.

**3 리본 명령 :** Inventor의 명령어들이 모여있는 툴바입니다.

**4 패널 탭 :** 패널에는 활성 문서에 관한 컨텐츠가 표시됩니다. 패널을 응용프로그램 프레임에 고정할 수 있습니다.

**5 고급 설정 메뉴 :** 전체 확장/축소, 찾기 등 활성 패널에 대한 고급 설정에 액세스할 수 있습니다.

**6 모형 검색기 :** 활성 창에서 작동되는 구성요소, 도면 또는 프레젠테이션을 포함하는 패널입니다. 검색기를 임의 창에 고정하거나 화면표시에서 부동 상태로 둘 수 있습니다.

**7 그래픽 디스플레이 :** 여기서 모형, 프레젠테이션 또는 도면이 표시됩니다.

**8 ViewCube :** 뷰 큐브의 면, 모서리, 점을 클릭하여 화면의 방향을 바꿀 수 있습니다.

**9 탐색 막대 :** 화면 제어에 사용되는 명령어들로 구성되어 있습니다.

**10 홈 창 :** 홈 창에 액세스할 수 있는 축소 탭입니다.

**11 문서 탭 :** 열려 있는 각 문서에 대해 표시됩니다.

**12 탭 모음 :** 열려 있는 문서에 대한 탭을 포함하며, 기본 윈도우 프레임(PWF) 또는 보조 윈도우 프레임(SWF)에 표시됩니다.

**13 문서 메뉴 :** 배열, 바둑판식 및 전환 명령에 액세스할 수 있으며, 여기에서 일부 또는 모든 문서를 닫을 수 있습니다.

**14 상태 막대 :** 기본 윈도우 프레임(PWF)의 맨 아래에 표시됩니다. 활성 명령에 필요한 다음 작업을 나타냅니다.

## 03 인터페이스 액세스

[뷰] 탭의 [사용자 인터페이스] 명령으로 ViewCube, 탐색 막대, 검색기 등의 가시성을 켜고 끌 수 있습니다.

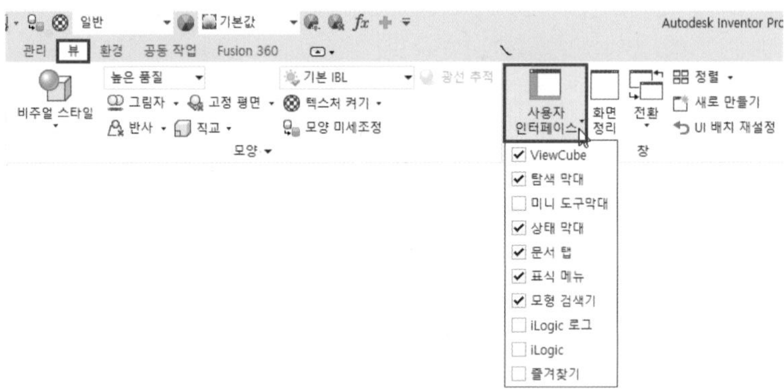


## 04 비주얼 스타일

[비주얼 스타일]은 그래픽 디스플레이에 표현된 모형의 면 및 모서리의 스타일을 정의하며, Inventor에서는 여러 개의 비주얼 스타일이 제공되며, [뷰] 탭에서 액세스할 수 있습니다.

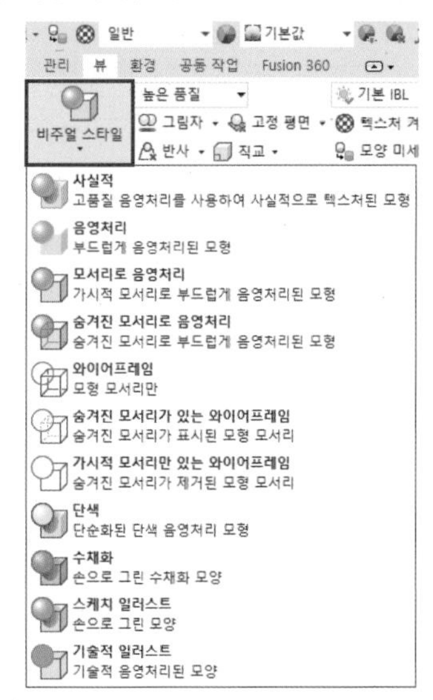

1 사실적

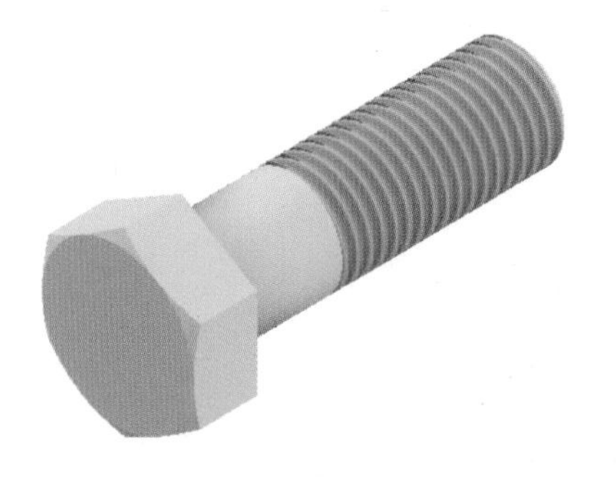

2 음영처리

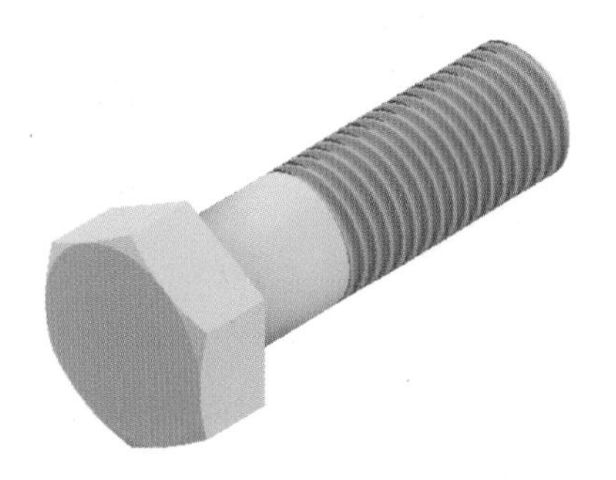

3 모서리로 음영처리

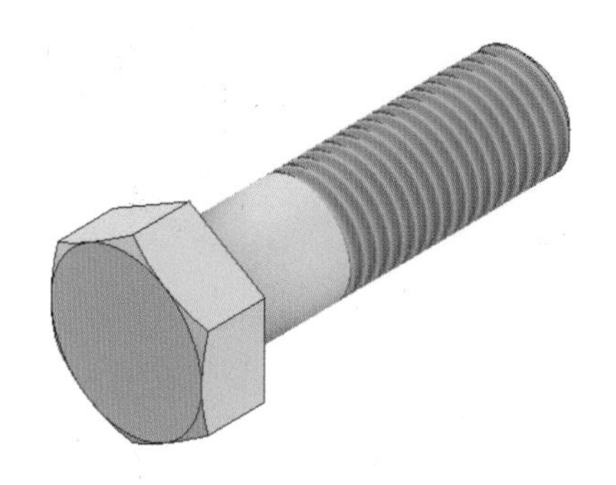

4 숨겨진 모서리로 음영처리

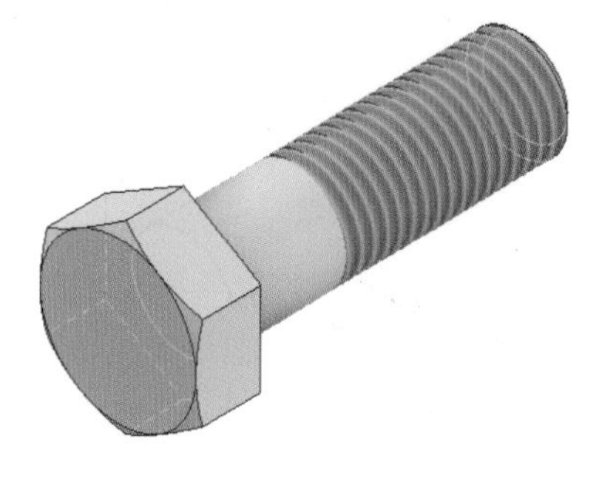

5 와이어프레임

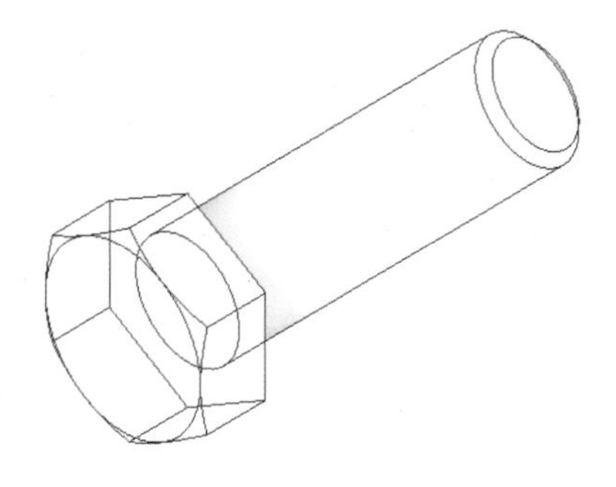

6 숨겨진 모서리가 있는 와이어프레임

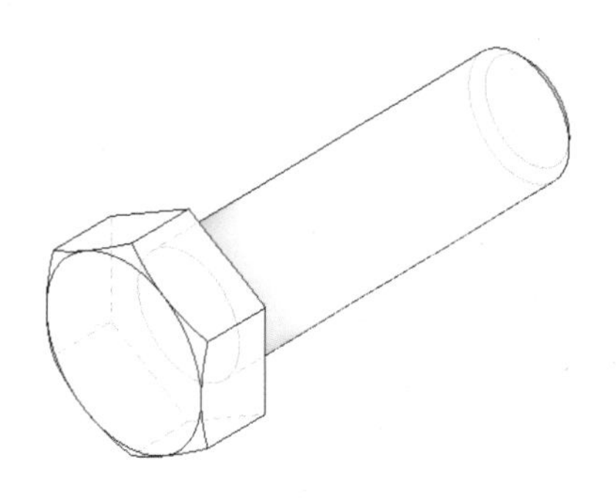

## 7 가시적 모서리만 있는 와이어프레임

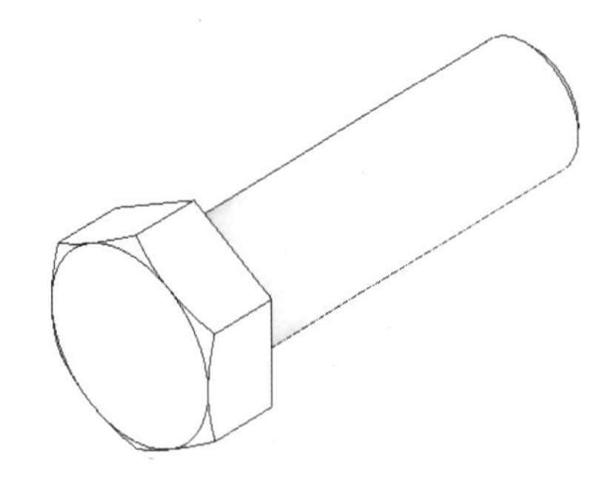

## 8 단색

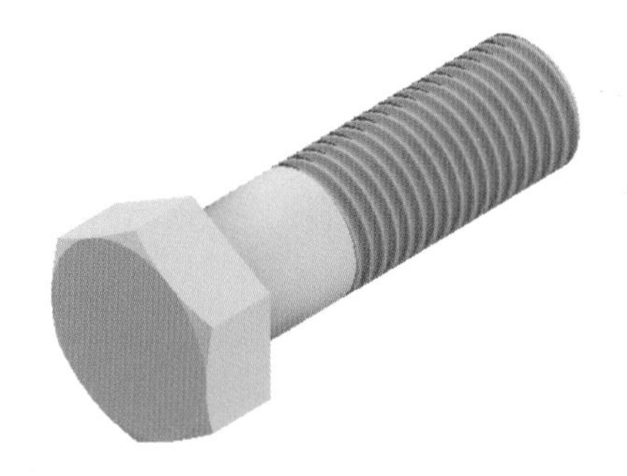

## 9 수채화

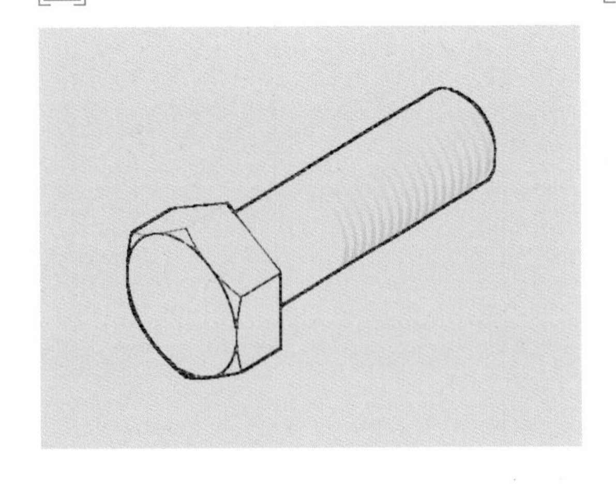

## 10 스케치 일러스트

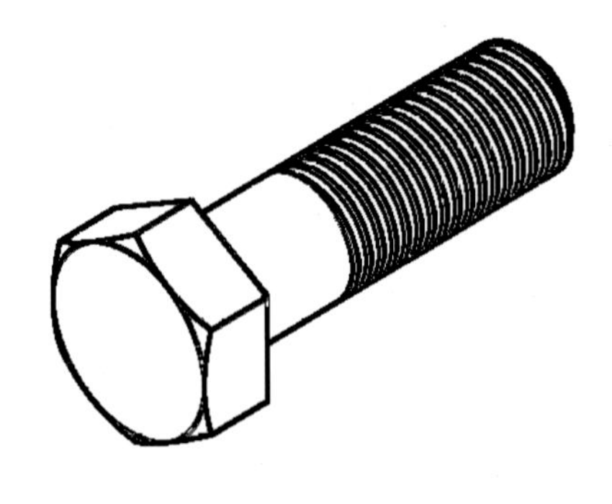

## 11 기술적 일러스트

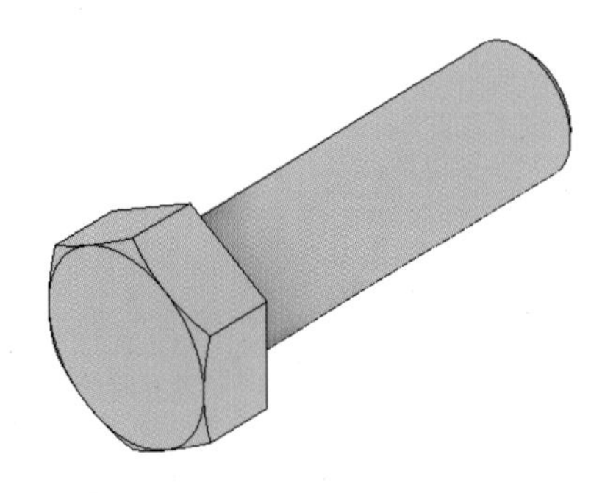

# 화면 제어

SECTION 05

## 01 마우스 + 키보드

### 1 Zoom

- **ZOOM ALL(전체)**
  마우스 가운데 버튼을 더블 클릭합니다.

- **ZOOM IN/OUT :**
  ZOOM IN : 마우스 가운데 버튼(휠)을 당길 때
  ZOOM OUT : 마우스 가운데 버튼(휠)을 밀 때

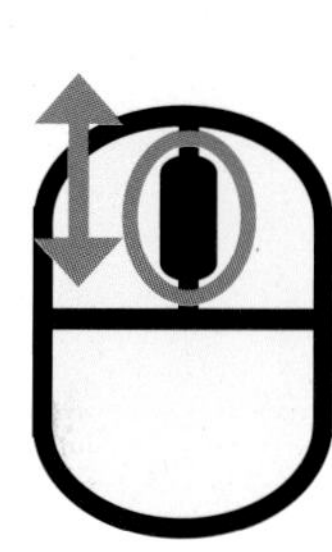

### 2 PAN

마우스 가운데 버튼을 누른 상태로 커서를 이동하면 초점 이동을 할 수 있습니다.

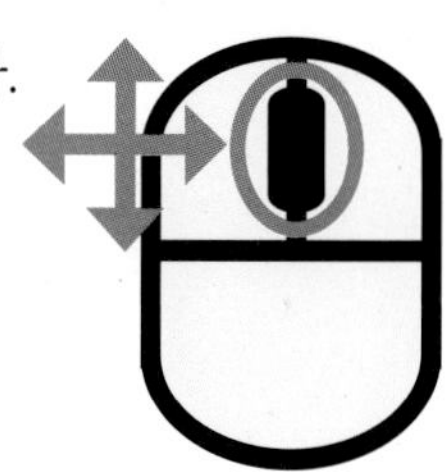

### 3 ORBIT

- 키보드의 Shift 키와 마우스 가운데 버튼을 누른 상태로 커서를 이동하면 화면 회전을 할 수 있습니다.

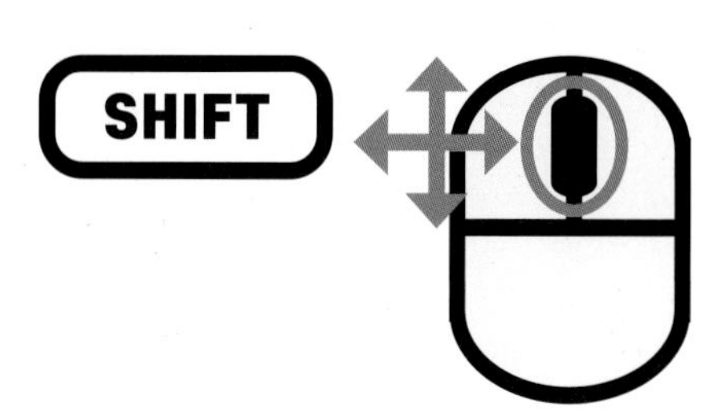

TIP

마우스 가운데 버튼을 활용한 화면제어 기능은 [응용프로그램] 옵션 - [화면표시] 탭에서 변경할 수 있습니다. (47페이지 참고)

## 02 뷰 큐브(View Cube)

뷰 큐브(ViewCube)의 면, 모서리, 꼭지점을 클릭하거나 끌어 작업하고 있는 형상의 뷰 방향을 조정할 수 있습니다.

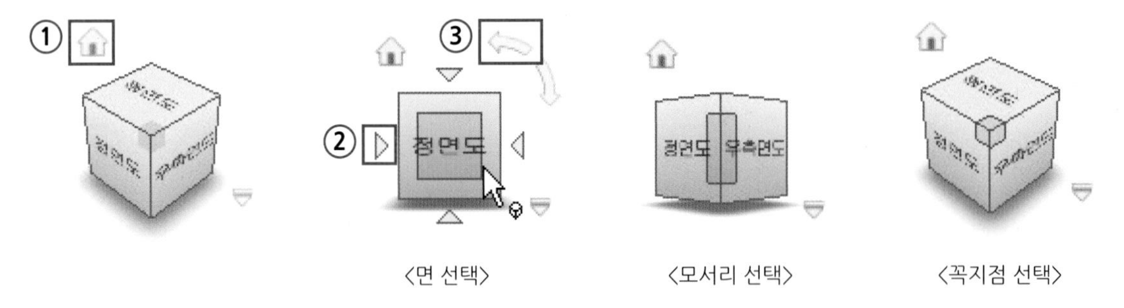


<면 선택> <모서리 선택> <꼭지점 선택>

1 **홈 뷰 :** 홈 뷰로 화면을 전환합니다.

2 **직교 뷰 :** 선택한 방향으로 화면을 전환합니다.

3 **회전 뷰 :** 화면을 90도 간격으로 회전합니다.

뷰 큐브 메뉴에서는 홈 뷰 및 정면도를 재설정하거나 옵션 대화상자를 실행할 수 있습니다.

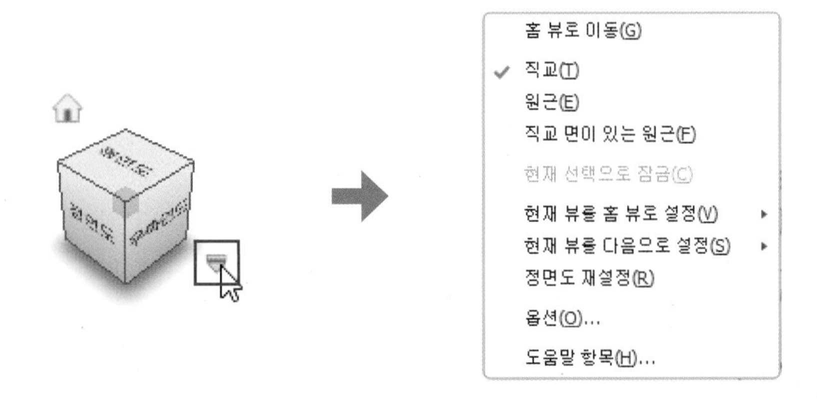

Inventor에서 부품(.ipt) 템플릿을 선택하여 작업을 시작하면 기본 모델링 방향을 Y up으로 제공합니다.

사용자는 뷰큐브의 정면도 뷰와 홈 뷰를 재설정하여 모델링 방향을 변경할 수 있습니다.

- **Z up으로 변경하기 위해 정면도 뷰 재설정**

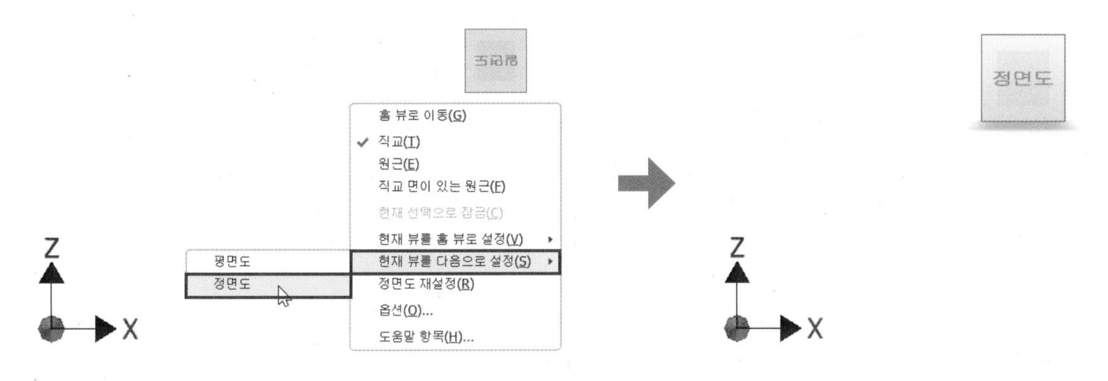


- **Z up으로 변경하기 위해 홈 뷰 재설정**

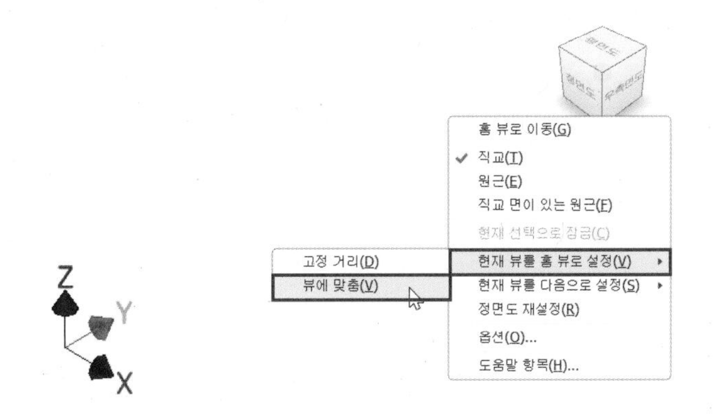

# CHAPTER. 02

# 사용자 환경 최적화 및 공동 작업 도구

SECTION 01

# 프로젝트 생성 및 편집하기

## 01 프로젝트에 대해서

프로젝트는 설계 작업과 연관된 모든 파일을 구성하고 접근할 수 있는 시스템입니다.

Inventor에서 설계 작업을 시작하기 전 현재 상황에 적합한 프로젝트 유형을 결정하고 생성한 다음 작업하는 것이 좋습니다. 프로젝트 생성을 하지 않고 설계 작업을 진행하던 중 관리하는 파일이 많아지고 설계가 복잡해지면 파일을 프로젝트로 변환하기 어려워집니다.

프로젝트를 생성하고 작업하면 Inventor 데이터에 대한 유효한 파일 위치를 지정하기 때문에 부품, 조립품, 도면 등의 설계 데이터가 모두 링크됩니다.

기본적으로 제공되는 Default 프로젝트는 연습용으로만 사용하고 실제 설계 작업에는 사용하지 않는게 좋습니다. Default 프로젝트로 작업하게 되면 편집 가능한 위치를 정의하지 않아서 복잡한 설계 작업시 동일한 부품의 링크를 잃어버리거나 참조했던 설계 데이터를 찾지 못하는 등 설계 데이터 관리가 매우 어렵기 때문입니다.

프로젝트는 프로젝트 파일(.ipj)을 사용하여 설계 데이터가 있는 폴더의 경로를 저장합니다. 프로젝트 파일은 xml 형식의 텍스트 파일이며, 이 파일은 프로젝트의 파일이 포함된 폴더 경로를 지정합니다. 프로젝트에서 파일을 열 때 프로그램에서 이러한 경로를 나타나는 순서대로 사용하여 파일 및 참조된 파일을 검색합니다.

## 02 프로젝트 생성 및 편집

사용자는 홈에서 프로젝트를 생성하고 변경할 수 있습니다.

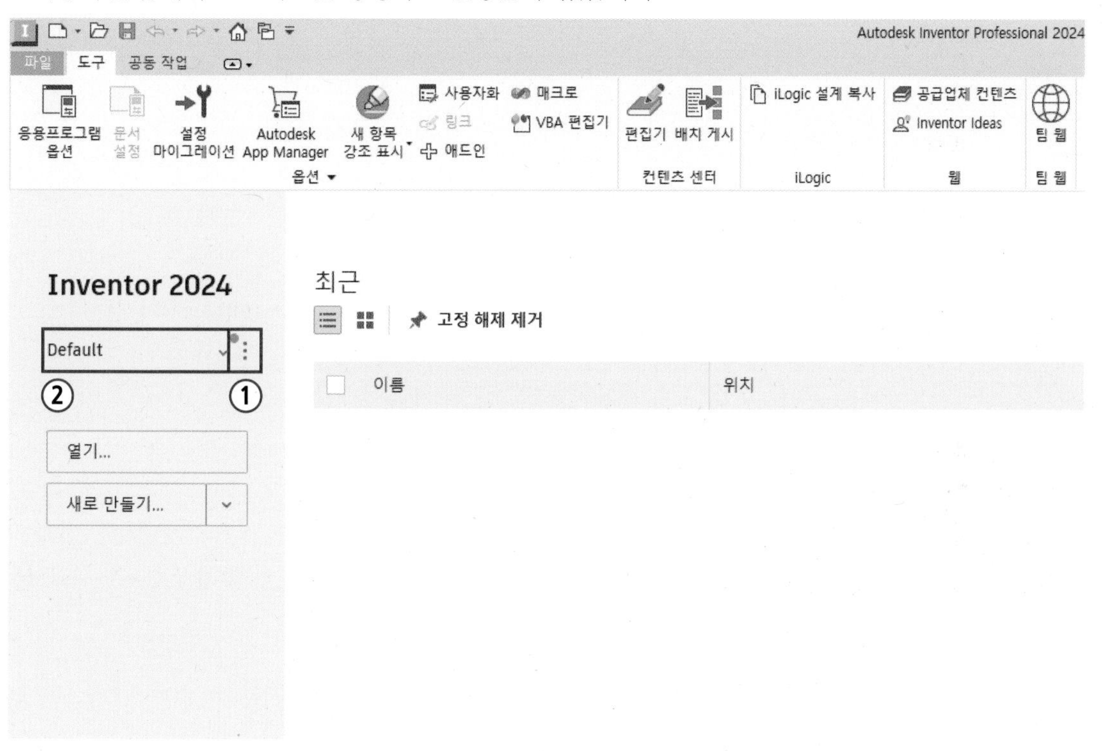


**1 프로젝트 :** 활성 프로젝트 파일을 표시하며 드롭다운을 클릭하여 프로젝트 목록을 확인할 수 있습니다.

**2 프로젝트 및 설정 :** 해당 버튼을 클릭한 다음 설정을 선택하여 프로젝트 편집기 대화상자를 실행할 수 있습니다.

새 프로젝트를 만들기 위해서는 프로젝트 편집기 대화상자를 실행하고 [새로 만들기]를 클릭해 Invnetor 프로젝트 마법사를 실행합니다.

프로젝트 마법사는 프로젝트 작성 프로세스를 단계별로 안내합니다. 프로젝트를 작성한 후 프로젝트 편집기를 사용하여 추가 옵션을 설정합니다. 언제든지 위치를 추가하거나 삭제할 수 있고, 프로젝트 이름을 변경할 수도 있습니다.

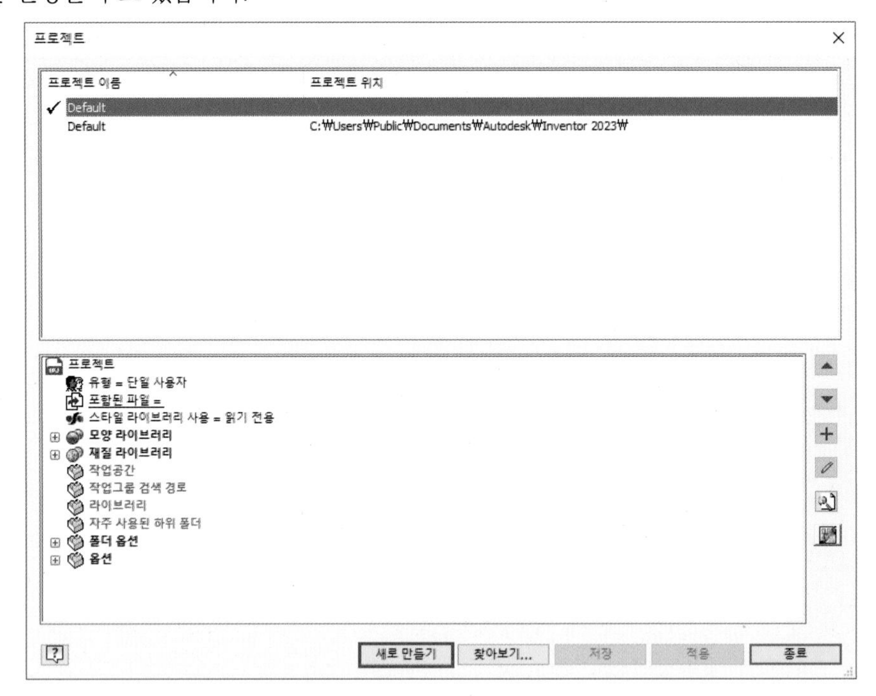


[새 단일 사용자 프로젝트]를 선택하고 [다음]을 클릭합니다. 만약 Autodesk Vault를 사용하는 경우라면 [새 Vault 프로젝트]를 선택하면 됩니다.

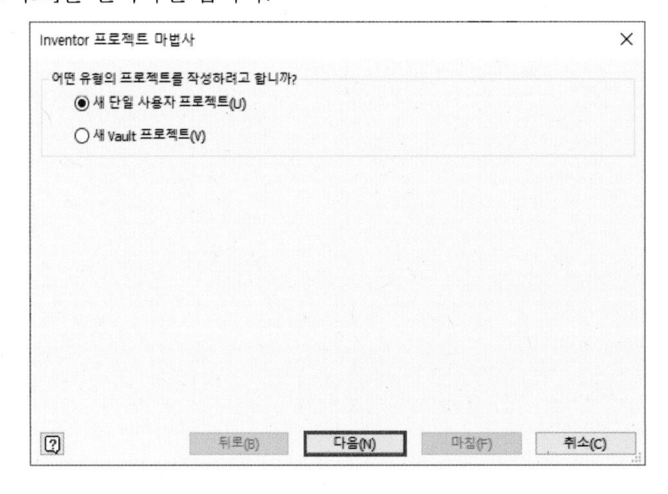

프로젝트 이름을 지정하고 Inventor 작업 파일을 저장할 폴더 경로를 지정하고 마침을 클릭합니다. 프로젝트 생성이 완료되면 '개념탑재인벤터' 프로젝트로 설계 작업시 부품, 조립품, 도면 등의 모든 파일이 해당 폴더에 저장됩니다.

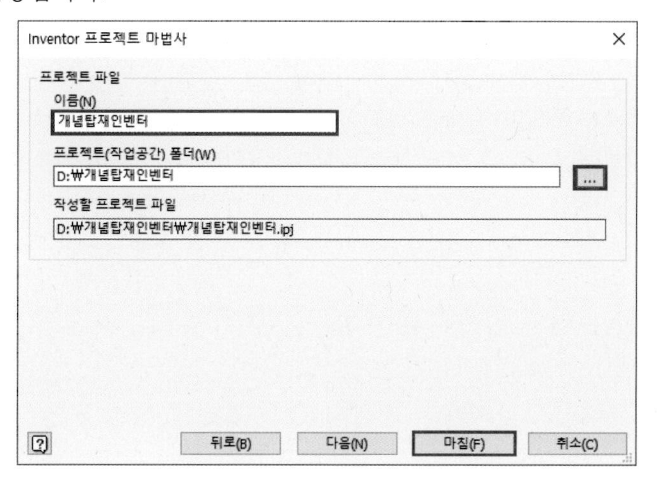


프로젝트 생성이 완료되었다면 [스타일 라이브러리 사용] 항목에서 마우스 오른쪽 버튼을 클릭한 다음 '읽기-전용'을 '읽기-쓰기'로 변경합니다.

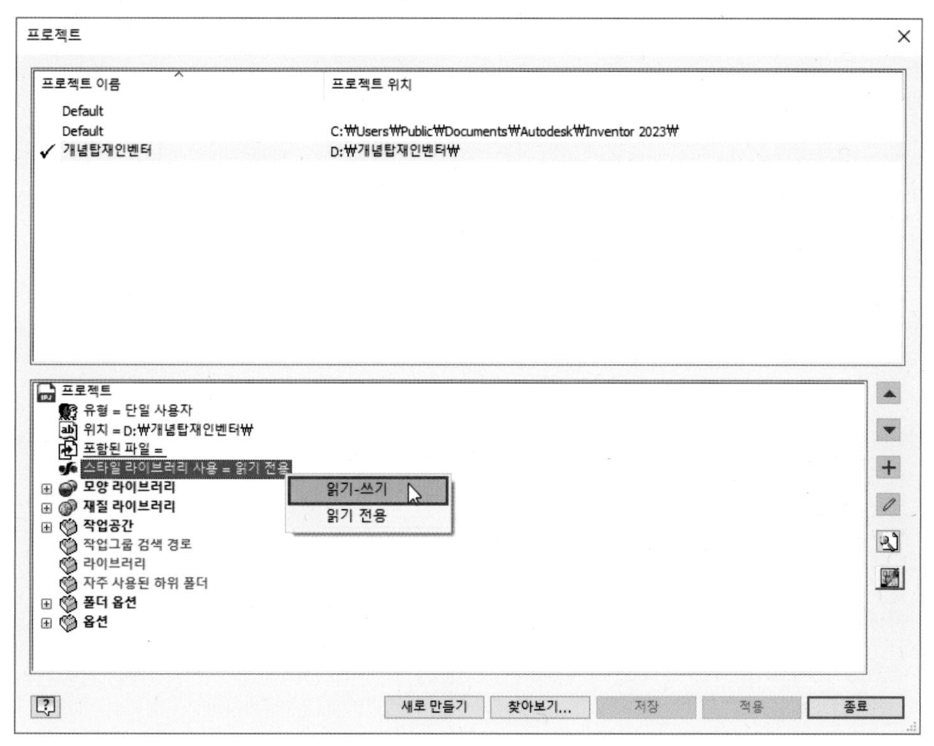

조립품 모델링을 할 때 사용된 컨텐츠 센터 파일은 프로젝트의 위치와 관계없이 '내 PC 〉 문서 〉 Inventor' 폴더 내에 저장됩니다. 이 경우 Pack and Go 기능을 사용하지 않고 프로젝트 폴더만 압축해서 설계 데이터를 전달하는 경우 사용된 컨텐츠 센터 파일은 포함되지 않게 됩니다.

생성된 프로젝트 폴더에 사용한 [컨텐츠 센터 파일]이 저장될 수 있도록 폴더 옵션 항목을 확장해 [컨텐츠 센터 파일] 항목을 마우스 오른쪽 버튼을 클릭하여 [편집]을 선택한 다음 경로를 .₩Content Center Files₩ 로 지정합니다.

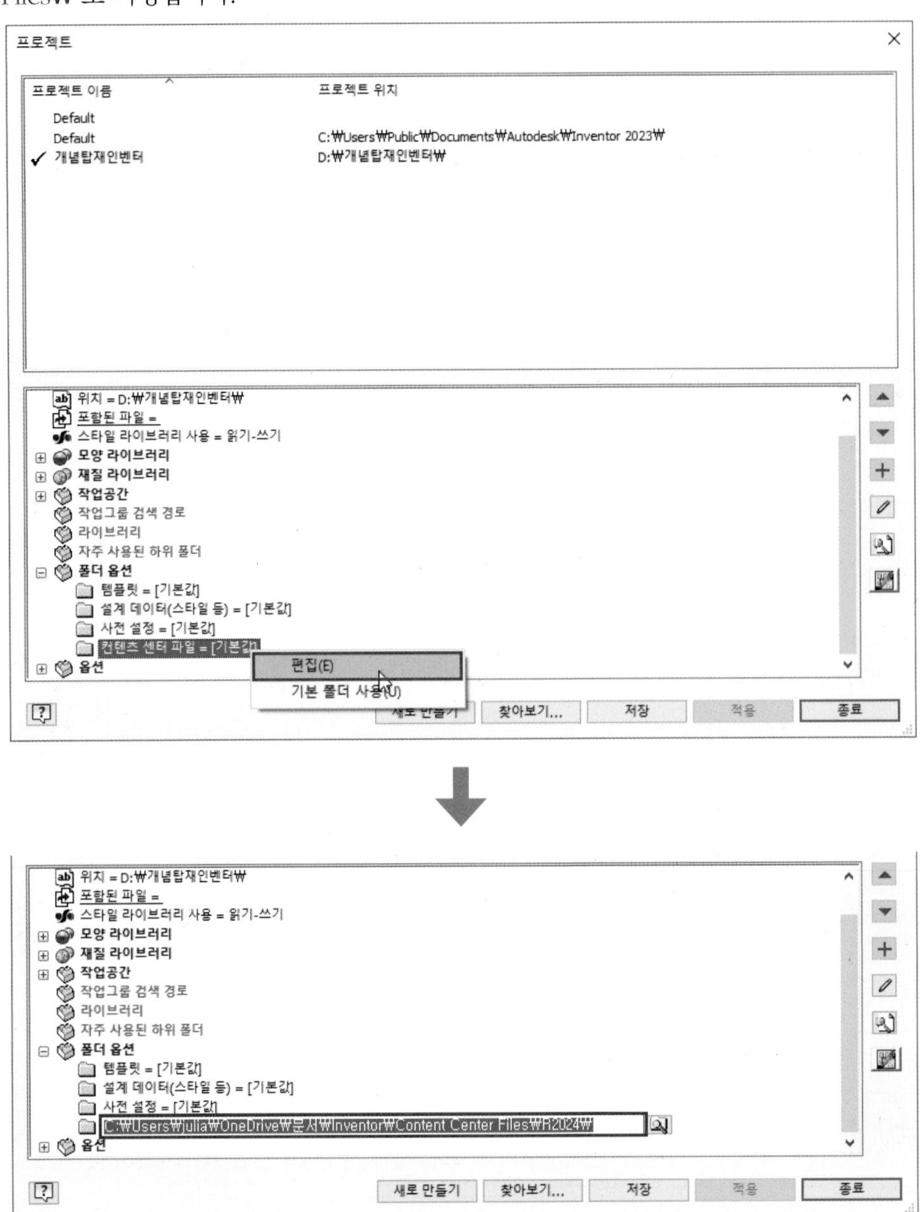

- **컨텐츠 센터 파일 기본 저장 위치**

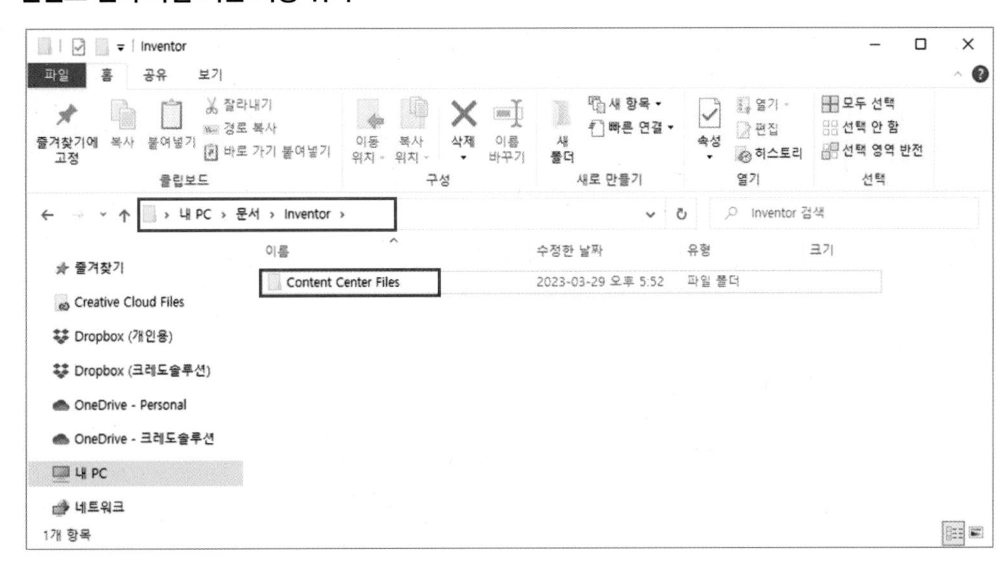


- **프로젝트 폴더로 컨텐츠 센터 파일 폴더 변경 위치**

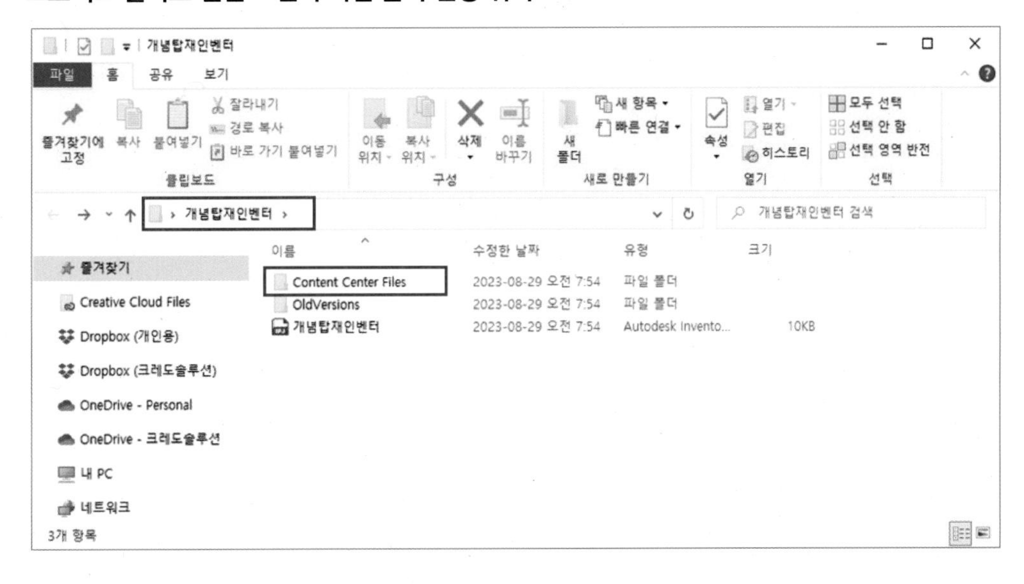

SECTION

# 02 응용프로그램 옵션

Inventor 응용 프로그램 옵션에서는 모양, 동작 및 파일 위치에 대한 기본 설정들을 제어할 수 있습니다.

## 01 응용프로그램 옵션 설정

### 1 일반 탭

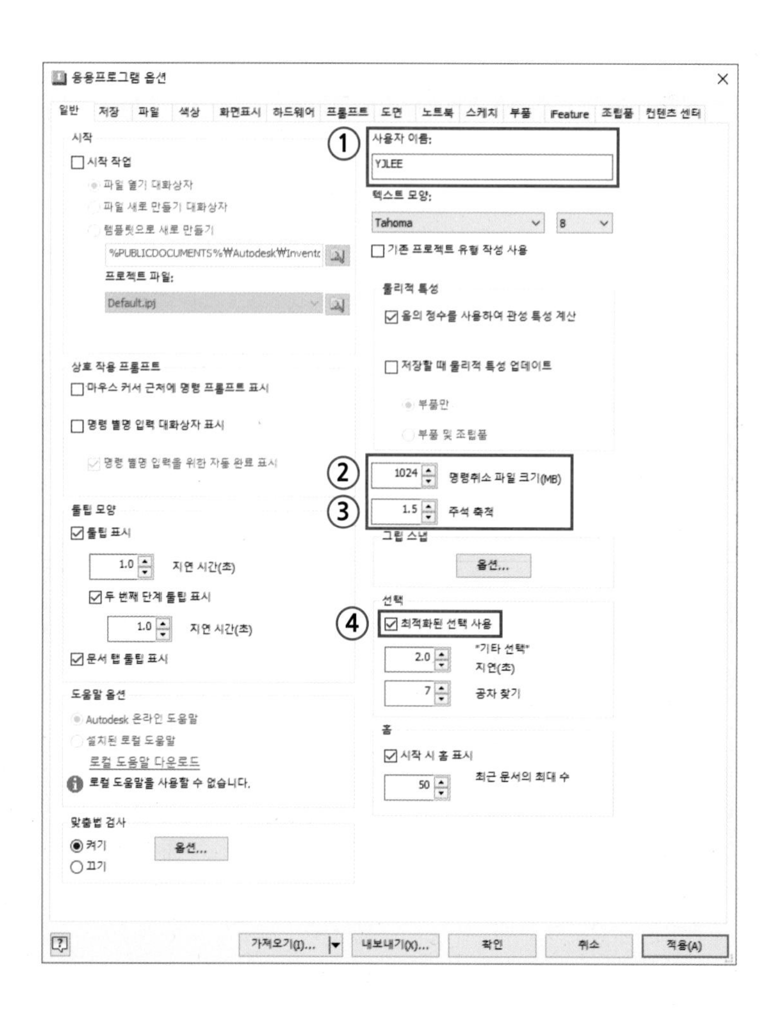

**1 사용자 이름 :** 메모 및 기타 기능의 사용자 이름을 지정합니다. (도면 작성시 설계자 이름 항목에 표시되는 이름입니다.)

**2 명령취소 파일 크기 :** 작업을 명령 취소할 수 있도록 모형 또는 도면에 대한 변경 사항을 추적하는 임시 파일의 크기를 설정합니다. 대형 또는 복잡한 모형 및 도면의 경우 명령 취소를 수행할 수 있는 적합한 용량을 제공하려면 파일 크기를 높게 지정합니다. [최대 크기(8191MB)로 지정]

**3 주석 축척 :** 그래픽 창에 나타나는 주석의 크기[스케치 작업시 요소(치수 텍스트 등)]를 설정합니다. 기본값은 1이며, 1.2~1.5 정도가 적당합니다.

**4 최적화된 선택 사용 :** 대형 조립품에서 사전 강조하는 동안 그래픽 성능을 향상시킵니다. 체크하는 것이 좋습니다.

## 2 파일 탭

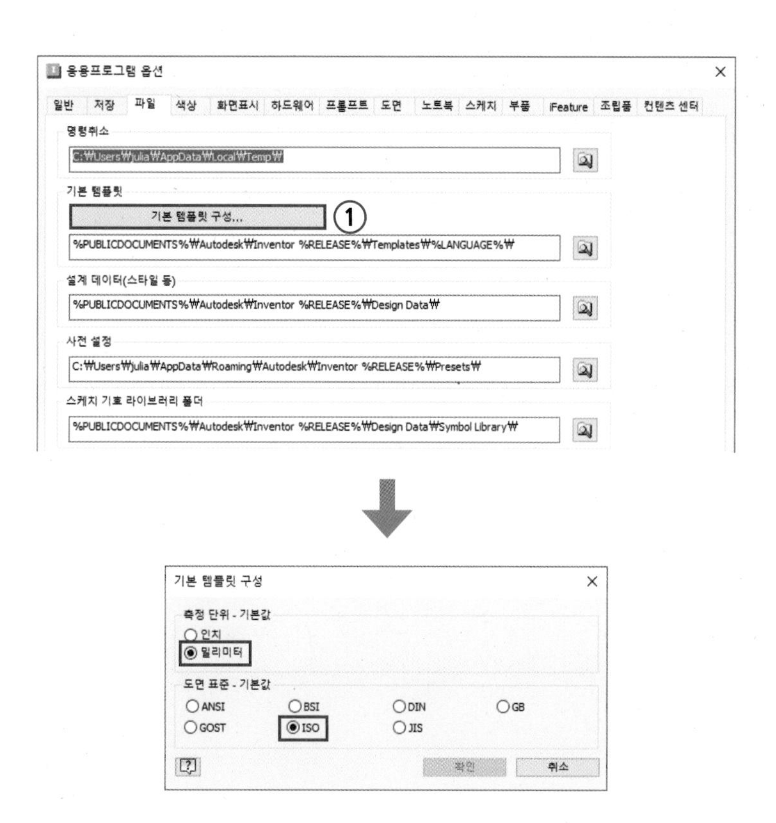


**1 기본 템플릿 구성 :** 기본 측정 단위 및 도면 표준을 지정할 수 있으며, 영문판으로 설치했을 경우 측정 단위와 도면 표준을 확인하여 변경합니다.

## 3 색상 탭

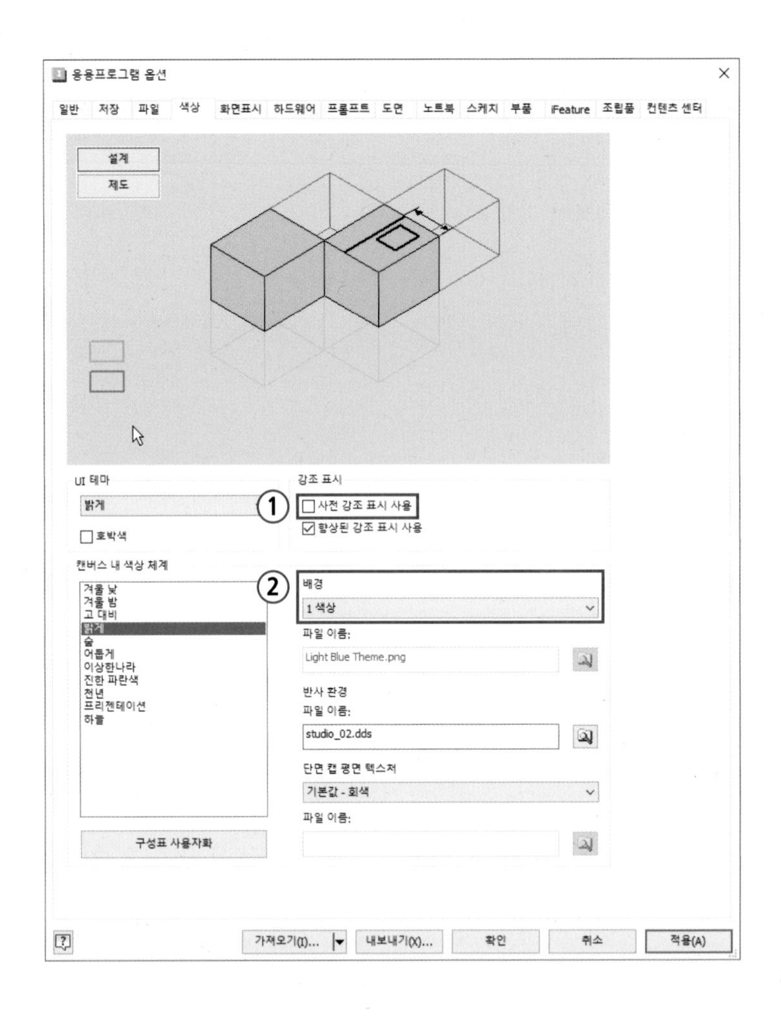


**1 사전 강조 표시 사용 :** 커서를 객체 위로 이동하면 객체가 강조 표시되므로 선택 항목을 알 수 있습니다. 기본적으로 활성화 되며, 활성화 되면 조립품 작업시 마우스 커서의 위치에 따라 부품이 강조되므로 선택 해제합니다.

**2 배경 :** 1 색상을 선택하여 단일 색상을 배경에 적용할 수 있도록 합니다.

## 4 화면표시 탭

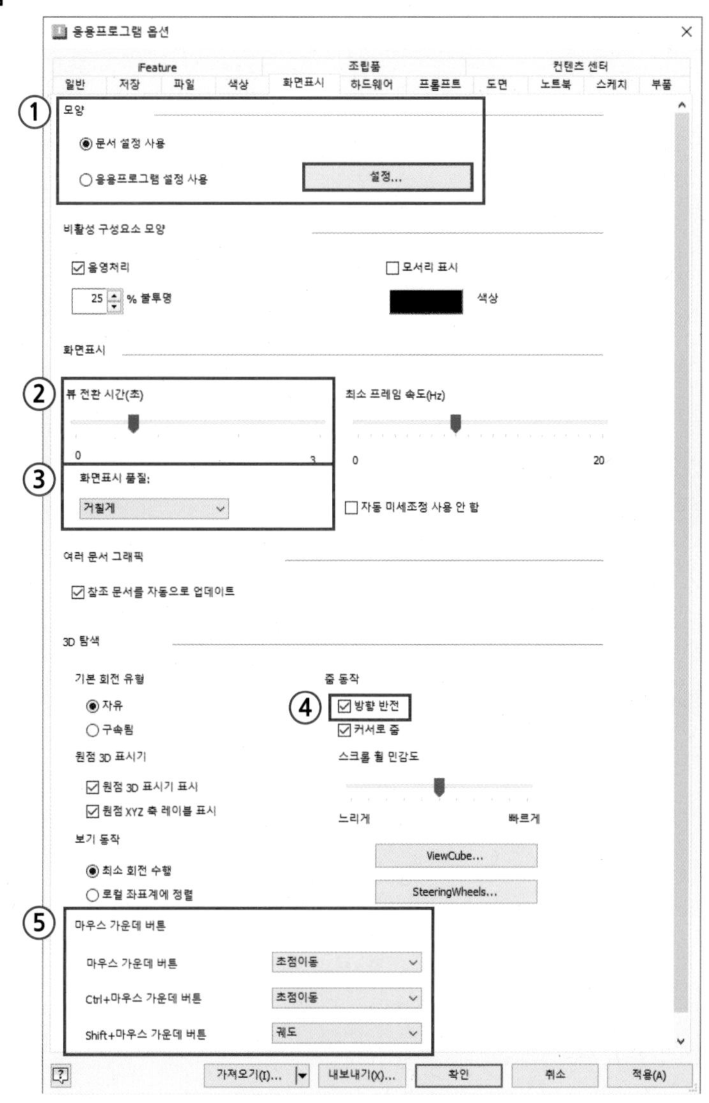


**1 모양 :** 응용프로그램 설정 사용을 선택합니다. (이 옵션을 선택하면 문서 설정이 무시됩니다.)

**2 뷰 전환 시간(초) :** 뷰를 전환하는 데 필요한 시간을 제어합니다. 각 사용자가 적절하게 지정하길 바라며 이 책에서는 [0.1초]로 지정하겠습니다.

**3 화면표시 품질 :** 모형의 화면표시 해상도를 설정합니다. 컴퓨터 사양에 따라서 속도에 영향을 줄 수 있으므로 사용자가 적절하게 지정하길 바라며 이 책에서는 [거칠게]로 선택하겠습니다.

**4 방향 반전 :** 줌 방향에 대한 마우스 움직임 영향을 제어하며, AutoCAD와 동일하게 줌 동작 방향을 설정하려면 이 옵션을 선택합니다.

**5 마우스 가운데 버튼 :** 마우스 가운데 버튼에 줌, 초점이동, 회전 기능을 지정합니다.

화면표시 탭에서 모양 - [설정] 버튼을 누르면 화면표시 모양 대화상자가 실행됩니다.

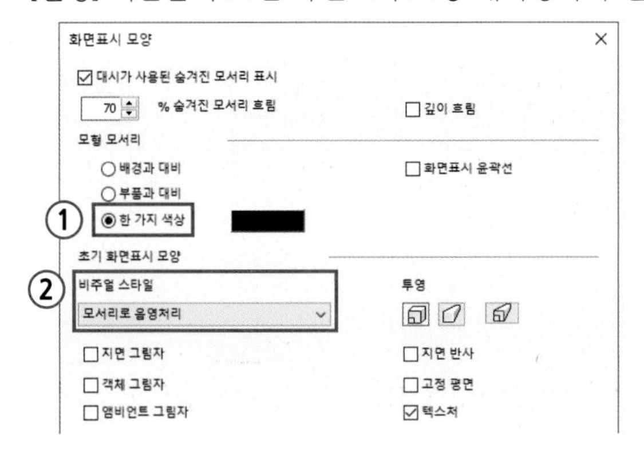


**1 모형 모서리 :** 모델 색상이 달라도 항상 검은색으로 나타나도록 [한 가지 색상]을 선택합니다.

**2 비주얼 스타일 :** 모델링의 음영과 모서리가 함께 표현되는 [모서리로 음영처리]로 선택합니다.

## 5 스케치 탭

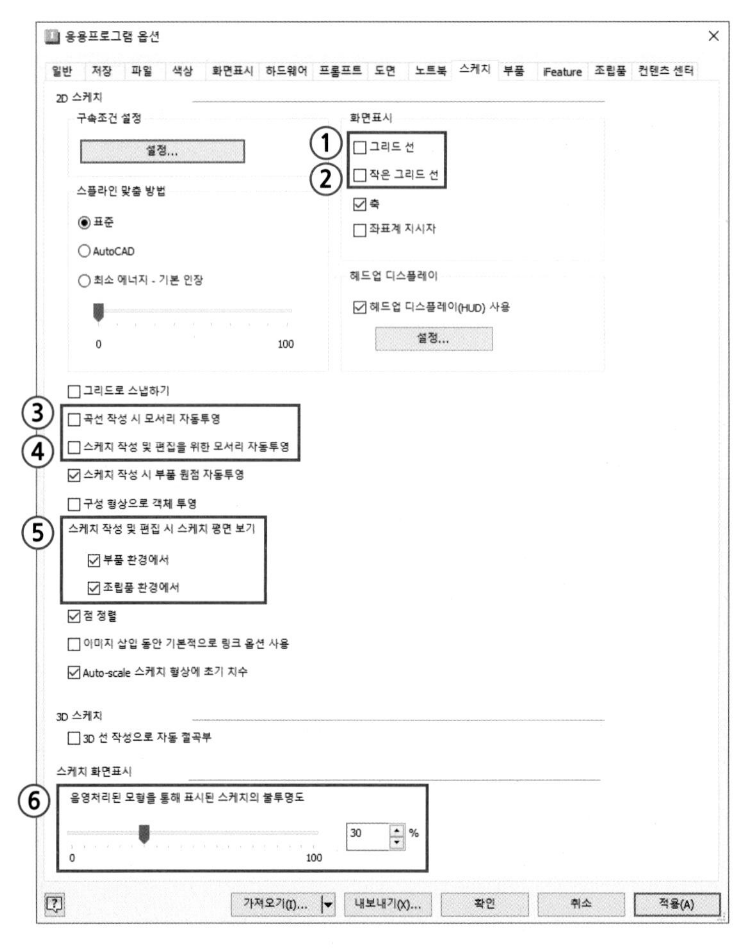

1 **그리드 선 :** 스케치에서 그리드 선의 화면표시를 설정합니다. [선택 해제]

2 **작은 그리드 선 :** 스케치에서 보조 또는 가는 그리드 선의 화면표시를 설정합니다. [선택 해제]

3 **곡선 작성 시 모서리 자동투영 :** 기존 선을 '긁어서' 또는 기존 형상을 선택하여 현재 스케치에 투영하는 기능을 사용하는 옵션입니다. [선택 해제]

4 **스케치 작성 및 편집을 위한 모서리 자동투영 :** 새 스케치를 작성할 때 선택된 면의 모서리를 스케치 평면에 참조 형상으로 자동 투영합니다. [선택 해제]

5 **스케치 작성 및 편집 시 스케치 평면 보기 :** 선택한 경우 스케치 평면이 새 스케치에 대한 뷰와 평행하도록 그래픽 창 방향을 다시 선택합니다. [(부품 환경에서/조립품 환경에서) 모두 선택]

6 **스케치 화면표시 :** 음영처리된 모형을 통해 표시된 스케치의 불투명도 설정은 음영처리된 모형 형상을 통해 보이는 스케치 형상의 불투명도를 제어합니다. 음영처리된 형상에서도 스케치 형상이 보이도록 [30%]로 선택합니다.

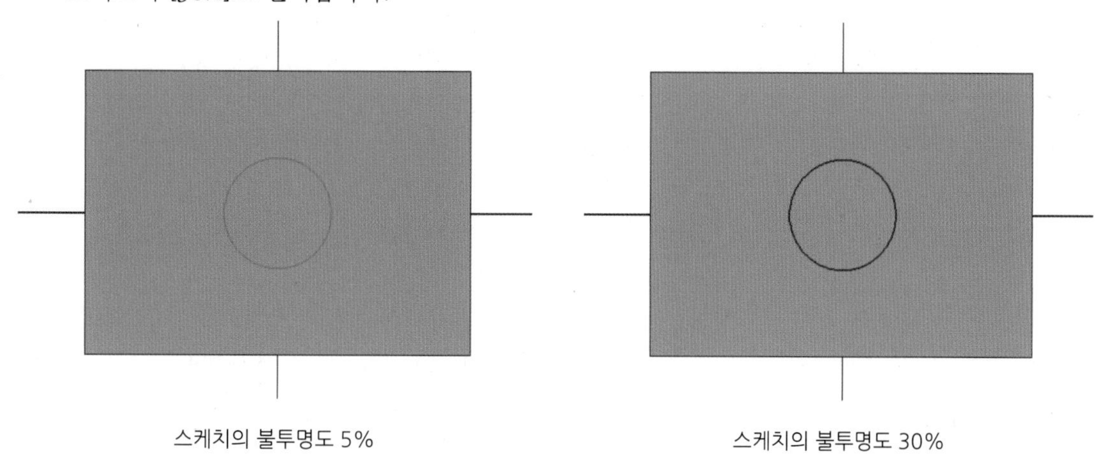

스케치의 불투명도 5%　　　　스케치의 불투명도 30%

## 6 부품 탭

**1 검색기에서 피쳐 노드 이름 뒤에 확장 정보 표시 :** 검색기에서 부품 피쳐에 대한 자세한 정보를 표시합니다. [선택]

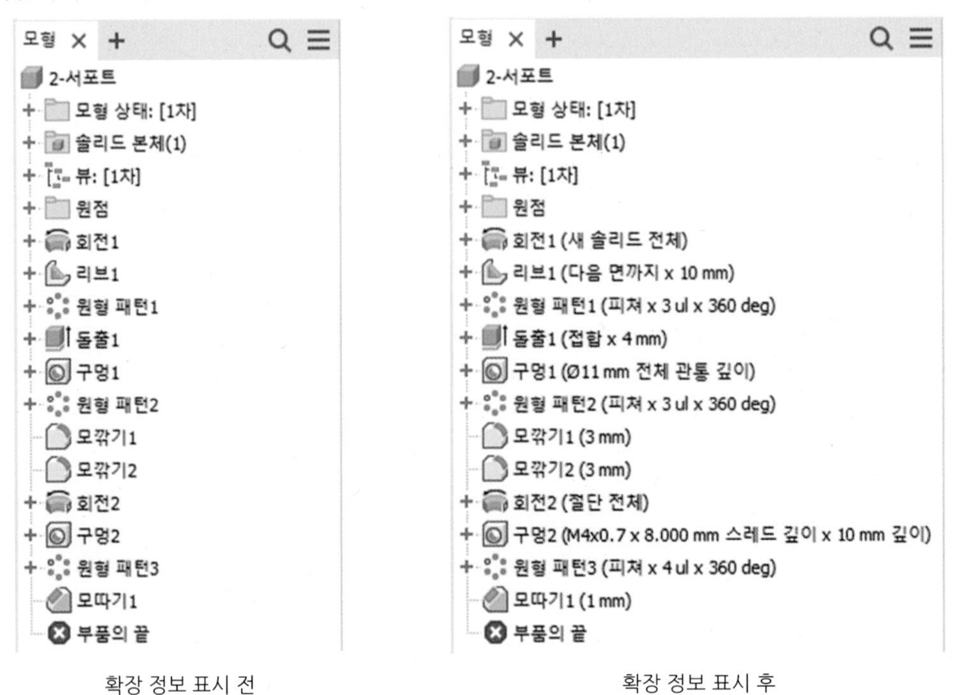


확장 정보 표시 전　　　　확장 정보 표시 후

## 7 조립품 탭

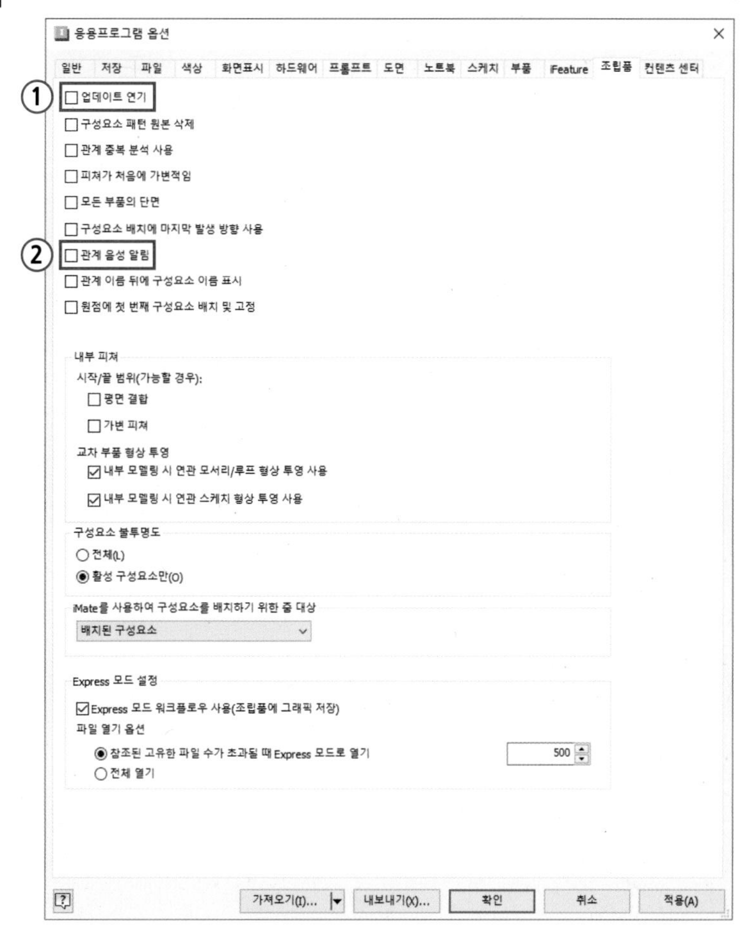


**1 업데이트 연기 :** 부품을 편집할 때 조립품 업데이트에 대한 기본 설정을 합니다. 이 옵션을 선택 해제하면 부품을 편집 후 자동으로 조립품이 업데이트됩니다.

**2 관계 음성 알림 :** 부품과 부품에 구속이 추가될 때 음성이 재생됩니다. [선택 해제]

SECTION

# 03 사용자화

Inventor 사용자화에서는 리본 패널에 명령 아이콘을 추가하거나 명령을 빠르게 실행할 수 있는 단축키(키보드) 및 표식 메뉴를 지정할 수 있습니다.

## 01 리본, 키보드 사용자화

[도구] 탭 - 사용자화 명령을 클릭하면 [사용자화] 대화상자가 실행됩니다.

### 1 리본 탭

리본 패널에 명령 아이콘을 추가하기 위해서는 사용자 패널의 tab 위치를 선택하고 왼쪽에서 사용자화 할 INVENTOR 명령 아이콘을 선택한 다음 추가[ 〉〉 ] 버튼을 클릭합니다.

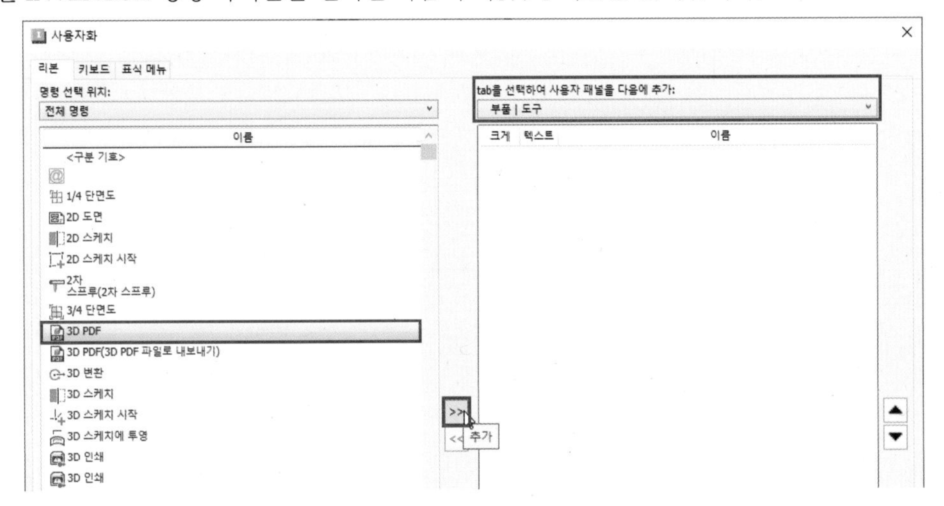

오른쪽에서 사용자 패널에 추가된 명령을 확인할 수 있으며 [크게]를 체크하여 리본에서 아이콘을 크게 나타내거나, [텍스트]를 체크하여 아이콘과 명령어도 함께 나타낼 수 있습니다.

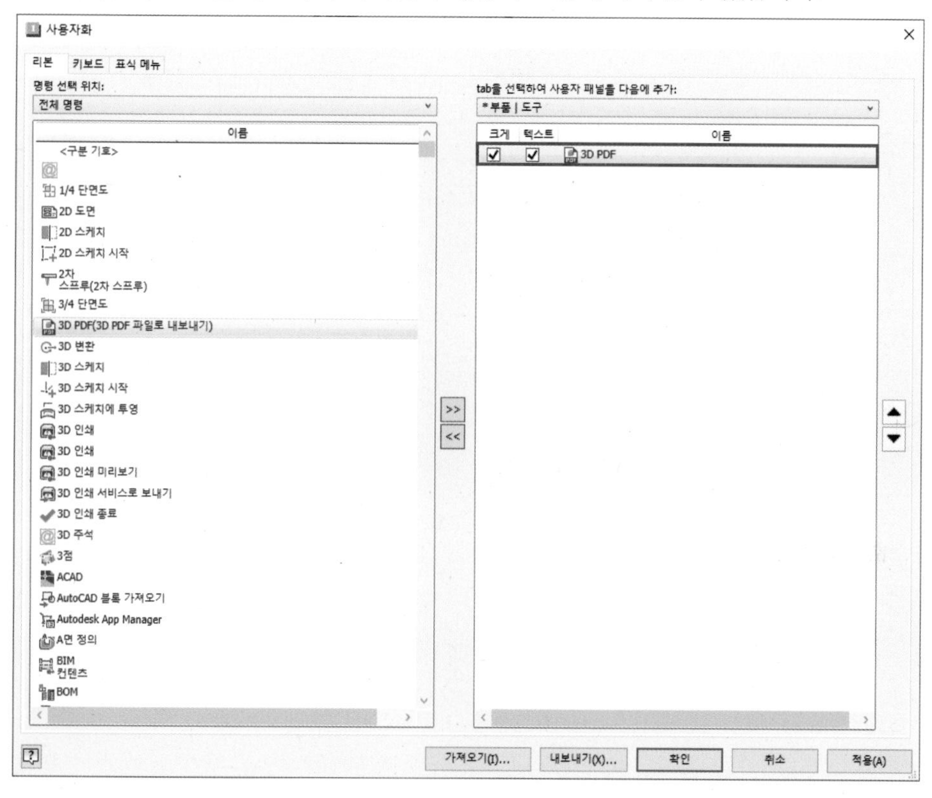


추가한 명령 아이콘은 사용자가 선택한 tab [사용자 명령] 패널에 추가되며, 아래 이미지는 [크게]와 [텍스트]를 모두 선택하여 추가한 3D PDF 명령입니다.

## 2 키보드 탭

단축키를 지정하려는 명령의 키 부분을 선택한 다음 단일 문자나 Ctrl, Alt, Shift 키를 조합하여 단축키를 지정할 수 있으며, [기본 다중 문자 명령 별명 사용]을 선택해 다중 문자로도 단축키를 지정할 수 있습니다.

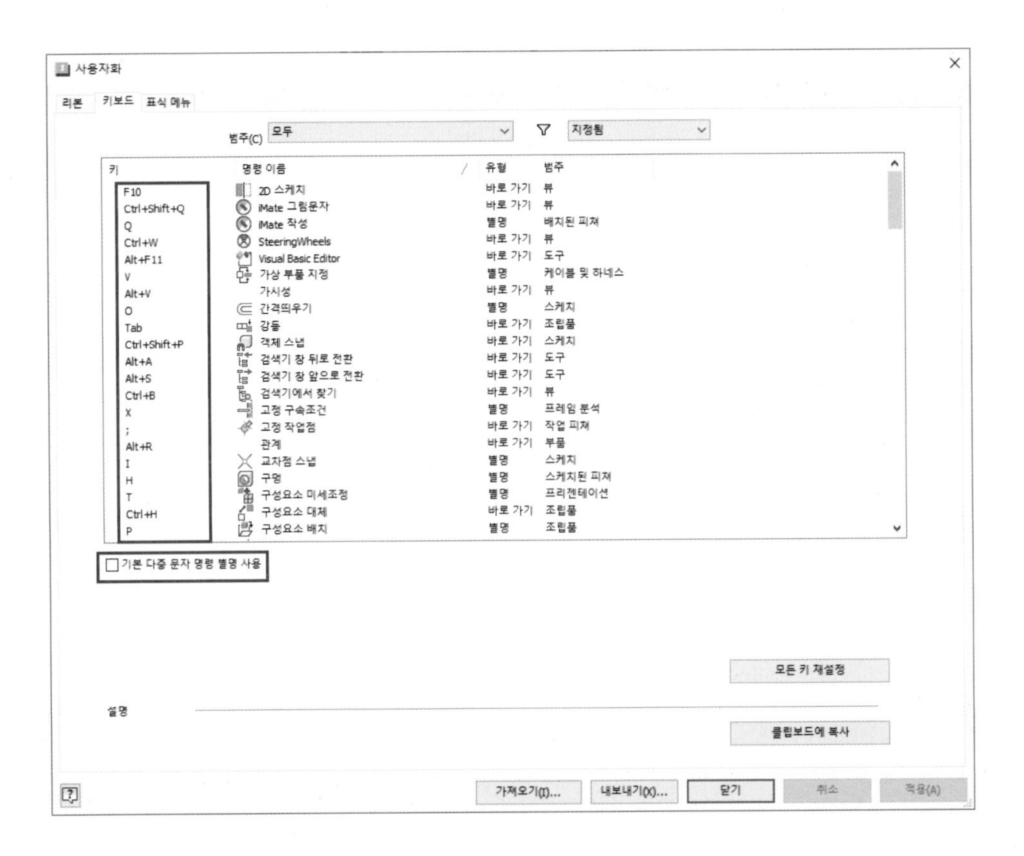


만약 지정한 키가 이미 사용 중인 경우 아래와 같이 [이 별명에 지정된 기타 명령이 두 개 이상 있습니다.] 라는 메시지 또는 대화상자가 나타납니다.

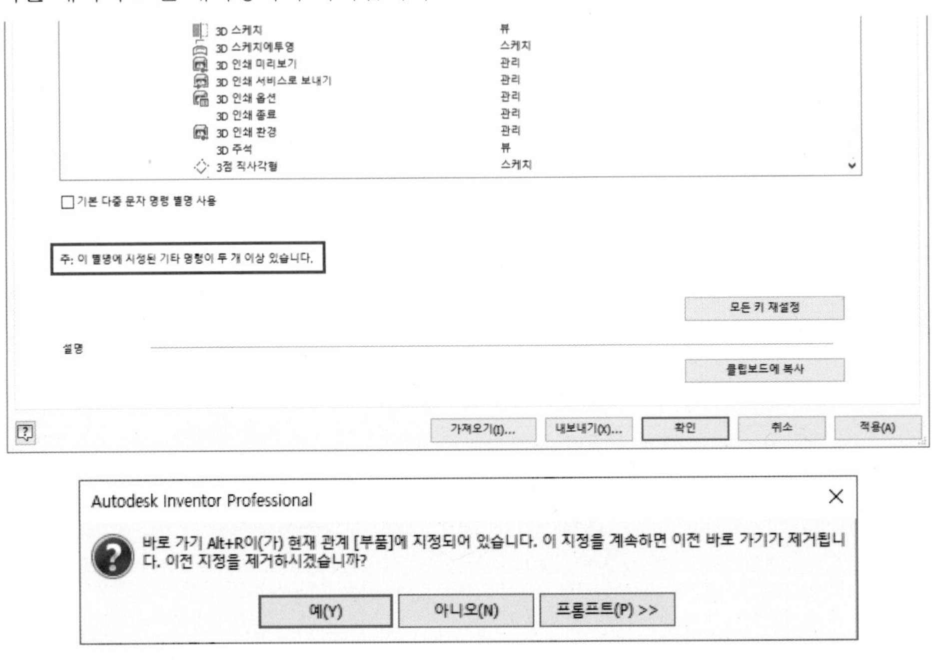

- **키보드 바로가기 참조**

| 키 | 이름 | 기능 | 범주 |
|---|---|---|---|
| F1 | 도움말 | 활성 명령 또는 대화상자에 대한 도움말 | 전역 |
| F2 | 초점 이동 | 그래픽 창을 초점 이동 | 전역 |
| F2 | 이름 바꾸기 | 모형 검색기의 노드 이름바꾸기 기능을 사용으로 설정 | 전역 |
| F3 | 줌 | 그래픽 창에서 줌 확대 또는 축소 | 전역 |
| F4 | 회전 | 그래픽 창에서 객체 회전 | 전역 |
| F5 | 이전 뷰 | 이전 뷰로 되돌아감 | 전역 |
| F6 | 등각투영 뷰 | 모형의 등각투영 뷰 표시 | 전역 |
| F7 | 그래픽 슬라이스 | 모형을 부분적으로 슬라이스하여 스케치 평면을 표시 | 스케치 |
| F8 | 전체 구속조건 표시 | 구속조건을 모두 표시 | 스케치 |
| F9 | 전체 구속조건 숨기기 | 전체 구속조건 숨기기 | 스케치 |
| Ctrl + A | 기타 선택 | 모형 뷰에서 구성요소 또는 부분 조립품을 선택한 경우 기타 선택 드롭다운 메뉴로 액세스 | 전역 |
| Ctrl + D | 치수 | 치수 HUD 켜기 또는 끄기 | 3D 스케치 |
| Ctrl + R | 직교 모드 켜기/끄기 | 3D 스케치 선 또는 스플라인의 직교 그리기 모드 켜기 또는 끄기 | 3D 스케치 |
| Ctrl + I | 구속조건 추정 | 구속조건 적용 또는 적용 안 함 | 3D 스케치 |
| Ctrl + Y | 명령 복구 | 명령복구 활성화 (마지막 명령취소를 취소함) | 전역 |
| Ctrl + Z | 명령 취소 | 활성 선 명령에서 마지막으로 스케치한 세그먼트 제거 | 전역 |
| Ctrl + Shift + P | 객체 스냅 | 객체 스냅 켜기/끄기 전환 | 3D 스케치 |
| Shift + 마우스 우측 버튼 |  | 선택 명령 메뉴 활성화 | 전역 |
| Shift + 회전 |  | 그래픽 창에서 자동으로 모형 회 | 전역 |
| B | 품번 기호 | 품번기호 명령 활성화 | 도면 |
| BDA | 기준선 치수 세트 | 기준선 치수 세트 명령 활성화 | 도면 |
| C | 중심점 원 | 원 그리기 | 스케치 |
| C | 구속조건 | 구속조건 명령 활성화 | 조립품 |
| CH | 모따기 | 모따기 작성 | 부품/조립품 |

| 키 | 이름 | 기능 | 범주 |
|---|---|---|---|
| CP | 원형 패턴 | 스케치 형상의 원형 패턴 작성 | 2D 스케치 |
| D | 일반 치수 | 일반 치수 명령 활성화 | 스케치/도면 |
| D | 면 기울기 | 면 기울기/테이퍼 작성 | 부품 |
| E | 돌출 | 돌출 명령 활성화 | 부품 |
| F | 모깎기 | 모깎기 작성 | 부품/조립품 |
| FC | 형상 공차 | 형상 공차 명령 활성화 | 도면 |
| H | 구멍 | 구멍 명령 활성화 | 부품/조립품 |
| L | 선 | 선 명령 활성화 | 스케치 |
| LE | 지시선 텍스트 | 지시선 텍스트 작성 | 도면 |
| LO | 로프트 | 로프트 피쳐 작성 | 부품 |
| M | 구성요소 이동 | 구성요소 이동 명령 활성화 | 조립품 |
| MI | 미러 | 미러 피쳐 작성 | 부품/조립품 |
| N | 구성요소 작성 | 구성요소 작성 명령 활성화 | 조립품 |
| ODS | 세로좌표 치수 세트 | 세로좌표 치수 세트 명령 활성화 | 스케치 |
| P | 구성요소 배치 | 구성요소 배치 명령 활성화 | 조립품 |
| R | 구성요소 회전 | 회전 명령 활성화 | 부품/조립품 |
| RO | 구성요소 회전 | 구성요소 회전 명령 활성화 | 조립품 |
| RP | 직사각형 패턴 | 피쳐 또는 스케치 형상의 직사각형 패턴 작성 | 부품/2D 스케치 |
| S | 2D 스케치 | 2D 스케치 명령 활성화 | 부품/조립품 |
| S3 | 3D 스케치 | 3D 스케치 명령 활성화 | 부품 |
| SW | 스윕 | 스윕 피쳐 작성 | 부품/조립품 |
| T | 텍스트 | 텍스트 명령 활성화 | 스케치/도면 |
| TR | 자르기 | 자르기 명령 활성화 | 스케치 |
| ] | 작업 평면 | 작업 평면 작성 | 전역 |
| / | 작업축 | 작업축 작성 | 전역 |
| . | 작업점 | 작업점 작성 | 전역 |
| Alt+V | 솔리드 및 작업 피쳐 | 선택한 솔리드, 작업 피쳐(평면, 축, 점)의 가시성을 켜거나 끔 | 부품/조립품 |

SECTION 04

# Pack and Go

Inventor로 작성한 설계 데이터를 다른 사용자와 공유하기 위해서는 Pack and Go 기능을 사용해야 합니다. Pack and Go는 활성화된 Inventor 파일 및 컨텐츠 센터에서 배치한 파일, 모양, 재질 등 참조된 모든 파일을 단일 위치에 패키징하는 기능입니다.

## 01 설계 데이터 패키징하기

[파일] - 다른 이름으로 저장 - Pack and Go를 클릭하면 Pack and Go 대화상자가 나타납니다.

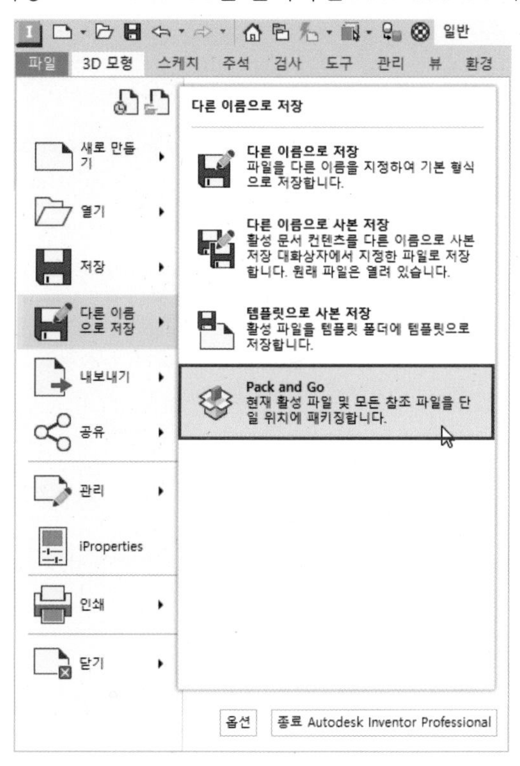

Pack and Go 대화상자에서 패키지 대상 폴더를 지정합니다.

현재 Inventor 설계 데이터에 참조된 파일을 검색하기 위해 [지금 검색]을 클릭합니다. 검색이 완료되면 전체 파일과 디스크 공간이 표시됩니다.

시작을 클릭하여 설계 데이터 파일 패키징을 시작하고 진행이 완료되면 종료합니다.

## TIP

설계 데이터를 Pack and Go할 때 현재 활성화된 프로젝트 파일이 기본값이지만, 참조된 파일이 현재 활성화된 프로젝트 파일에 지정된 위치가 아닌 여러 위치에 저장된 경우 찾아보기를 클릭하여 해당 프로젝트 파일을 선택합니다.

패키징된 설계 데이터는 다음과 같은 폴더 구조를 갖게 됩니다.

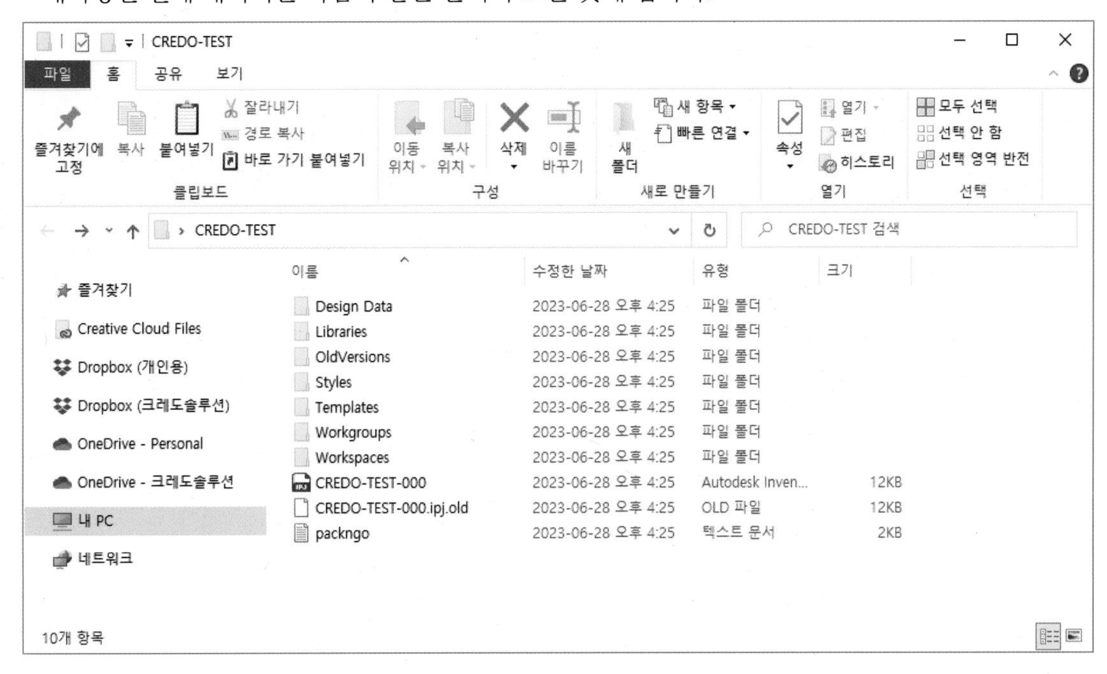

# CHAPTER. 03

# 스케치와 부품 피쳐

SECTION

# 01 스케치

## 01 스케치 개요

Inventor에서 부품 모델링을 하기 위해서는 형상의 기초가 되는 프로파일을 작성해야 하며 프로파일은 스케치 작업을 통해 작성할 수 있습니다.

대부분의 프로파일은 2D 스케치로 작성하지만, 상황에 따라 3D 스케치를 작성해 형상을 만들 수도 있습니다.

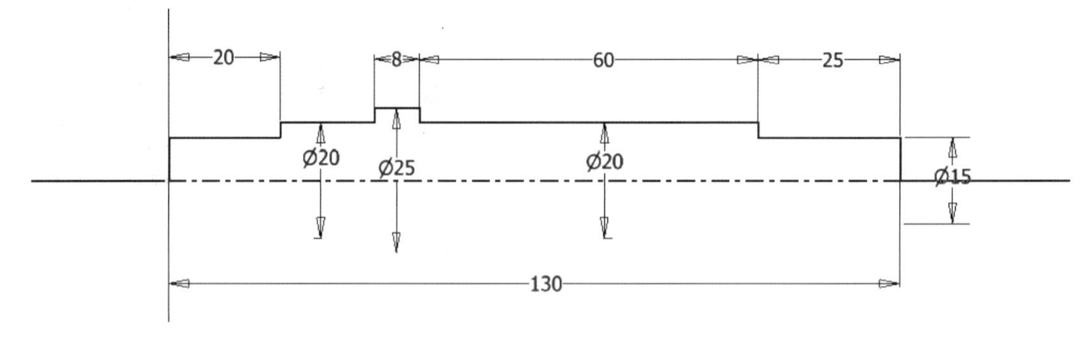


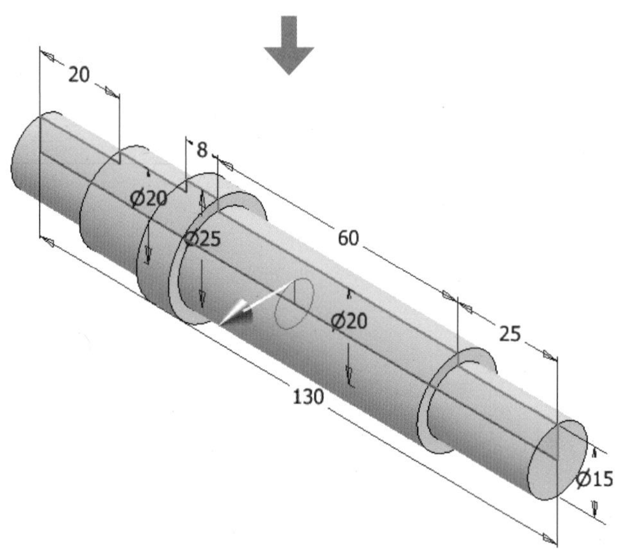


2D 스케치로부터 회전 피쳐 작성

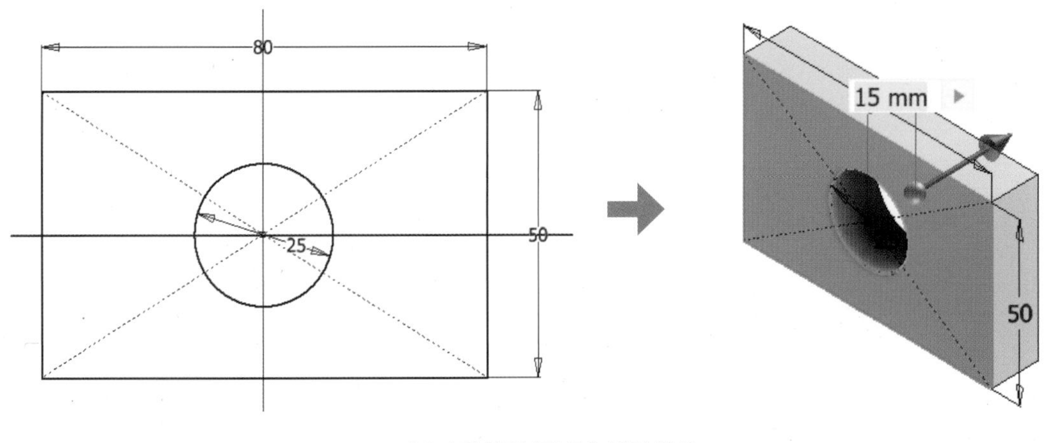

2D 스케치로부터 돌출 피쳐 작성

- **2D 스케치 :** 돌출, 회전과 같은 피쳐에 평면형 형상을 작성하거나 로프트, 스윕 등에 대해 2D 횡단면을 작성할 때 사용

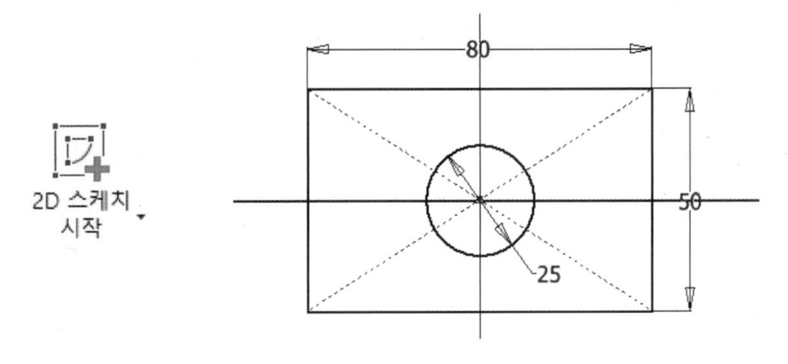


- **3D 스케치 :** 와이어링, 튜빙 또는 스윕 및 로프트의 경로를 작성할 때 사용

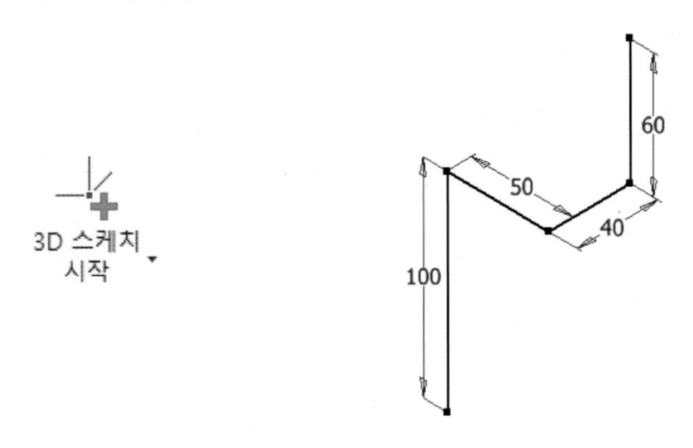

- **프로파일**

프로파일이란 스케치 요소로 작성된 루프(loops) 또는 닫힌 영역입니다. 돌출, 회전과 같은 스케치된 피쳐를 생성하기 위해서 프로파일 스케치가 필요합니다.

닫힌 프로파일로 스케치된 피쳐를 작성할 경우 솔리드로 피쳐가 생성되지만 열린 프로파일로 스케치된 피쳐를 작성할 경우 곡면으로 피쳐가 생성됩니다.

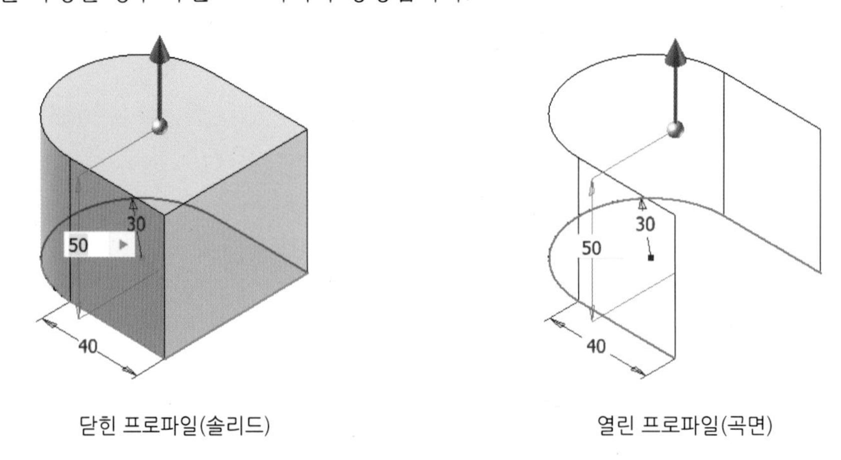


닫힌 프로파일(솔리드)　　열린 프로파일(곡면)

## 02 작업 평면

스케치를 작업하기 위해서는 스케치 평면을 선택해야 하며, 최초 형상 작업시에는 Inventor에서 제공하는 원점 평면(YZ, XZ, XY평면) 중 하나를 선택해서 작업할 수 있습니다.

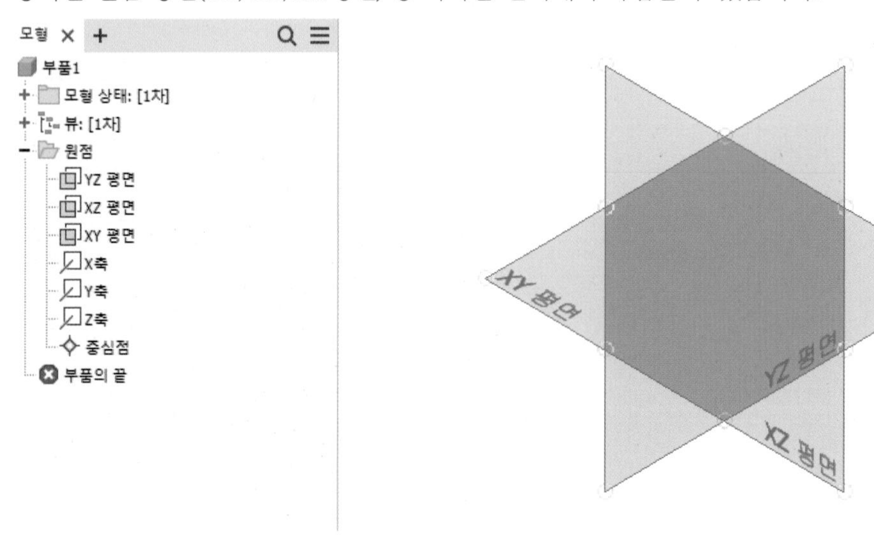

작업된 형상 모델이 있을 경우 형상 표면을 선택해 스케치를 작업할 수 있습니다.

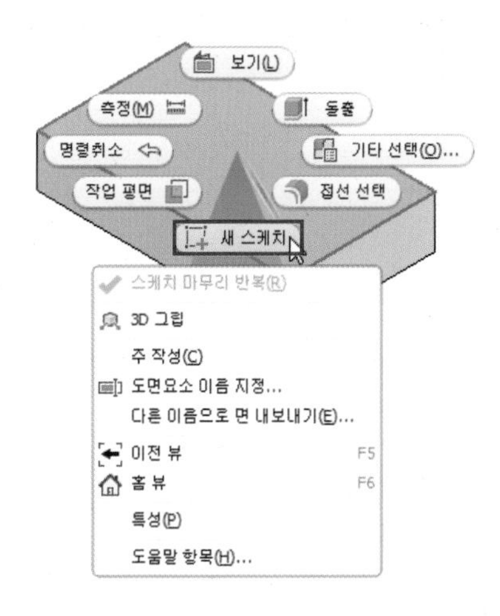


## 03 스케치 작업

작업 평면을 선택해 스케치 명령을 실행하면 리본 [스케치] 탭이 활성화되며, 각 명령들을 실행해 스케치 요소를 작성하거나 수정하여 프로파일을 완성합니다.

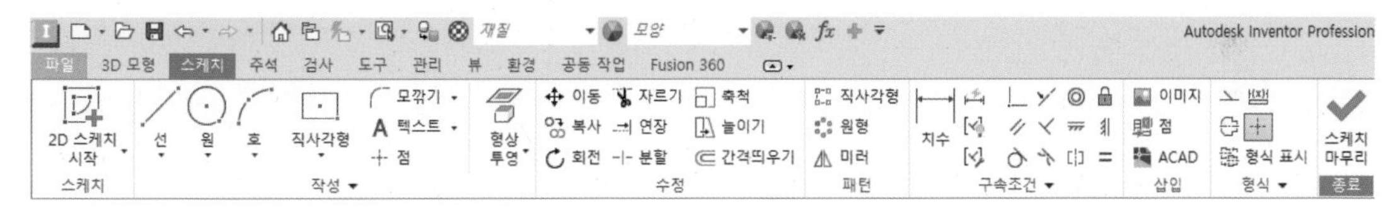


### 1 스케치 요소의 종류

기본적으로 스케치 요소는 실선으로 작성되지만, Inventor에서 스케치 요소의 종류에는 실선 외에도 구성 선과 중심 선이 있고, 스케치 점과 중심 점 기능이 있습니다. 스케치 작업시 [형식] 패널에서 필요한 기능들을 활성화해 사용할 수 있습니다.

- **구성**

선택한 스케치 형상을 구성 형상으로 변경하거나 스케치 구성 형상으로 새 형상을 작성합니다.
※ 구성 형상은 프로파일로 인식하지 않습니다.

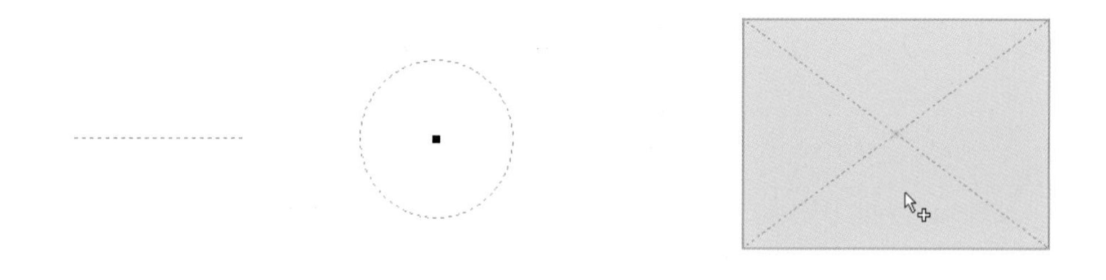

구성 선과 구성 원

프로파일로 인식되지 않는 구성 선

- **중심선**

선택한 스케치 선을 구성 중심선으로 변경하거나 중심선 스케치 형상으로 새 형상을 작성합니다.
※ 일반적으로 회전 피쳐용 프로파일을 작성할 때 사용합니다.

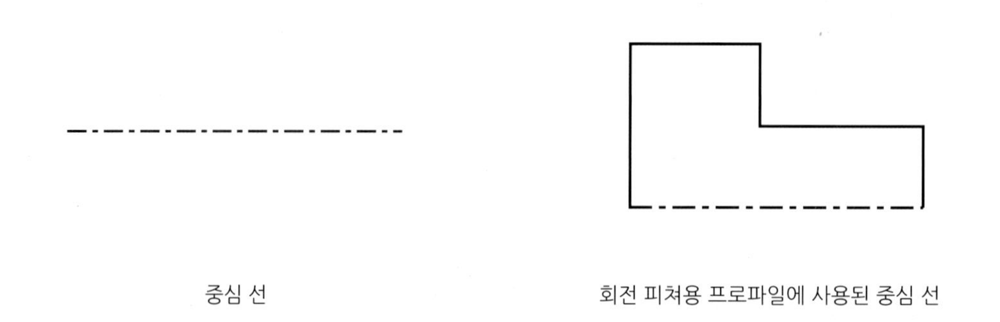

중심 선

회전 피쳐용 프로파일에 사용된 중심 선

- **중심점**

스케치 점 또는 중심점을 작성할 수 있으며, 중심점은 구멍 피쳐를 생성시 구멍이 생성되는 위치로 활용할 수 있습니다.

스케치 점

중심 점

## 2 스케치 작성 방법

Inventor에서 스케치를 작성하는 방법은 아래 그림과 같이 우선 대략적인 형상을 작성한 다음 형상 구속조건 또는 치수 구속조건을 추가하여 형상을 완전하게 구속합니다. 스케치가 완전히 구속되었는지 여부는 상태막대 메시지를 통해서 확인할 수 있습니다.

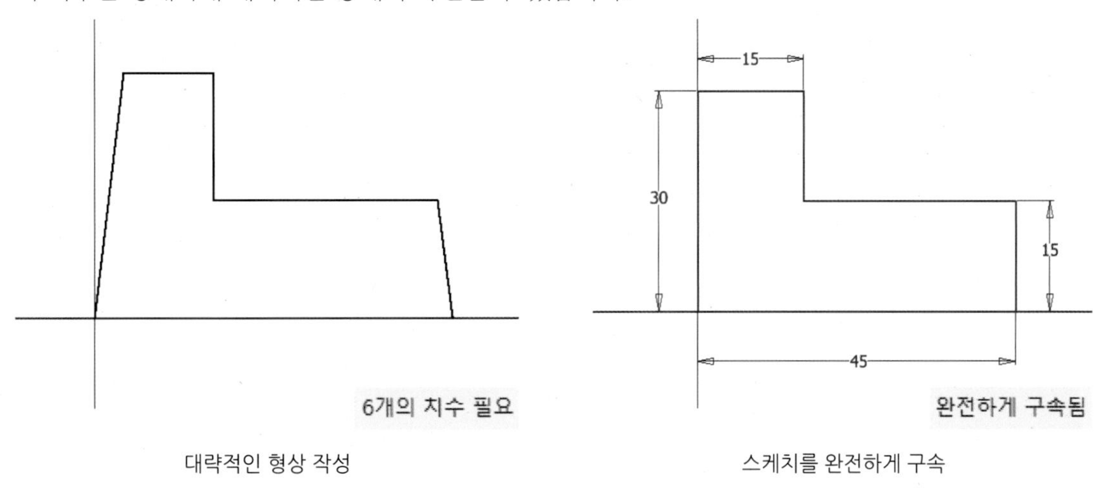


대략적인 형상 작성　　　　스케치를 완전하게 구속

2D 스케치에서 스케치 요소 작성시 형상 구속조건이 추정되고 자동으로 적용됩니다. Ctrl 키를 누른 상태로 스케치 요소를 작성하면 구속조건 적용을 일시적으로 비활성화할 수 있습니다.

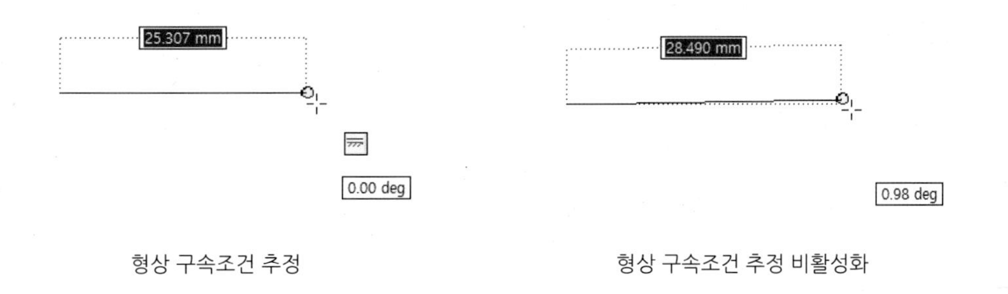


형상 구속조건 추정　　　　형상 구속조건 추정 비활성화

**TIP**

스케치를 완전하게 구속하지 않고도 피쳐를 생성할 수 있으나 스케치가 완전하게 구속되지 않았다는 것은 스케치 요소 간의 관계 및 크기에 대한 정의가 되어있지 않아 형상이 완전하지 않은 상태를 뜻합니다.

- **모든 자유도 표시**

스케치를 완전하게 구속한 것처럼 보이지만 상태 막대에서 치수가 필요하다고 메시지가 나타나는 경우 [모든 자유도 표시]를 실행해 구속조건 추가가 필요한 스케치 요소를 찾을 수 있습니다.

스케치 작업 상태에서 마우스 오른쪽 버튼을 눌러 바로가기 메뉴를 실행한 다음 [모든 자유도 표시] 또는 [모든 자유도 숨기기]를 선택합니다.

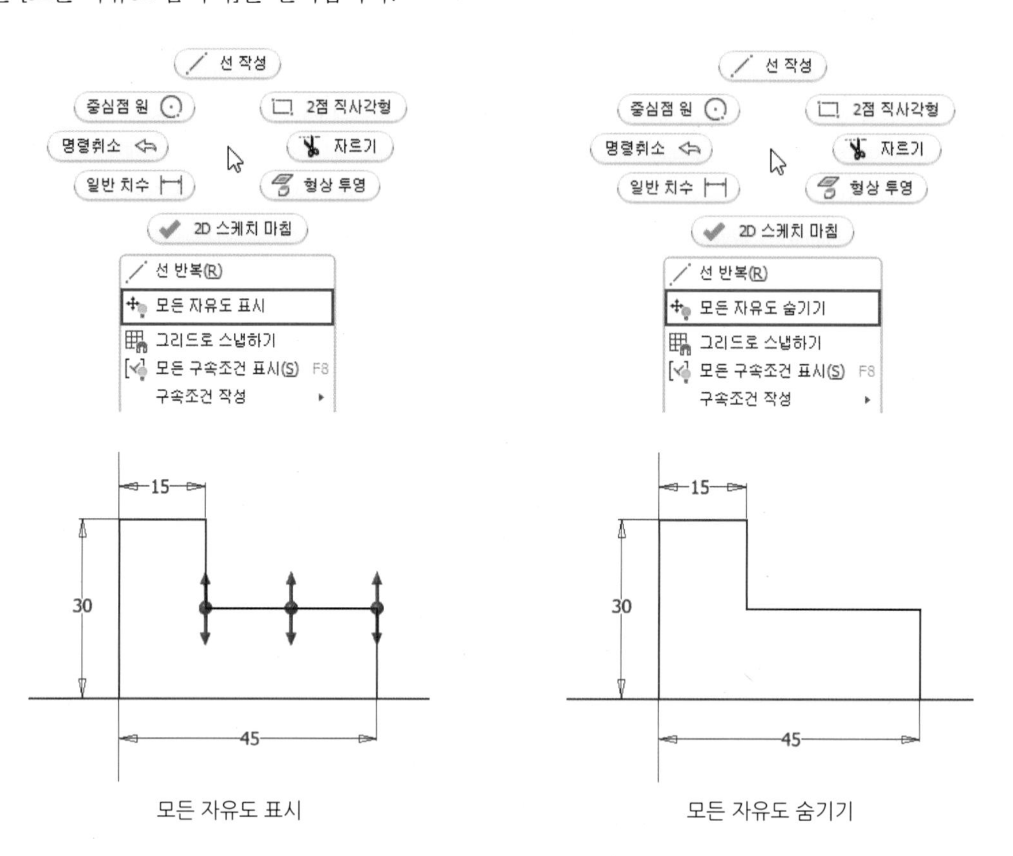


모든 자유도 표시 모든 자유도 숨기기

- **구속조건 표시(F8), 숨기기(F9)**

자동으로 추정된 형상 구속조건 또는 사용자가 추가한 구속조건을 삭제하기 위해서는 바로가기 메뉴에서 [모든 구속조건 표시(F8)] 또는 [전체 구속조건 숨기기(F9)]를 선택합니다.

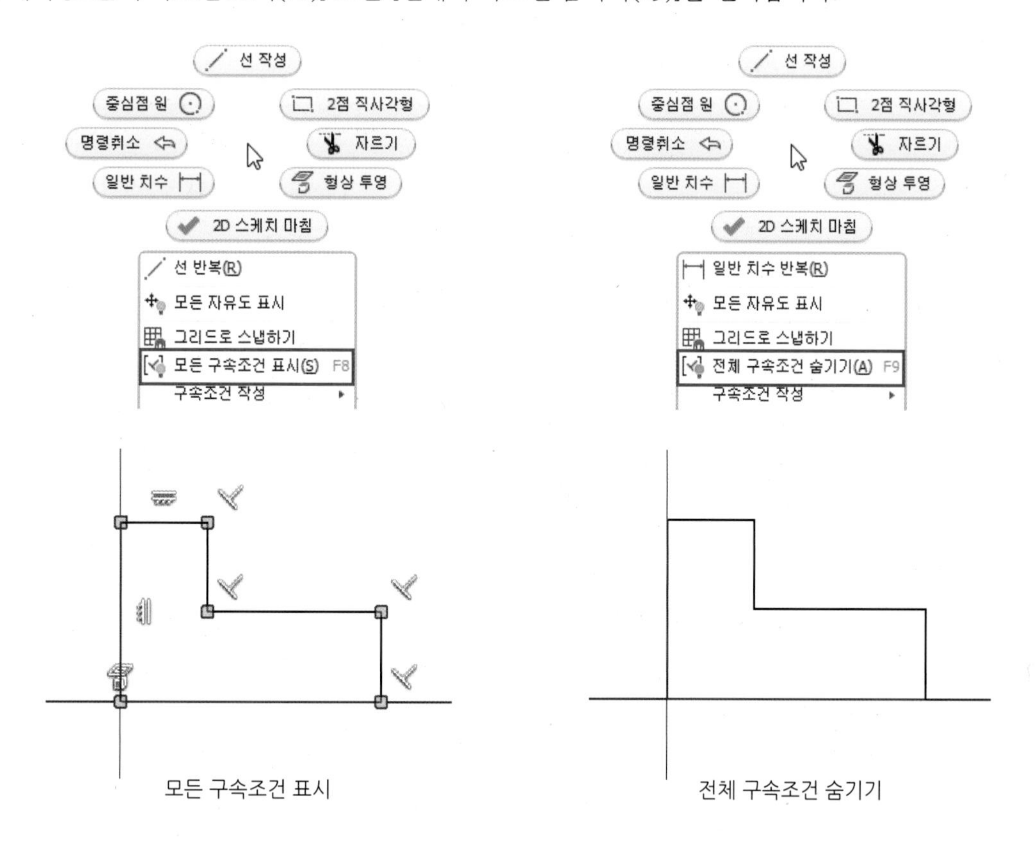


모든 구속조건 표시

전체 구속조건 숨기기

## TIP

추가된 구속조건을 삭제하기 위해서는 모든 구속조건을 표시한 상태에서 삭제한 구속조건을 선택한 다음 Delete 키를 누르거나 마우스 오른쪽 버튼을 클릭해 삭제를 선택합니다.

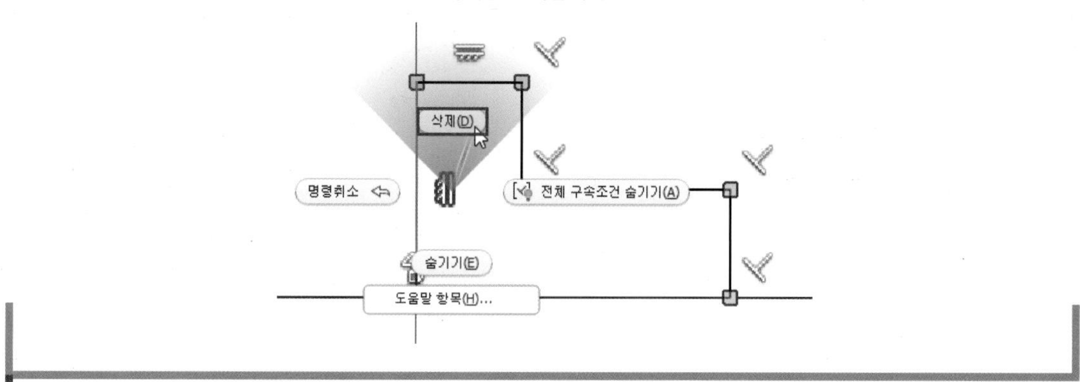

- **그래픽 슬라이스(F7)**

활성화된 스케치 평면이 형상에 가려져 보이지 않을 때 그래픽 슬라이스 기능을 사용하면 스케치 평면 앞쪽의 형상을 일시적으로 잘라내어 보여줍니다.

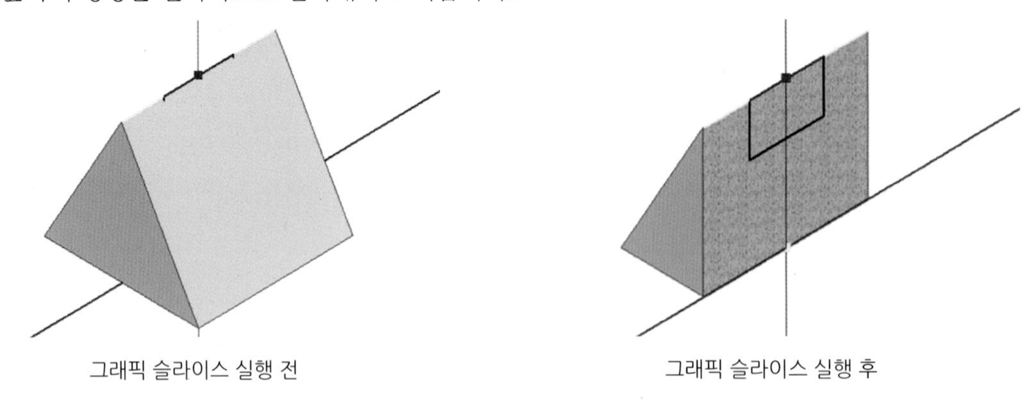

그래픽 슬라이스 실행 전　　　　그래픽 슬라이스 실행 후

## 3 스케치 편집

작성된 스케치를 편집하기 위해서는 검색기에서 해당 스케치를 더블 클릭하거나, 마우스 오른쪽 버튼으로 클릭한 다음 [스케치 편집]을 선택합니다. 스케치 편집이 완료되면 리본에서 [스케치 마무리]를 클릭합니다.

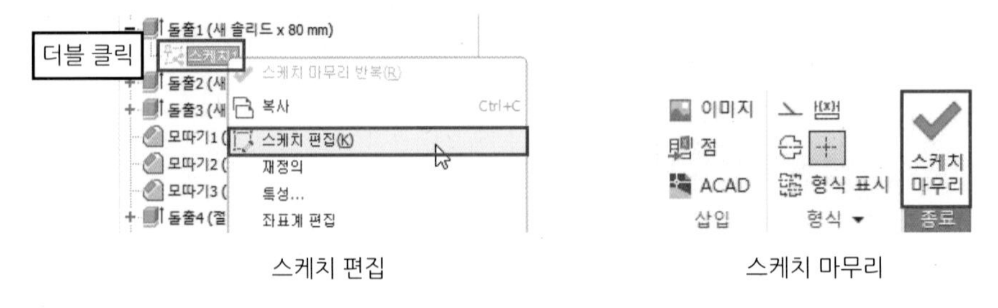


스케치 편집　　　　스케치 마무리

스케치 편집 작업으로 스케치 요소를 추가하거나 삭제할 수 있으며, 구속된 스케치 프로파일의 크기를 변경하려면 치수를 더블 클릭하여 편집할 수 있습니다.

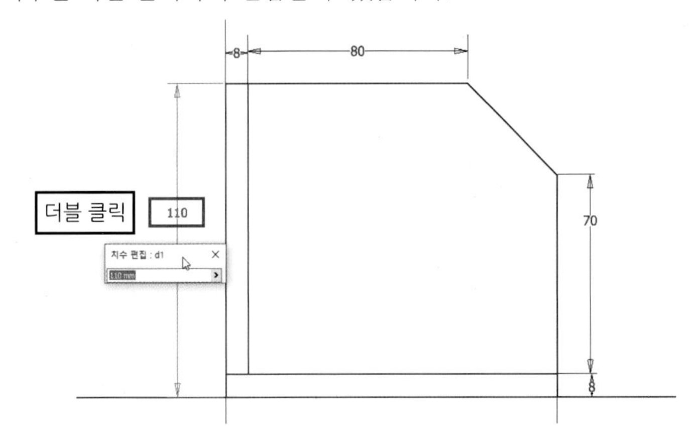

## 4 형상 투영

형상 투영이란 스케치 작업시 기존에 작성된 스케치 요소, 객체의 모서리, 꼭지점, 루프, 작업 피쳐 등 기타 스케치 형상을 현재 활성화된 스케치 평면으로 가져오는 기능입니다. 투영된 형상은 원래 형상과 연관되어 있으므로 원래 형상이 변경되면 투영된 형상도 변경됩니다.

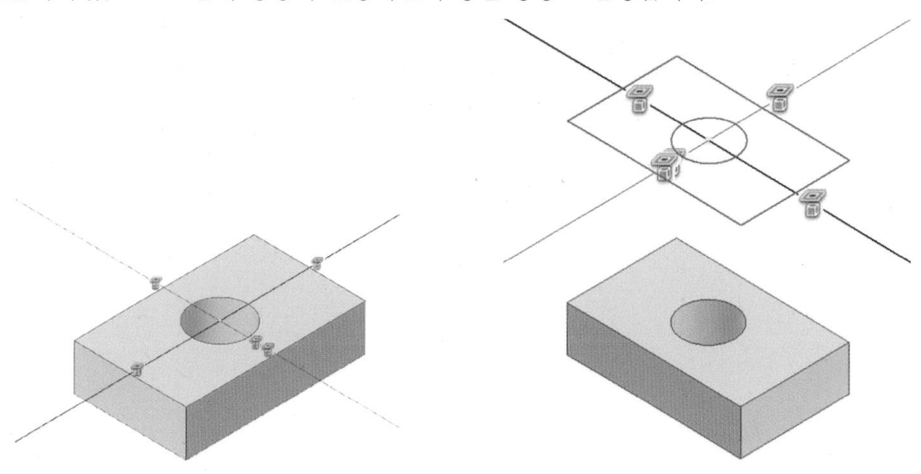

### TIP

스케치 명령을 실행하면 중심점(원점)이 투영되어 스케치 평면에 나타납니다. 스케치 작업 중 중심점을 삭제할 경우 모형 검색기에서 중심점을 선택한 다음 형상 투영하면 되며, 만약 스케치 명령 실행시 중심점이 투영되지 않는다면 응용프로그램 옵션-스케치 탭에서 [스케치 작성 시 부품 원점 자동투영] 옵션을 확인합니다.

- ☐ 그리드로 스냅하기
- ☐ 곡선 작성 시 모서리 자동투영
- ☐ 스케치 작성 및 편집을 위한 모서리 자동투영
- ☑ 스케치 작성 시 부품 원점 자동투영
- ☐ 구성 형상으로 객체 투영

# 04 스케치 예제

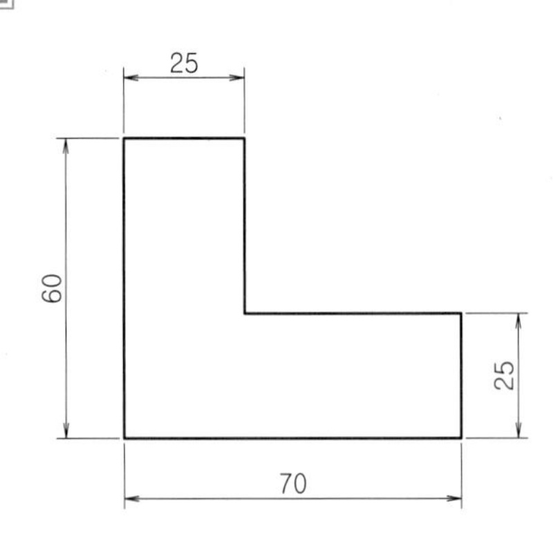


2

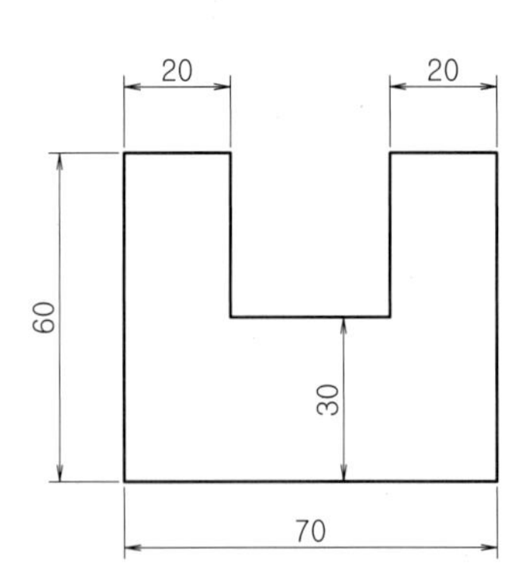


3

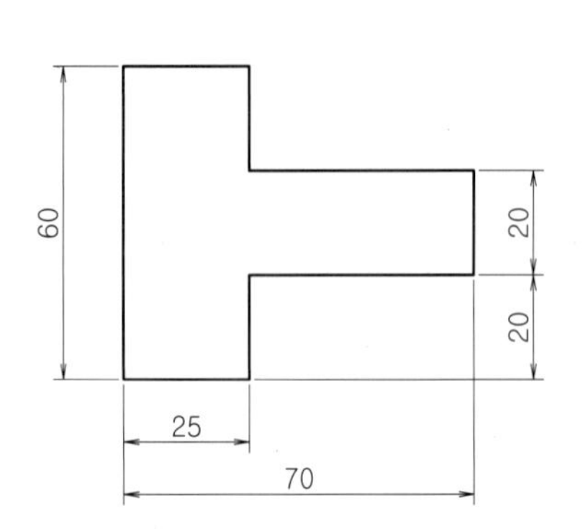


4

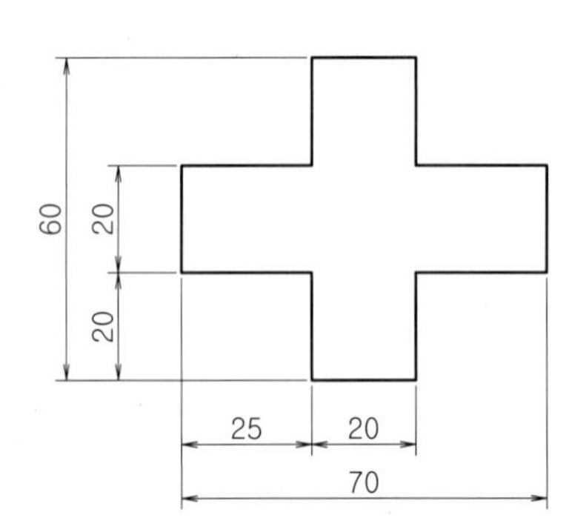


5

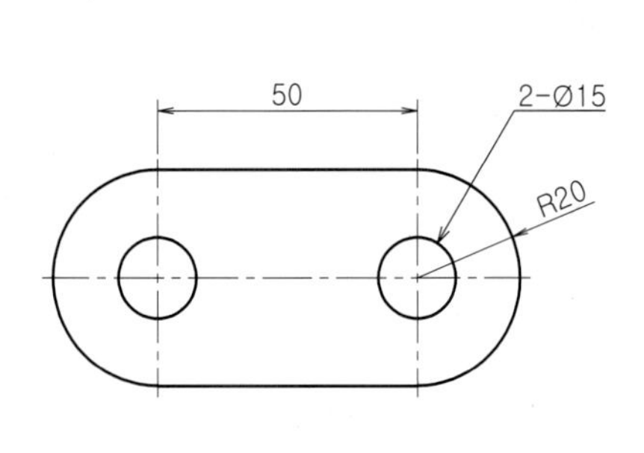


6

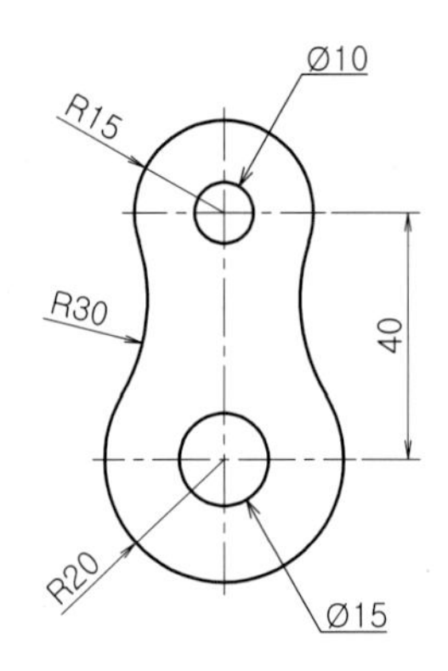

7

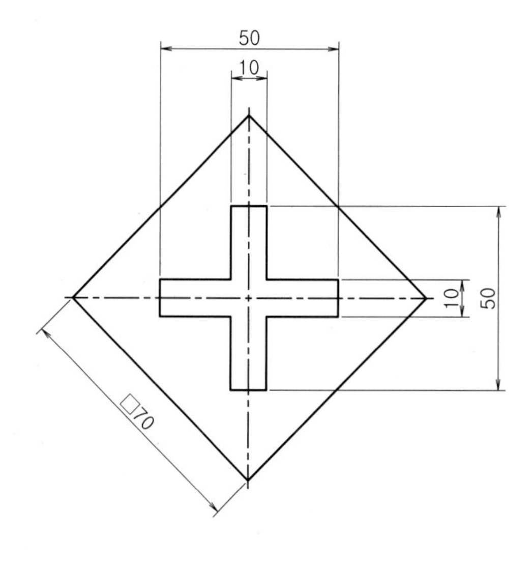
50
10
10
50
□70

8

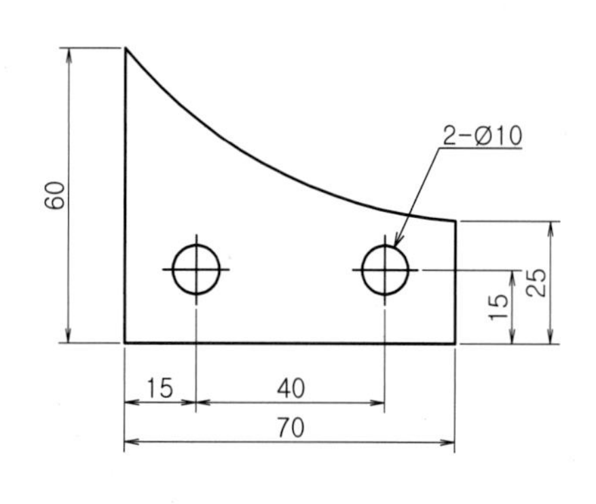
60
2-Ø10
15
25
15
40
70

9

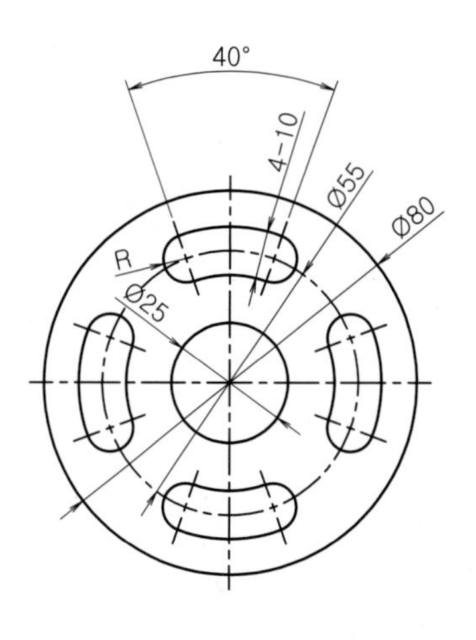
40°
4-10
Ø55
Ø80
R
Ø25

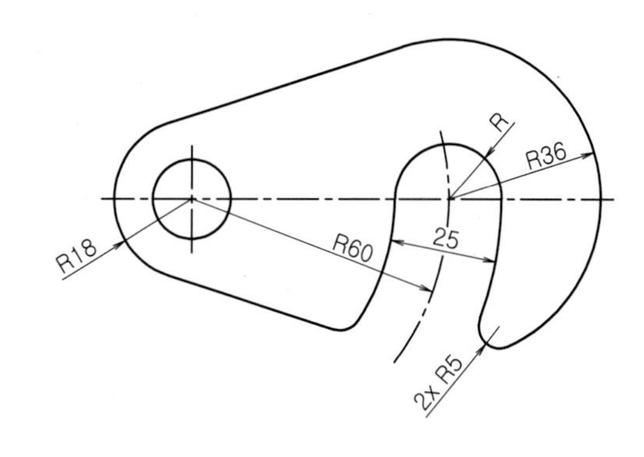
R
R36
R18
R60
25
2x R5

11

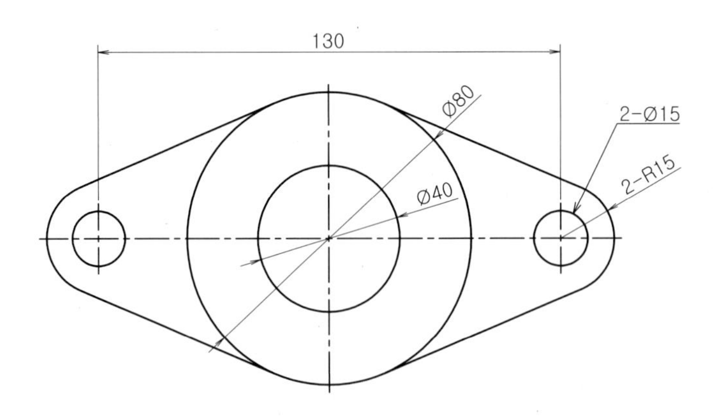


12

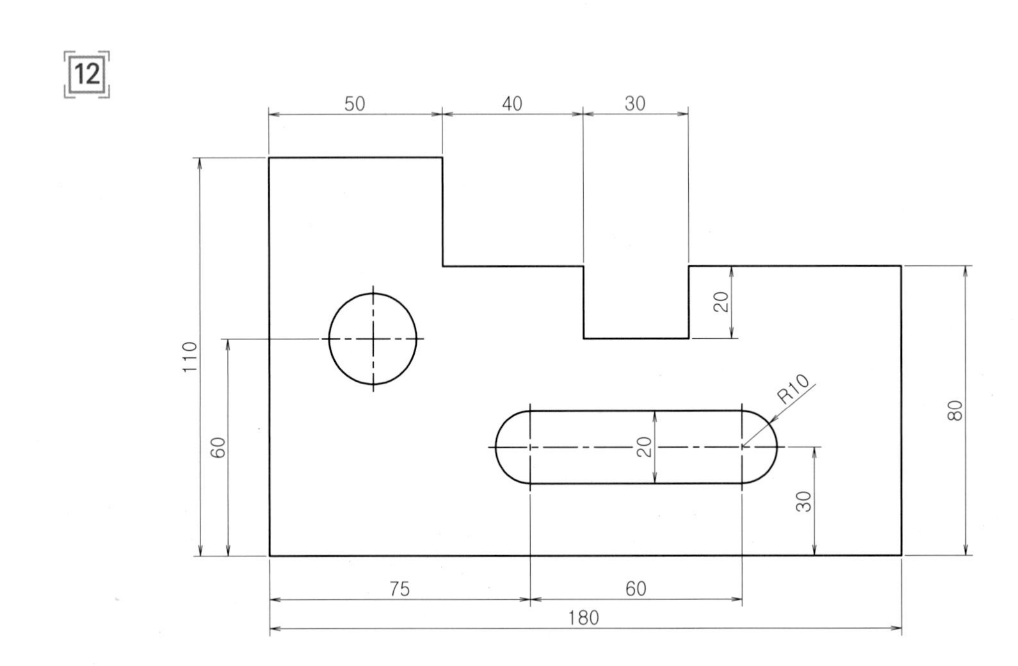

13

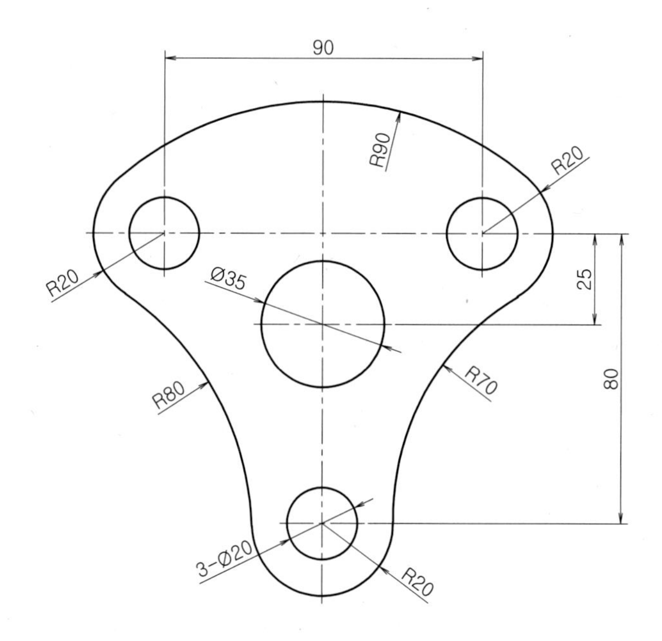
90
R90
R20
R20
Ø35
25
80
R80
R70
3-Ø20
R20

14

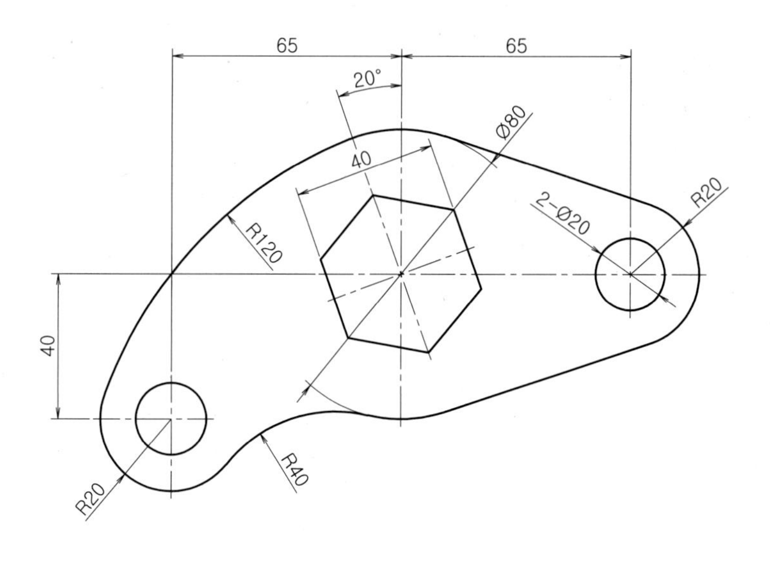
65
65
20°
Ø80
40
2-Ø20
R20
R120
40
R20
R40

SECTION

# 02 부품 피쳐

INVENTOR에서 부품을 모델링할 때 작업 피쳐, 스케치된 피쳐, 배치된 피쳐와 같은 세 가지 유형의 부품 피쳐를 다루게 됩니다.

## 01 작업 피쳐

작업 피쳐는 모형 형상이 아닌 참조 피쳐로 스케치에 투영하여 새 피쳐를 구성하는데 사용할 수 있는 평면, 축 및 점으로 구성됩니다.

### 1 작업 평면 (Plane)

작업 평면은 무한한 구성 평면으로 부품과 조립품 작업 공간 내에서 어느 방향으로도 배치할 수 있으며, 부품 모델링시 스케치 평면으로 활용하거나 절단된 평면을 배치할 때 사용할 수 있습니다.

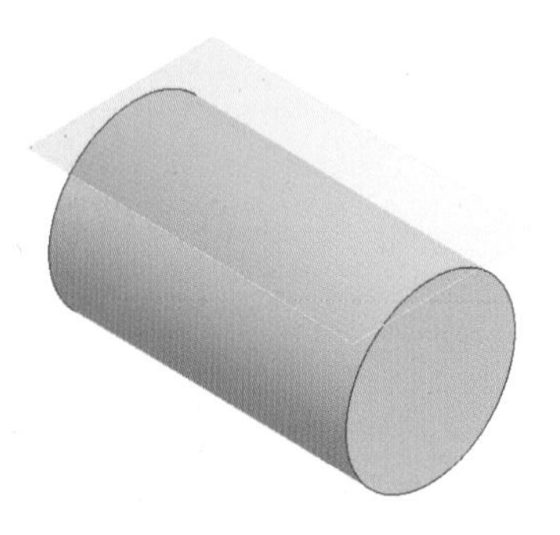

곡면에 접하고 평면에 평행한 작업 평면

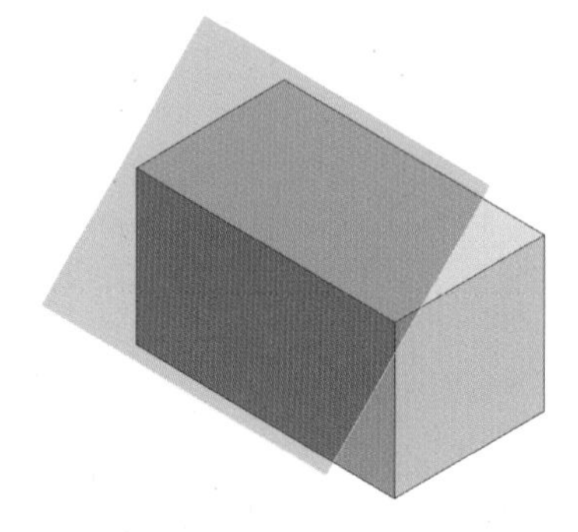

모서리를 중심으로 평면에 기울어진 작업 평면

- **작업 평면 작성 명령**

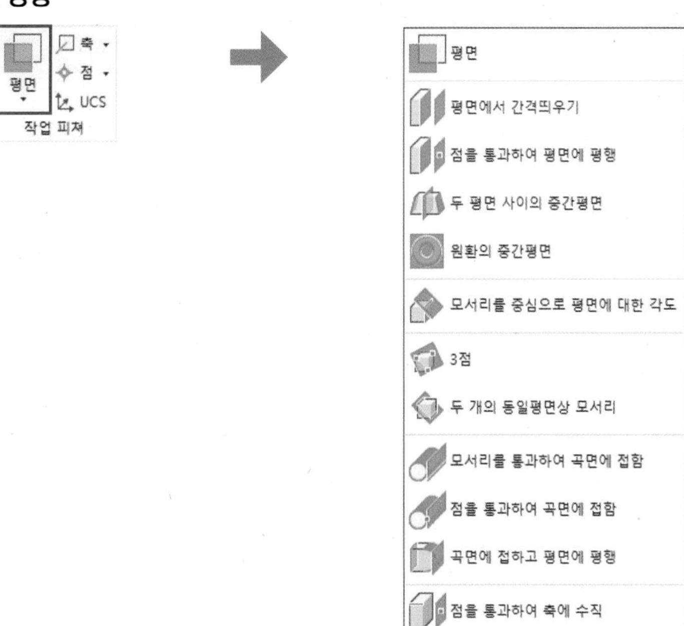


## 2 작업 축 (Axis)

작업 축은 무한한 길이의 선으로 부품 모델링시 피쳐를 작성하거나 조립품 모델링시 부품을 구속하기 위한 목적으로 사용할 수 있습니다.

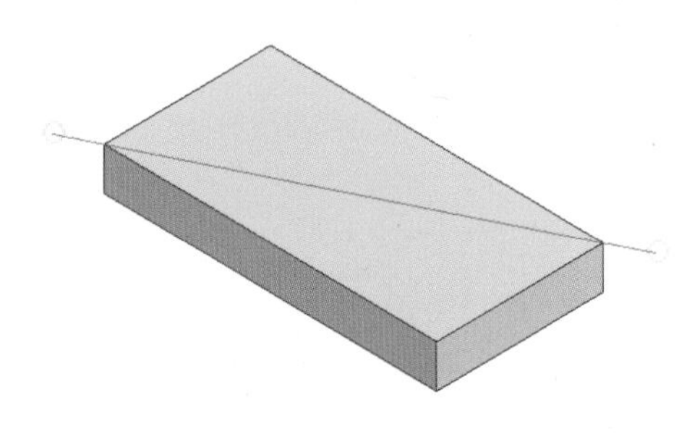

두 점을 통과하는 작업 축

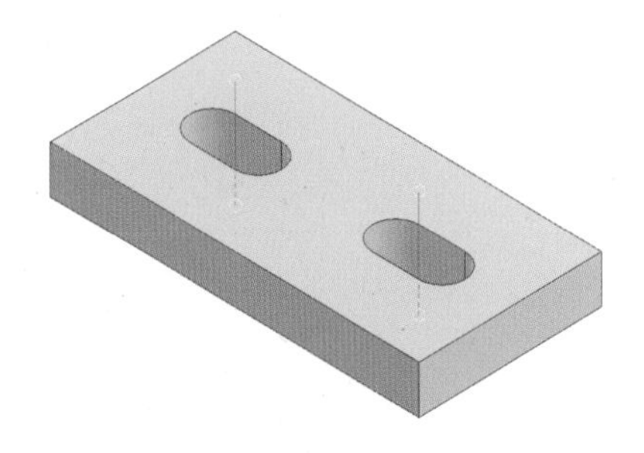

점을 통과하여 평면에 수직하는 작업 축

- **작업 축 작성 명령**

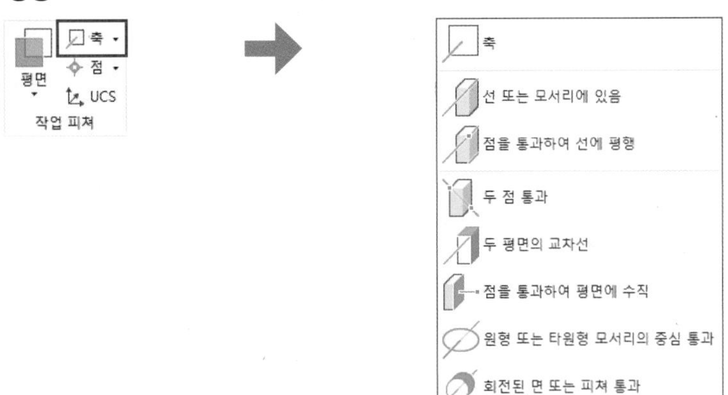


## 02 스케치된 피쳐

스케치된 피쳐는 2D 스케치에서 시작된 피쳐로, 프로파일을 돌출, 회전, 스윕 등 명령을 통해 작성된 피쳐입니다.

### 1 돌출 (Extrude)

돌출 명령은 프로파일에 깊이를 추가하여 솔리드 본체 생성 또는 피쳐를 접합하거나 절단할 수 있습니다.

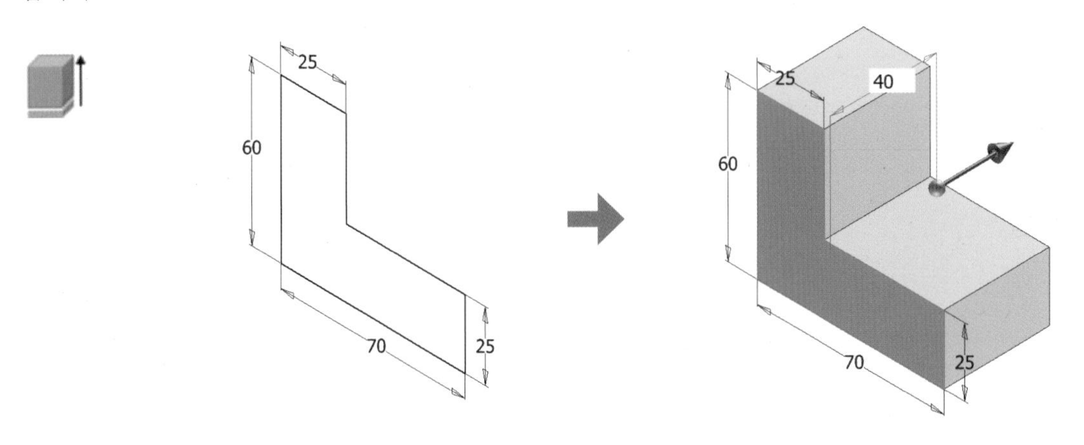

## 2 회전 (Revolve)

회전 명령은 프로파일을 축을 기준으로 회전하여 솔리드 본체 생성 또는 피쳐를 접합하거나 절단할 수 있습니다.

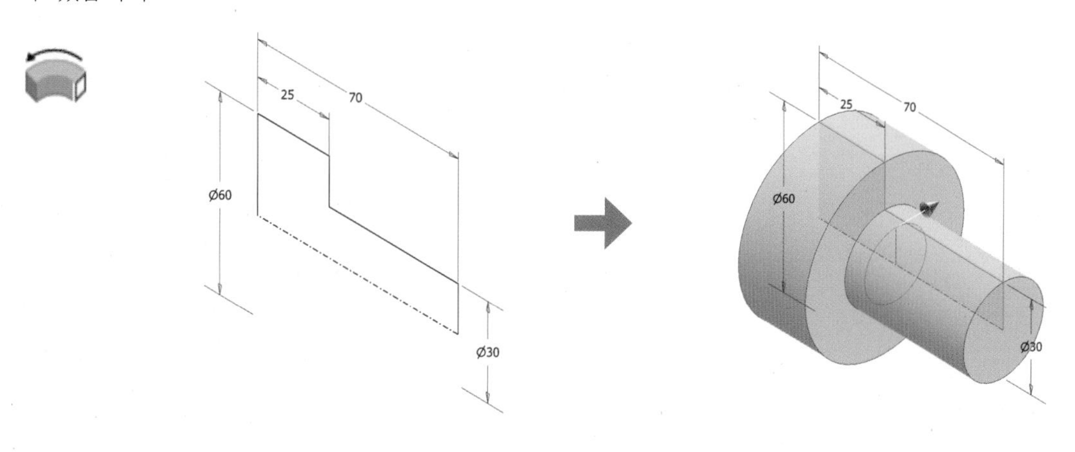


## 3 스윕 (Sweep)

스윕 명령은 프로파일이 경로를 따라 이동하여 솔리드 본체 생성 또는 피쳐를 접합하거나 절단할 수 있습니다.

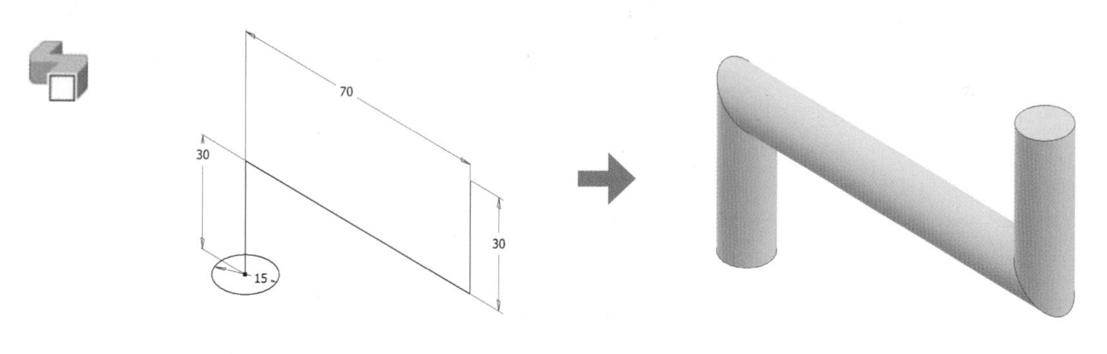

## 4 로프트 (Loft)

로프트 명령은 2D 스케치 프로파일, 3D 스케치의 곡면, 면 루프로 이루어진 2개 이상의 단면을 혼합하여 부드러운 쉐이프를 생성합니다.

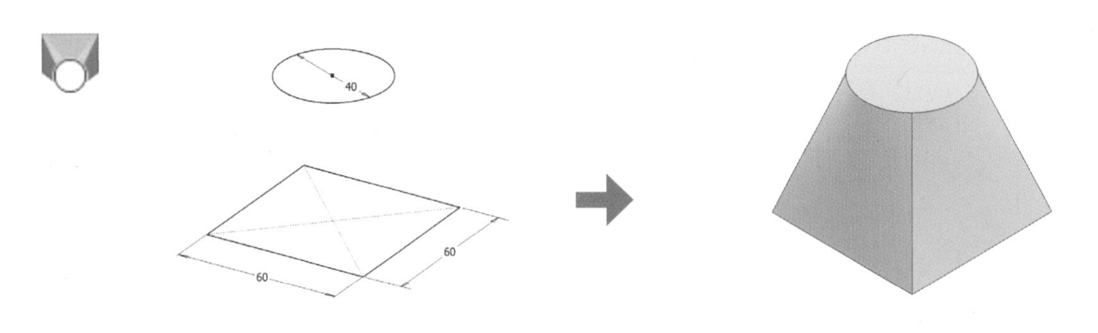


## 5 코일 (Coil)

코일은 스프링과 같은 나선 모양의 피쳐를 생성합니다.

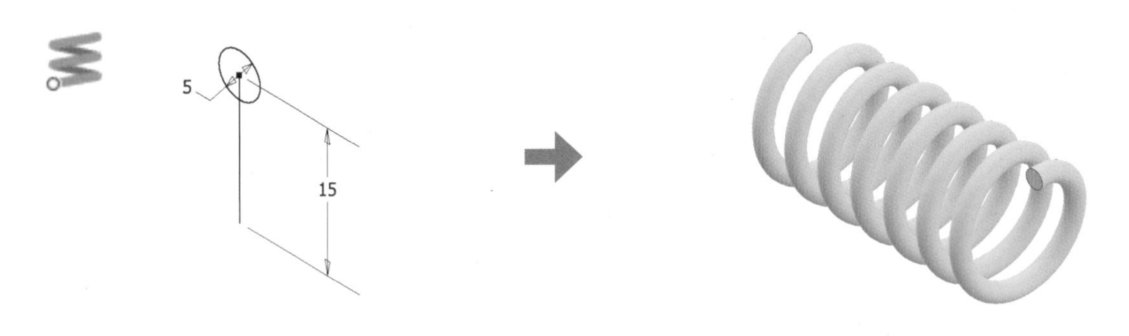


## 6 리브 (Rib)

리브 명령은 열린 프로파일 또는 닫힌 프로파일을 사용하여 리브(보강대)를 생성합니다.

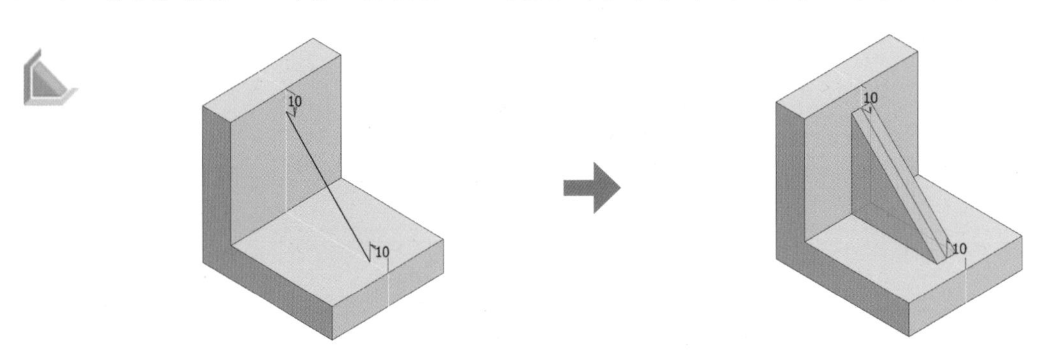

## 03 배치된 피쳐

배치된 피쳐는 작성된 피쳐 형상을 참조해 추가할 수 있는 피쳐로 모따기, 모깎기, 구멍, 쉘, 면 기울기 등이 있습니다.

### 1 모깎기 (Fillet)

모깎기는 부품의 내부 또는 외부 모서리에 필렛 형상을 생성합니다.

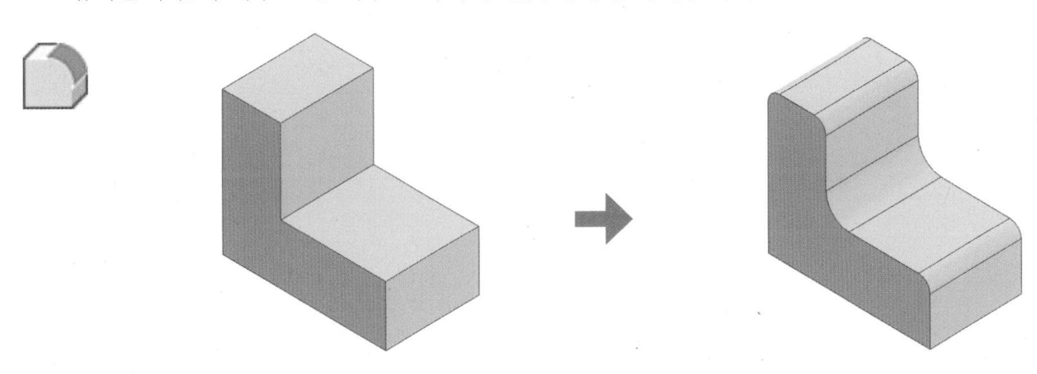

### 2 모따기 (Chamfer)

모따기는 부품의 내부 또는 외부 모서리에 챔퍼 형상을 생성합니다.

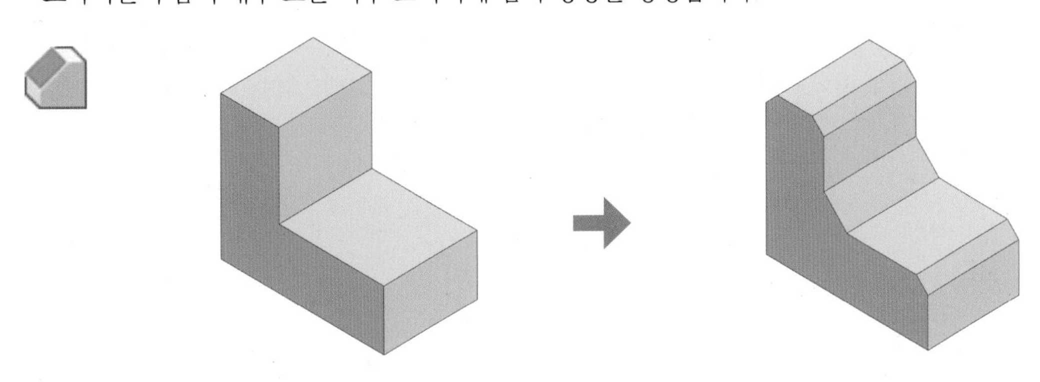

### 3 구멍 (Hole)

구멍 명령은 드릴 구멍, 탭, 카운터보어, 카운터싱크 등의 유형을 선택하여 부품에 지정된 구멍을 생성합니다.

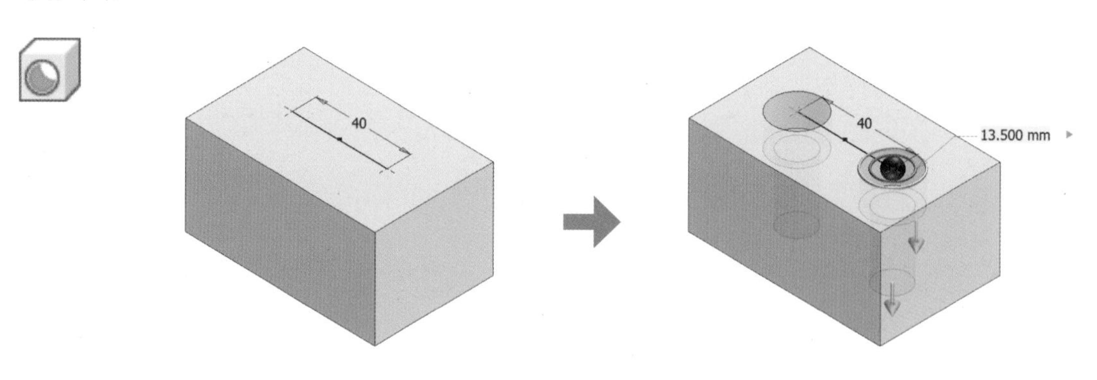


### 4 스레드 (Thread)

스레드 명령은 원통, 원추형의 내부 또는 외부 면에 스레드를 생성합니다. 일반적으로 볼트, 샤프트와 같이 외부 면에 적용합니다.

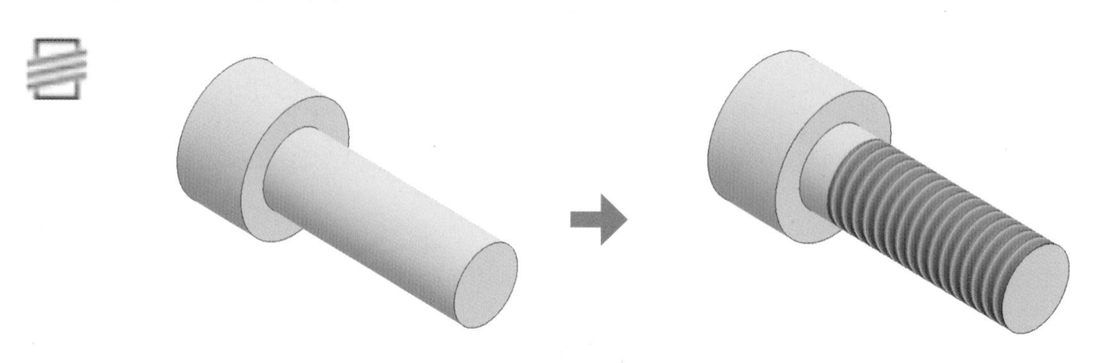

## 5 면 기울기 (Draft)

면 기울기 명령은 지정된 면에 기울기(테이퍼)를 적용하는 명령입니다.

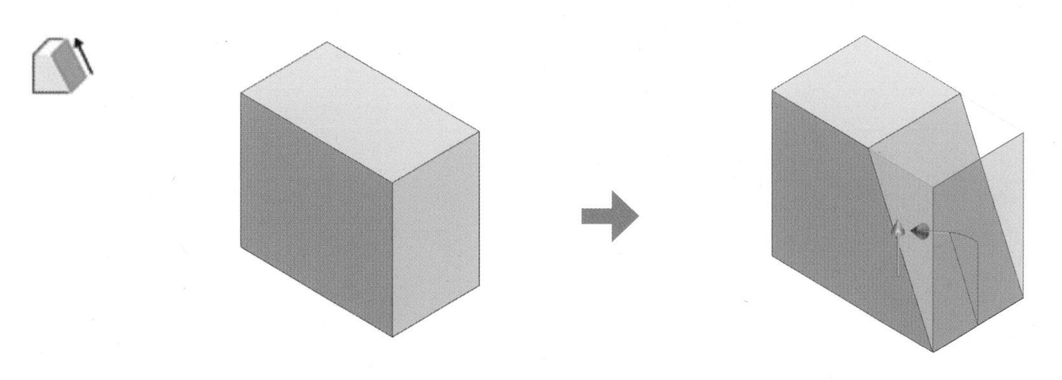

## 6 쉘 (Shell)

쉘 명령은 솔리드 본체의 내부를 사용자가 정의한 두께를 갖는 얇은 구조로 생성하는 명령입니다. 물병과 같은 얇은 두께를 갖는 부품을 생성할 때 사용합니다.

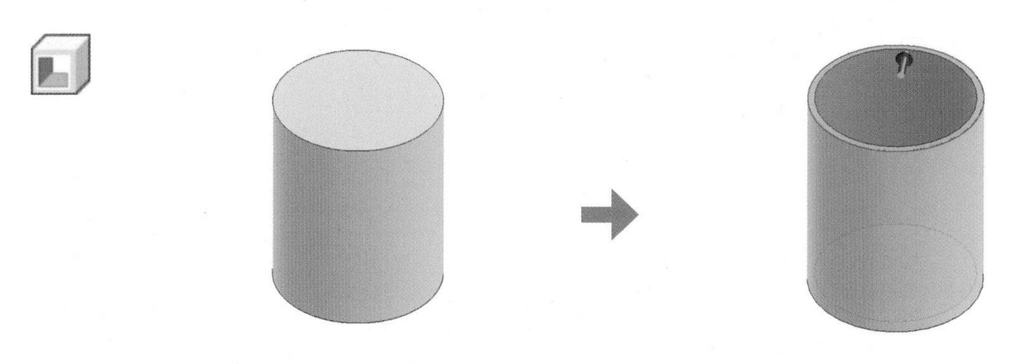

# CHAPTER. 04

# 기초 3D 형상 모델링

SECTION

# 01 기초 형상 모델링 1

## 01 예제 도면 및 학습 명령어

### 1 예제 도면

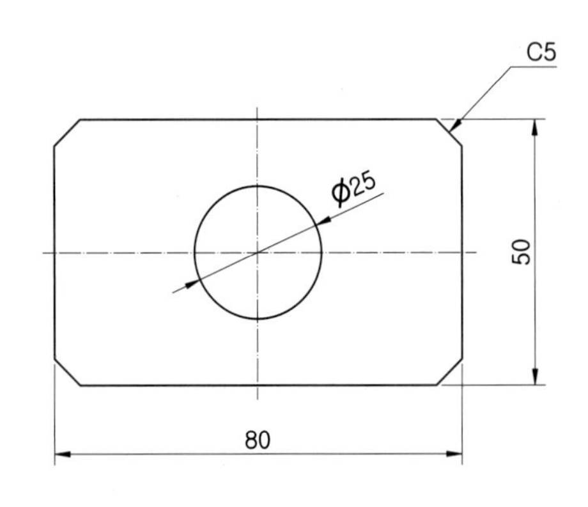


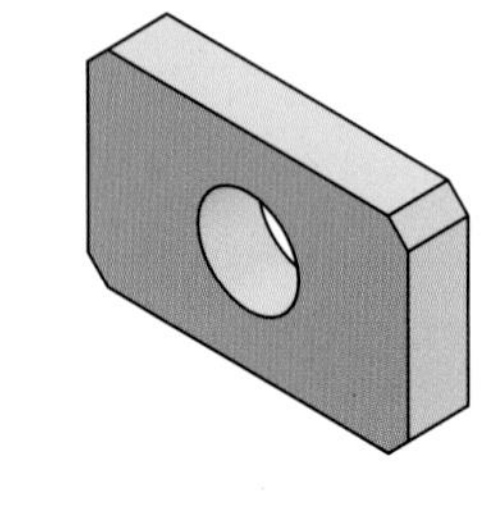

**학습 명령어**

- **스케치 :** 두 점 중심 직사각형 중심점 원
- **솔리드 :** 돌출 모따기

### 2 모델링 순서

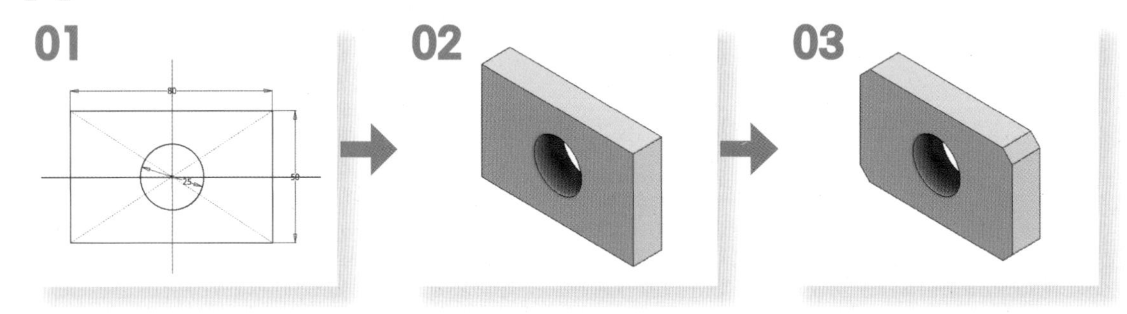

## 02 모델링 실습

**01** 정면도에 해당하는 XZ 평면에 다음과 같은 스케치를 작성합니다. (어느 평면에 작업하셔도 무방합니다.)

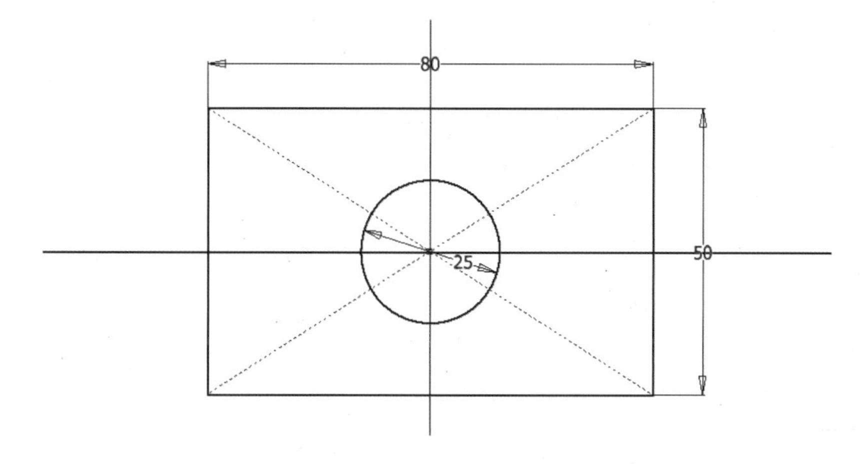


**02** [돌출] 명령을 실행하고 다음과 같이 옵션 및 거리를 입력하여 형상을 작성합니다.

· 방향 : 기본값(기본 방향) / · 거리 : 15mm / · 출력 : 솔리드1

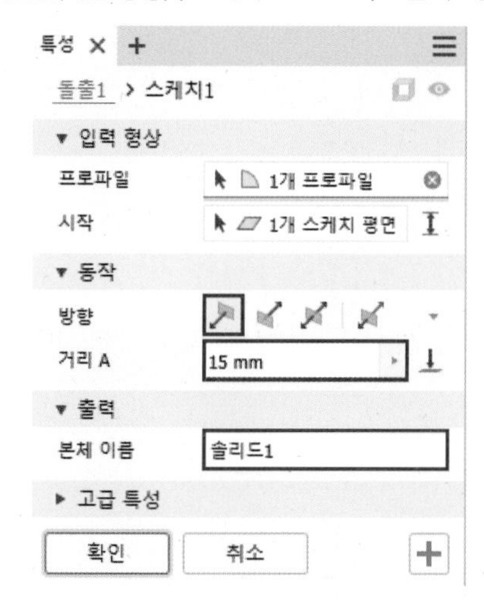


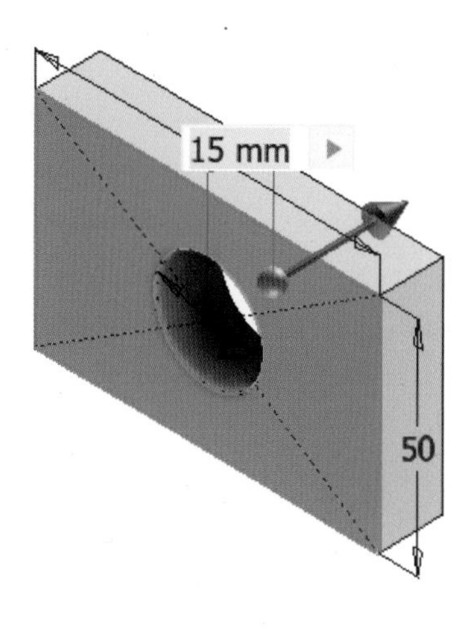

**03** [모따기] 명령을 실행하고 선택한 모서리에 5mm의 모따기를 작성합니다.

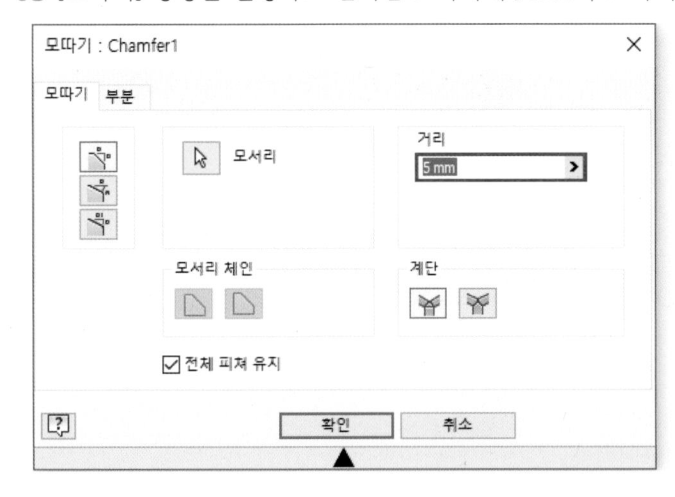


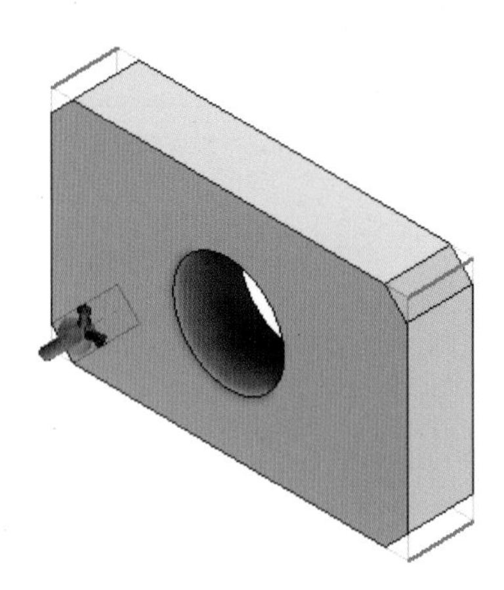

**04** 모델링이 완료되었습니다.

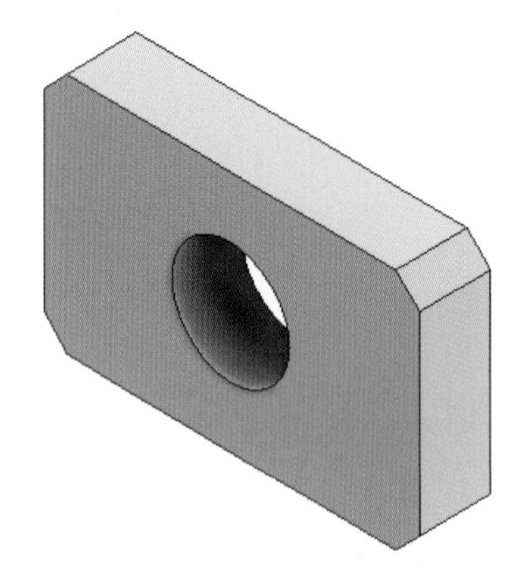

SECTION 02

# 기초 형상 모델링 2

## 01 예제 도면 및 학습 명령어

### 1 예제 도면

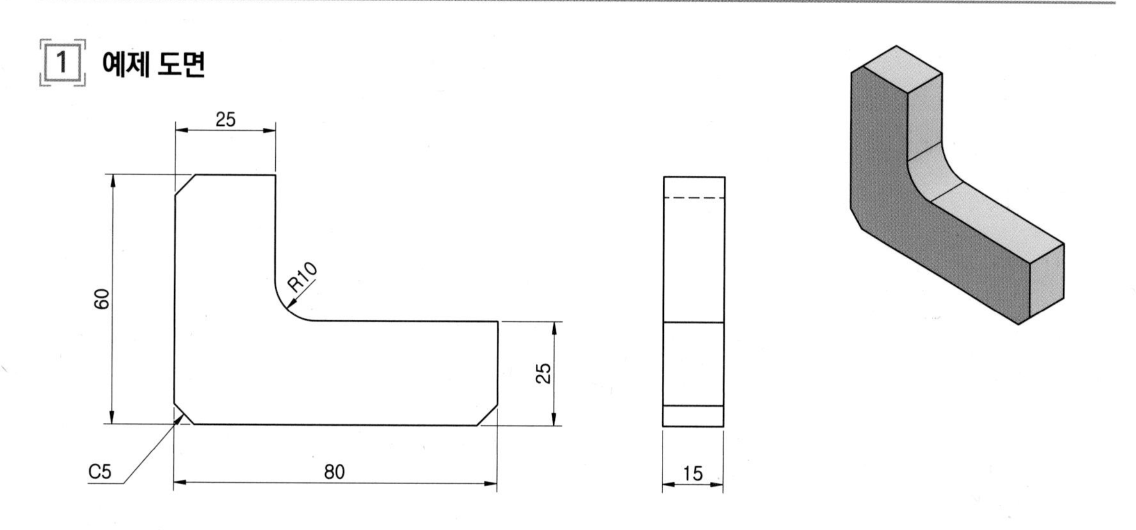


**학습 명령어**

- **스케치 :** 2점 직사각형
- **솔리드 :** 돌출 모깎기 모따기

### 2 모델링 순서

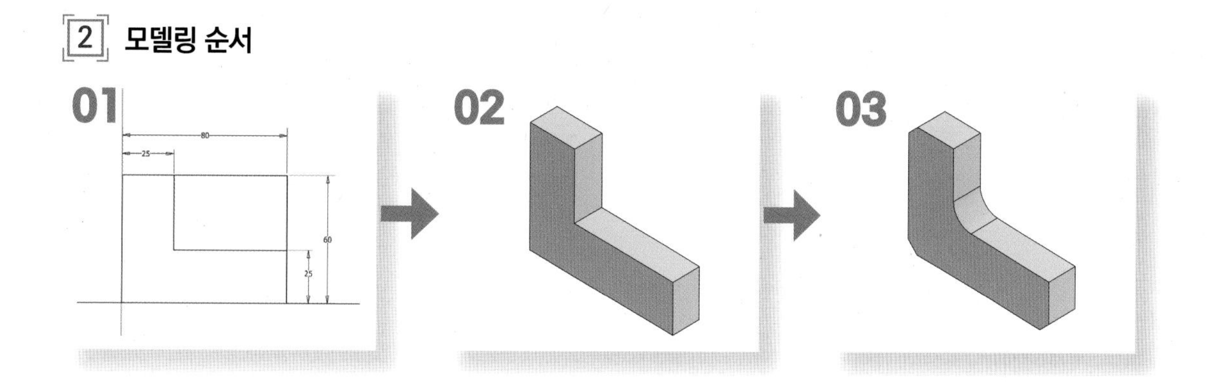

## 02 모델링 실습

**01** 정면도에 해당하는 XZ 평면에 다음과 같은 스케치를 작성합니다. (어느 평면에 작업하셔도 무방합니다.)

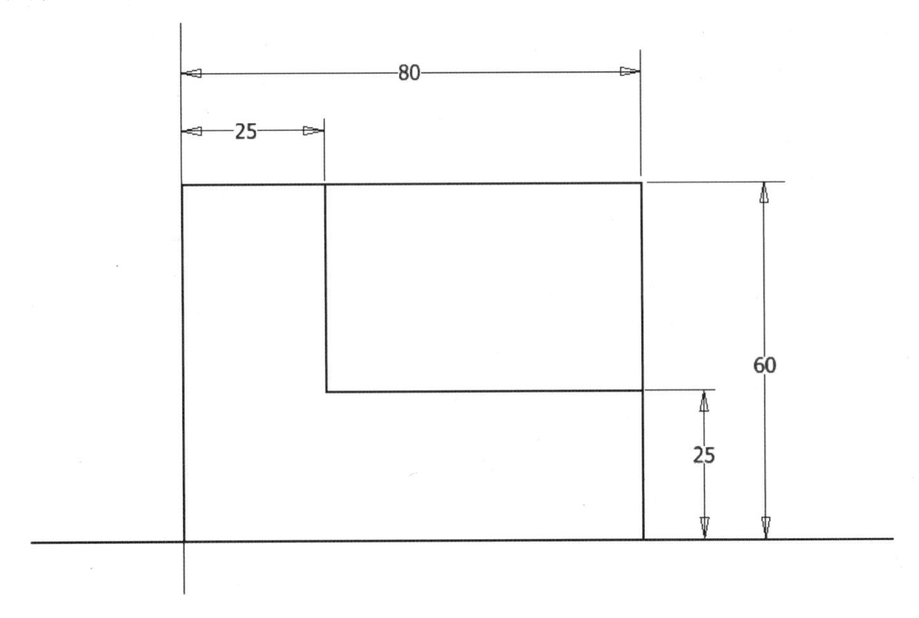


**02** [돌출] 명령을 실행하고 다음과 같이 옵션 및 거리를 입력하여 형상을 작성합니다.

· 방향 : 기본값(기본 방향) / · 거리 : 15mm / · 출력 : 솔리드1

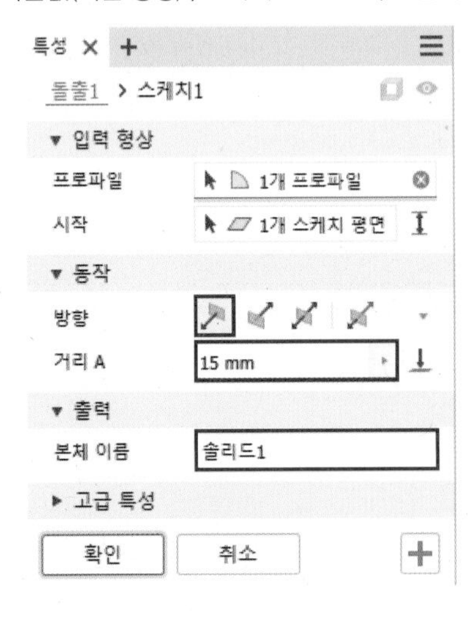


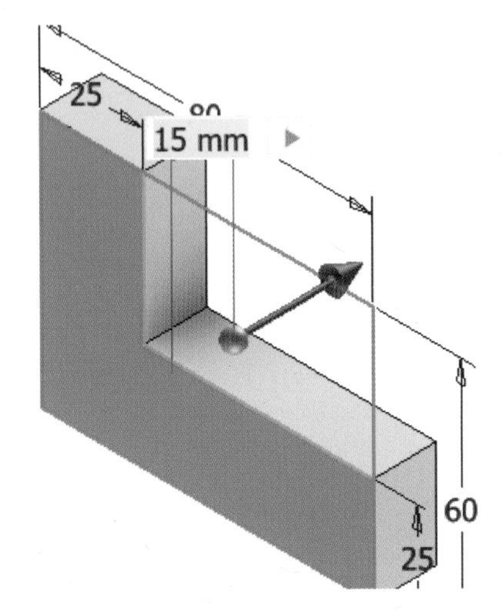

03 [모깎기] 명령을 실행하고 다음과 같이 선택한 모서리에 10mm의 모깎기를 작성합니다.

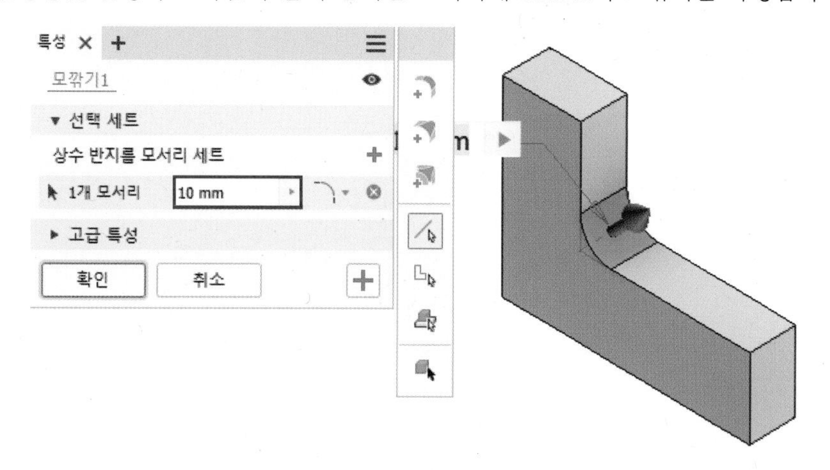


04 [모따기] 명령을 실행하고 선택한 모서리에 5mm의 모따기를 작성합니다.

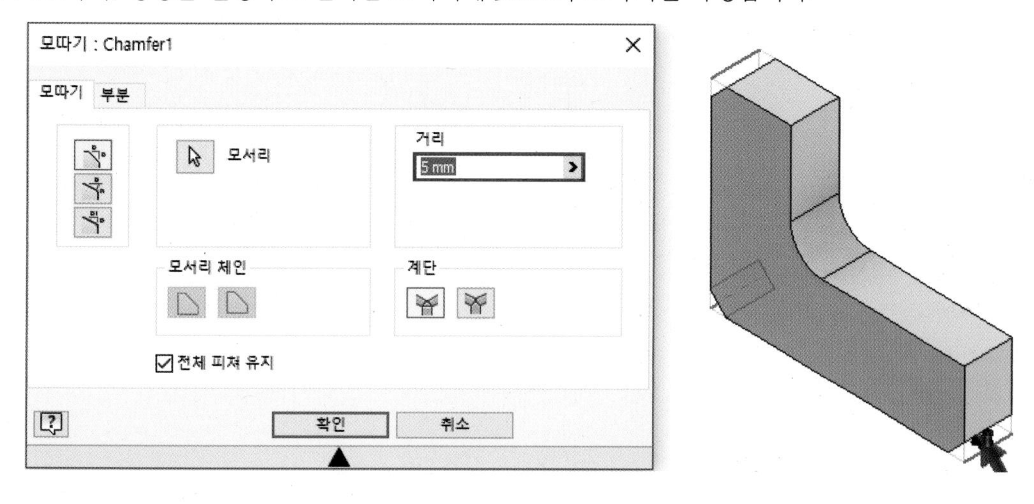


05 모델링이 완료되었습니다.

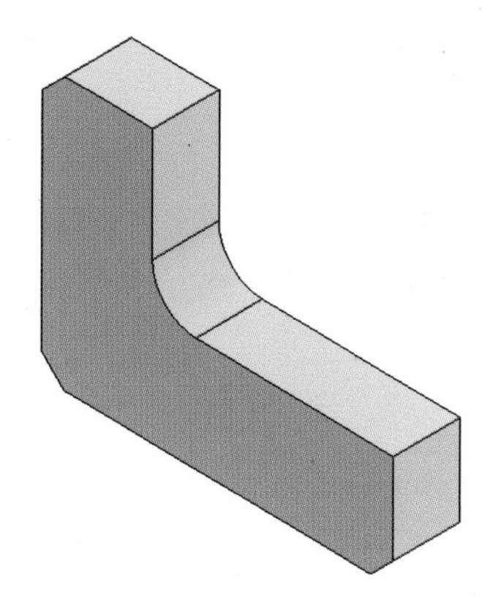

SECTION 03

# 기초 형상 모델링 3

## 01 예제 도면 및 학습 명령어

### 1 예제 도면

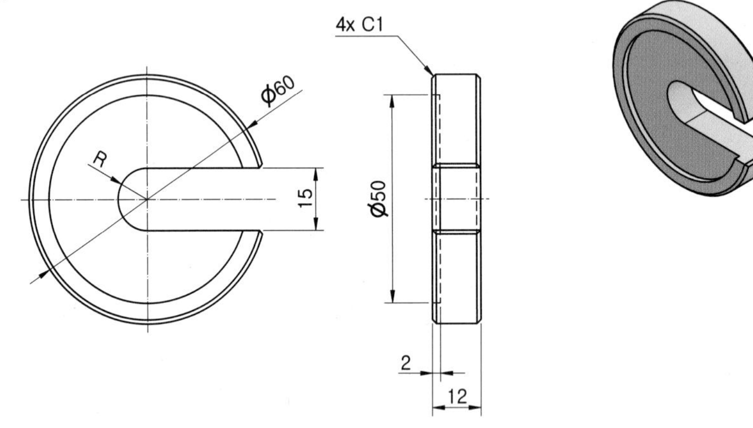


학습 명령어

- **스케치 :** 중심점 원 중심 대 중심 슬롯
- **솔리드 :** 돌출 모따기

### 2 모델링 순서

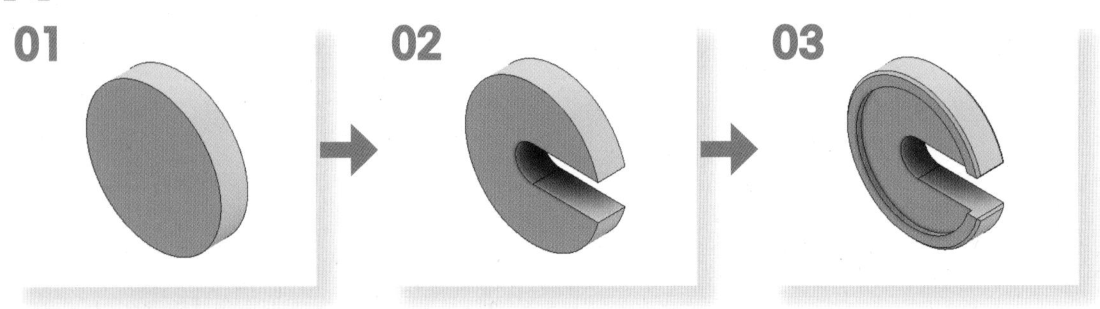

## 02 모델링 실습

**01** 정면도에 해당하는 XZ 평면에 다음과 같은 스케치를 작성합니다. (어느 평면에 작업하셔도 무방합니다.)

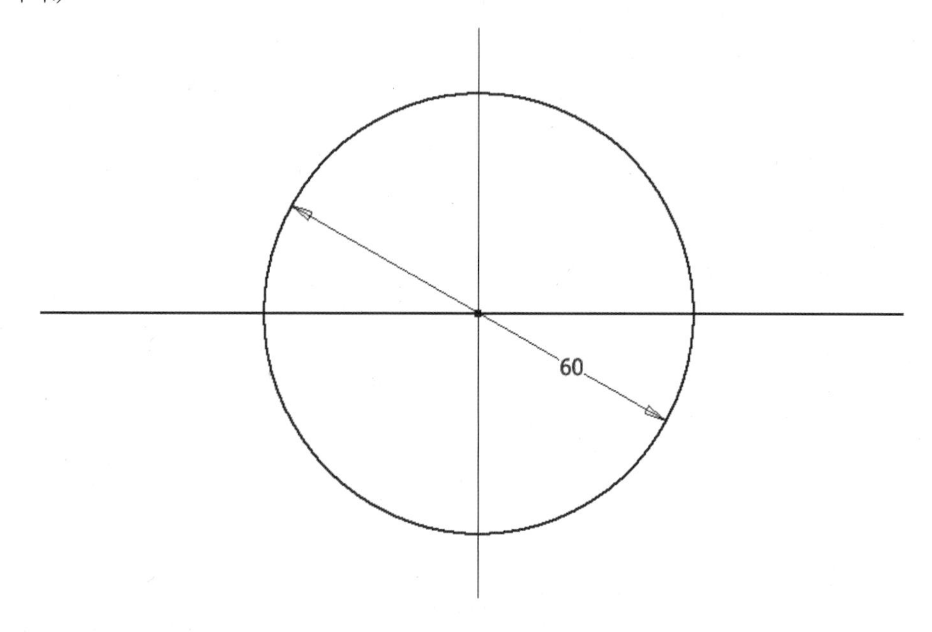


**02** [돌출] 명령을 실행하고 다음과 같이 옵션 및 거리를 입력하여 형상을 작성합니다.

· 방향 : 기본값(기본 방향) / · 거리 : 12mm / · 출력 : 솔리드1

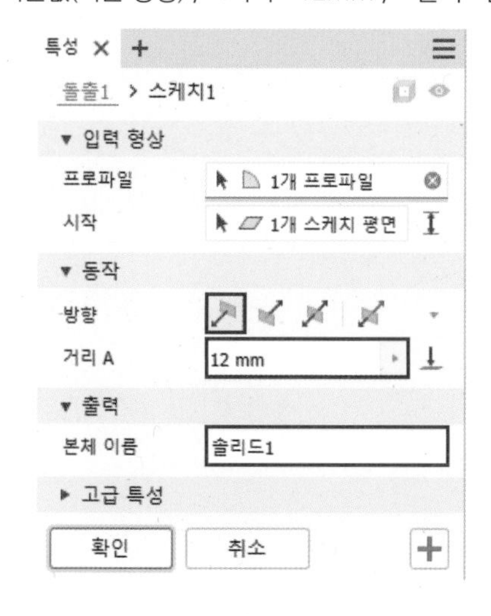


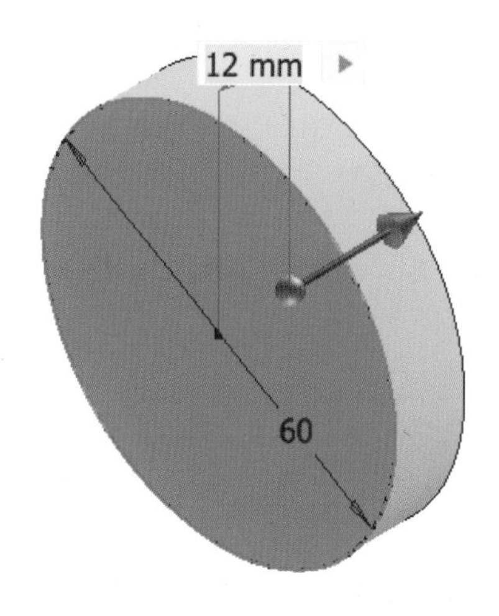

**03** 선택한 평면에 다음과 같이 스케치를 작성합니다.

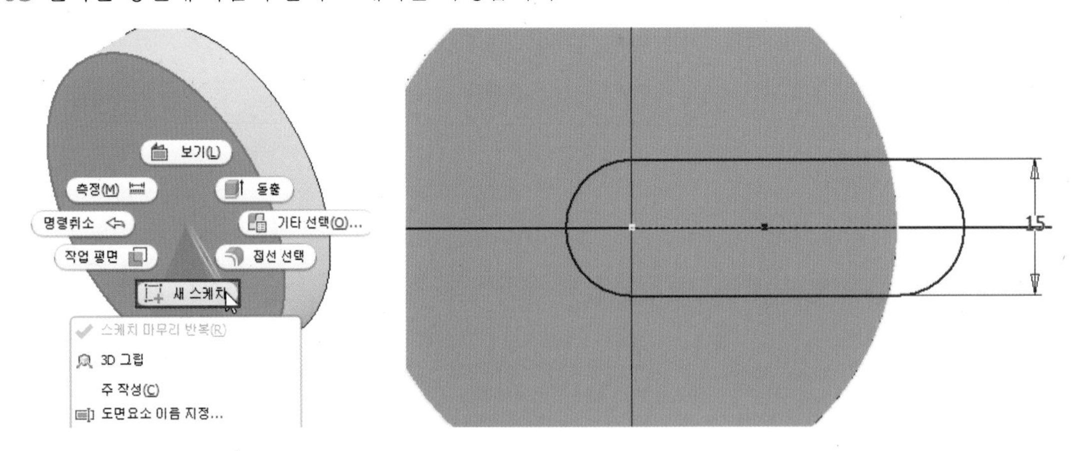


**04** [돌출] 명령을 실행하고 다음과 같이 옵션 및 거리를 입력하여 형상을 작성합니다.

· 방향 : 반전 / · 거리 : 전체 관통 / · 출력 : 절단

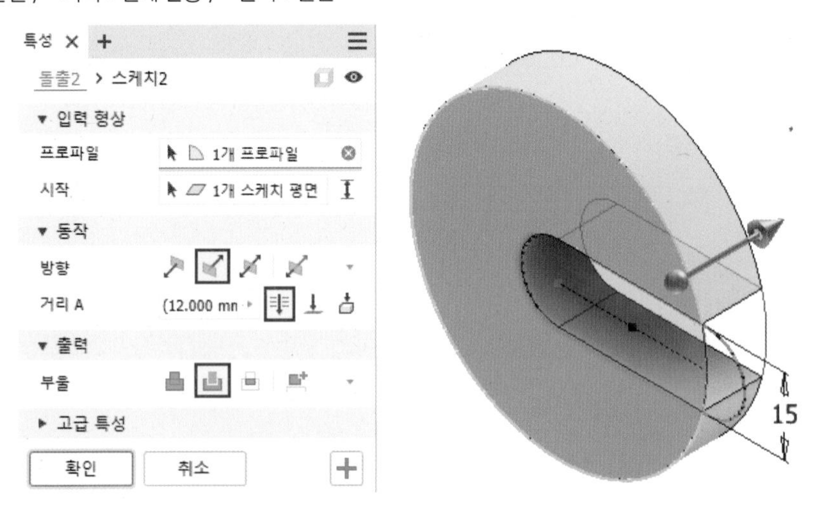


**05** 선택한 평면에 다음과 같이 스케치를 작성합니다.

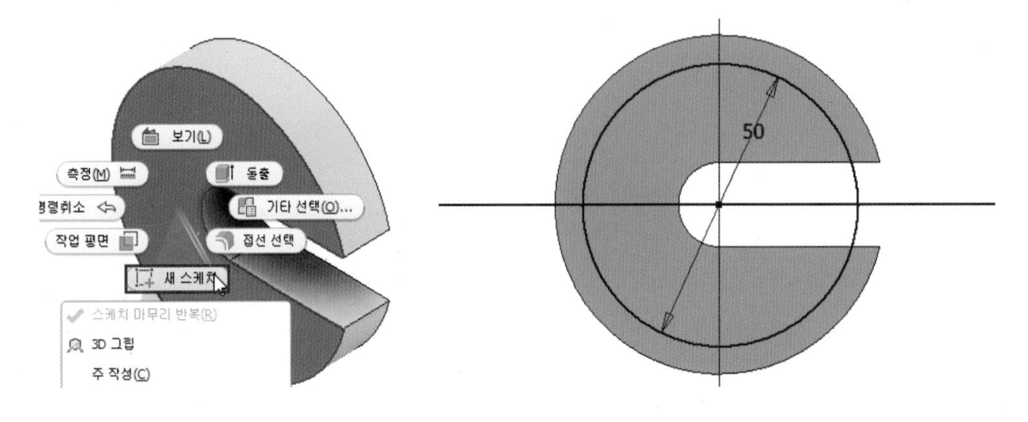

**06** [돌출] 명령을 실행하고 다음과 같이 옵션 및 거리를 입력하여 형상을 작성합니다.

· 방향 : 반전 / · 거리 : 2mm / · 출력 : 절단

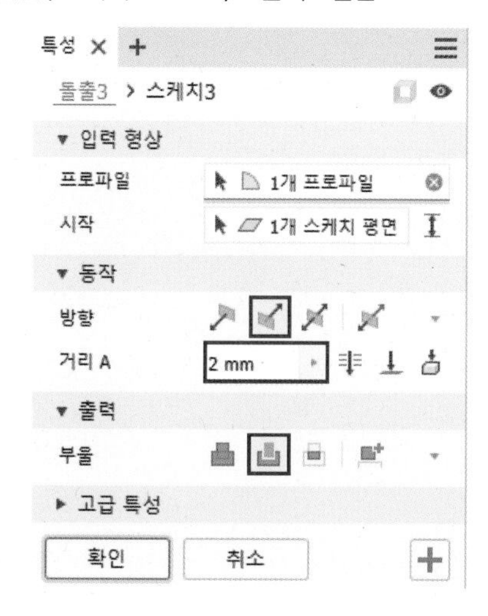


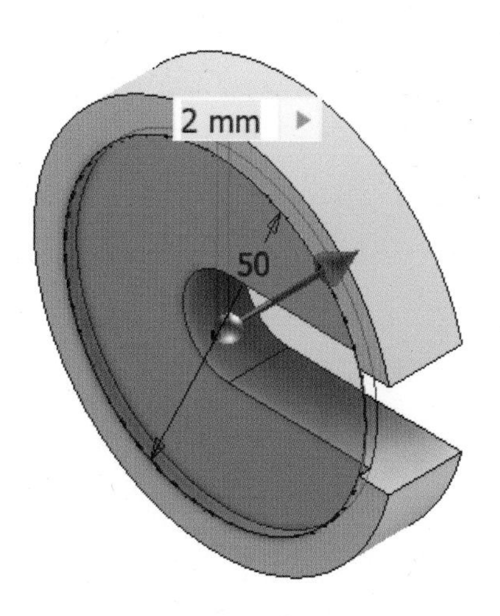


**07** [모따기] 명령을 실행하고 선택한 모서리에 1mm의 모따기를 작성합니다.

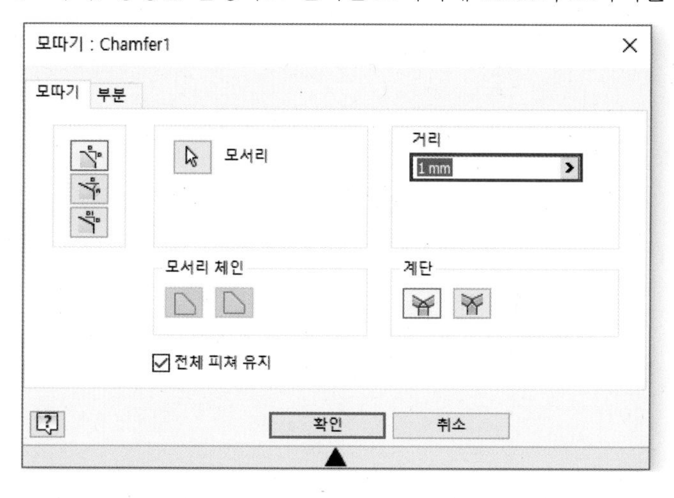


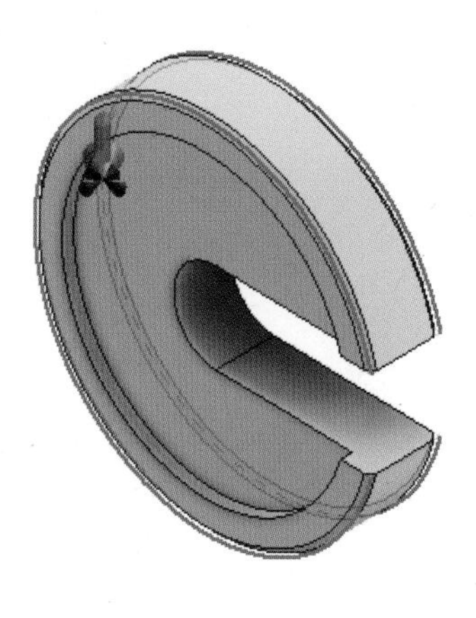

**08** [모따기] 명령을 실행하고 선택한 모서리에 1mm의 모따기를 작성합니다.

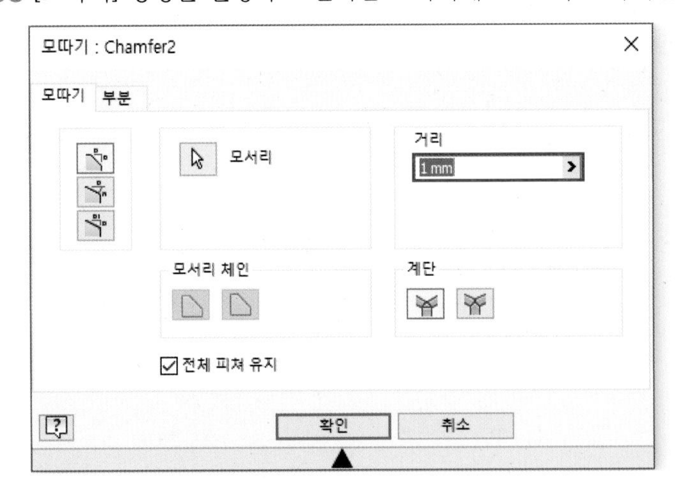


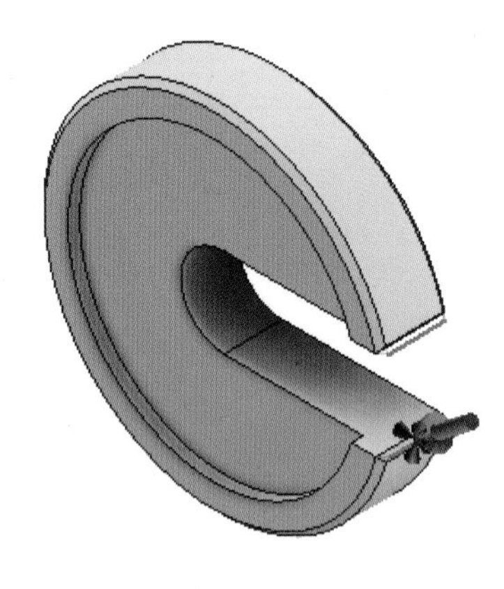

**09** 모델링이 완료되었습니다.

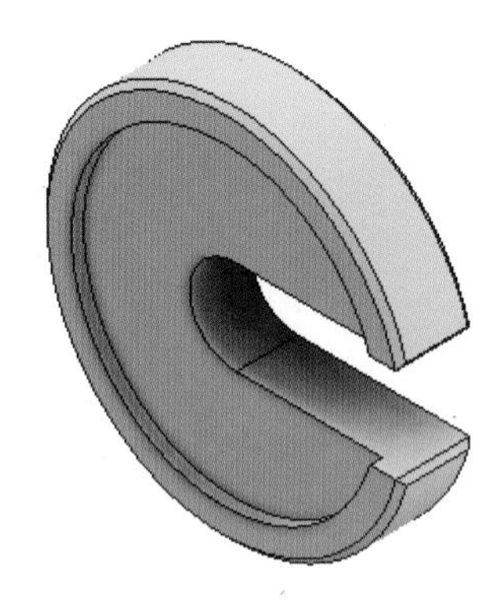

SECTION 04

# 기초 형상 모델링 4

## 01 예제 도면 및 학습 명령어

### 1 예제 도면

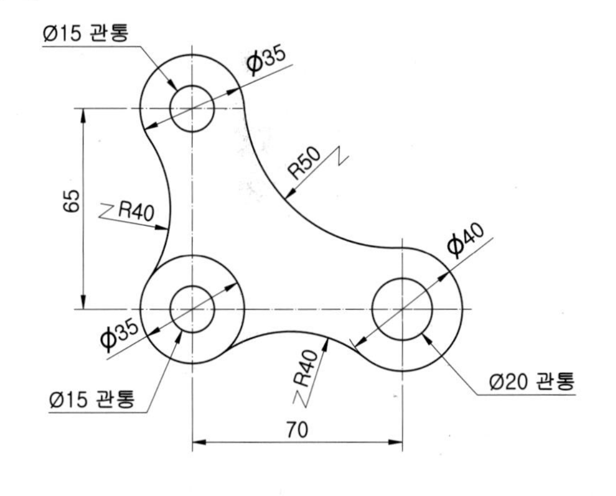


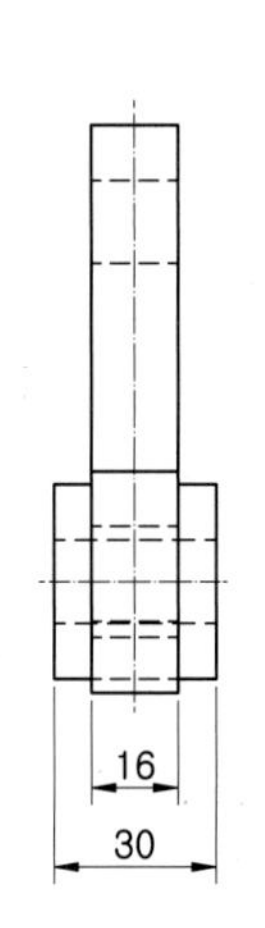


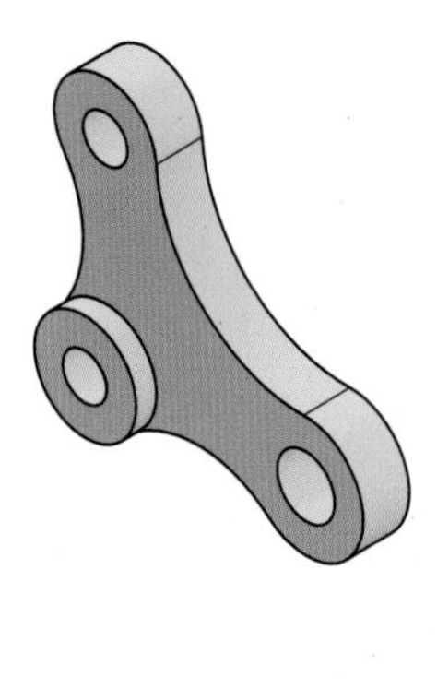

**학습 명령어**

- **스케치 :** 중심점 원 3점 호 자르기
- **솔리드 :** 돌출

### 2 모델링 순서

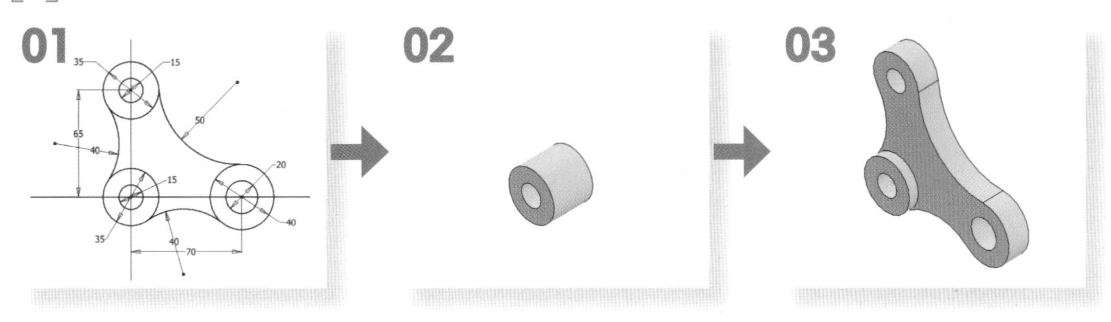

## 02 모델링 실습

**01** 정면도에 해당하는 XZ 평면에 [수직, 수평] 구속조건과 [접선] 구속조건을 사용하여 다음과 같은 스케치를 작성합니다. (어느 평면에 작업하셔도 무방합니다.)

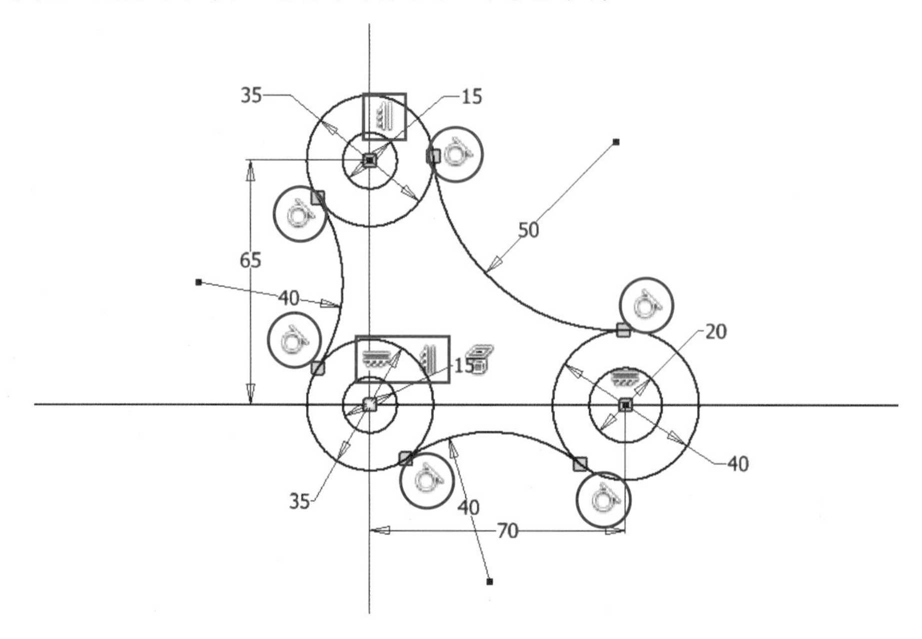


**02** [돌출] 명령을 실행하고 다음과 같이 옵션 및 거리를 입력하여 형상을 작성합니다.

· 방향 : 대칭 / · 거리 : 30mm / · 출력 : 솔리드1

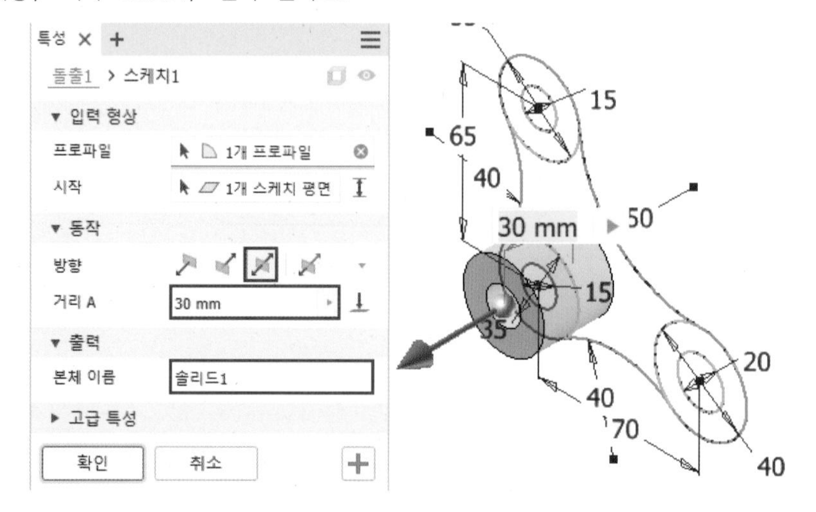

**03** 작성한 스케치를 다시 이용하기 위해 스케치1을 마우스 우측 버튼으로 클릭하여 [스케치 공유]를 클릭합니다.

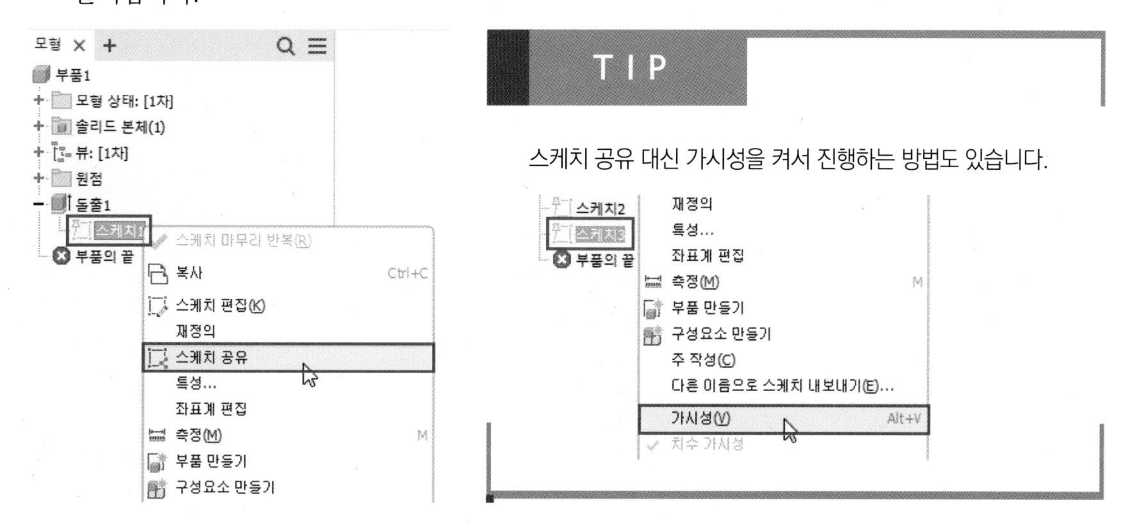


**04** [돌출] 명령을 실행하고 다음과 같이 옵션 및 거리를 입력하여 형상을 작성합니다.

· 방향 : 대칭 / · 거리 : 16mm / · 출력 : 접합

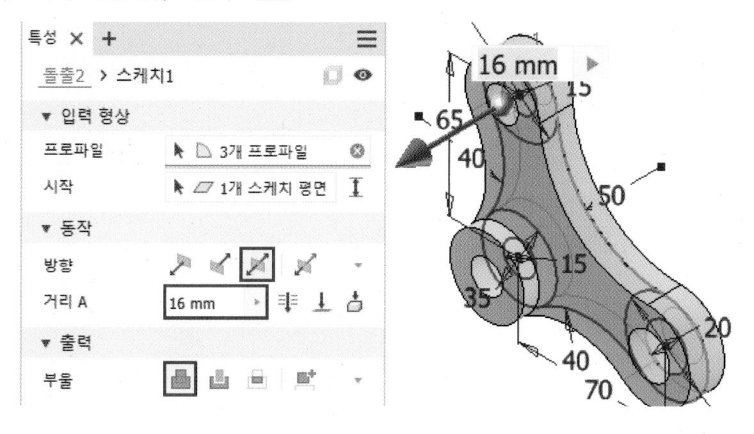

**05** 모델링이 완료되었습니다.

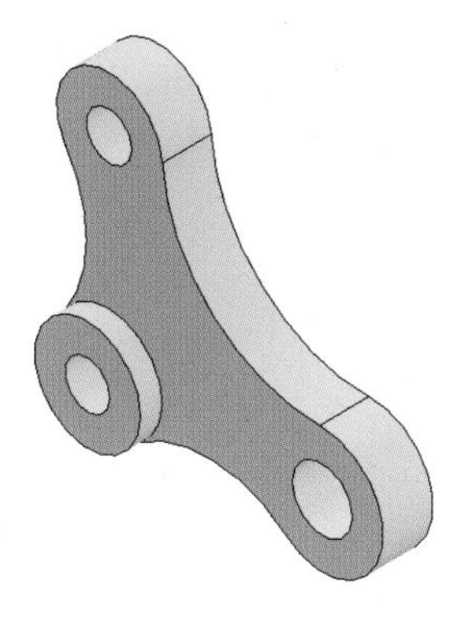

SECTION

# 05 기초 형상 모델링 5

## 01 예제 도면 및 학습 명령어

### 1 예제 도면

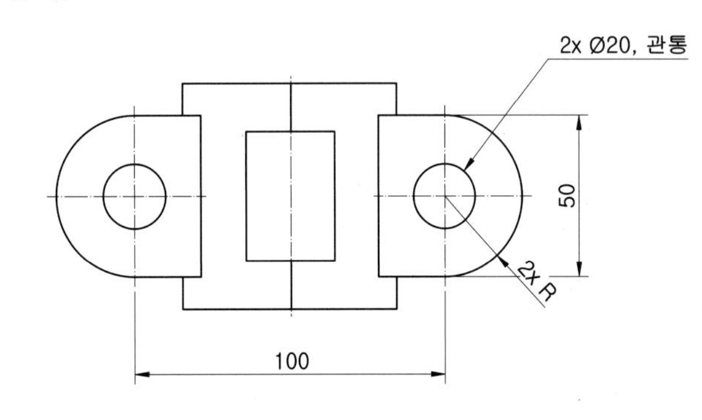


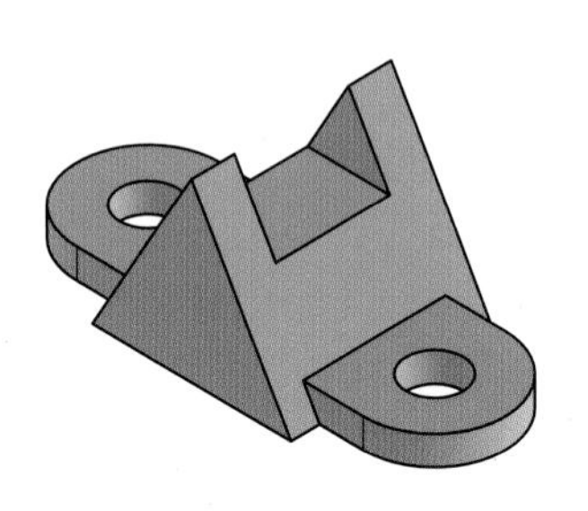

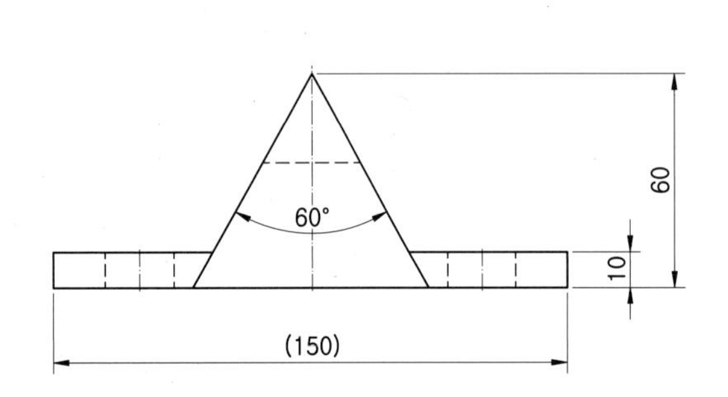


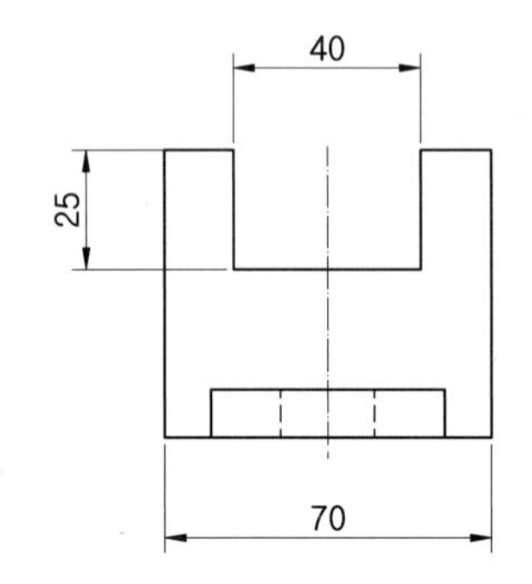


### 학습 명령어

- **스케치 :** 중심점 슬롯 폴리곤 두 점 중심 직사각형 중심점 원
- **솔리드 :** 돌출

### 2 모델링 순서

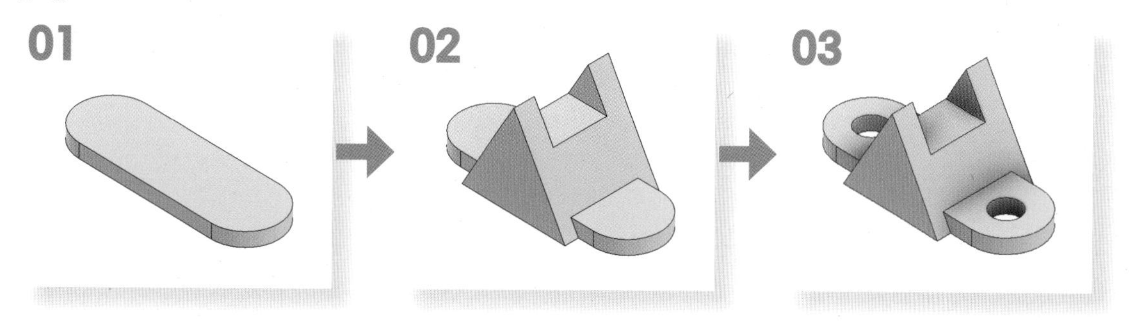


## 02 모델링 실습

01 평면도에 해당하는 XY 평면에 다음과 같은 스케치를 작성합니다. (어느 평면에 작업하셔도 무방합니다.)

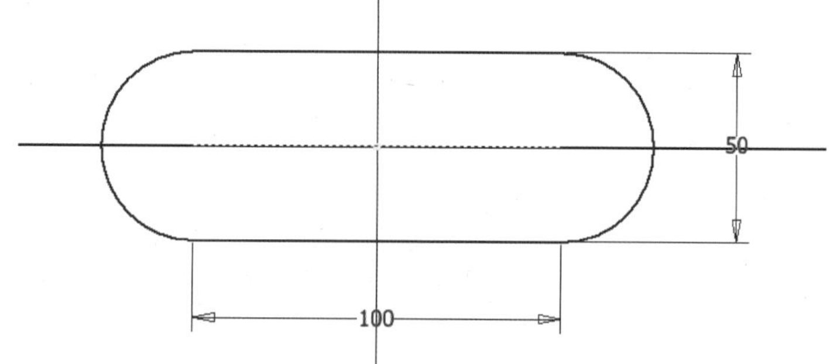


02 [돌출] 명령을 실행하고 다음과 같이 옵션 및 거리를 입력하여 형상을 작성합니다.

· 방향 : 기본값(기본 방향) / · 거리 : 10mm / · 출력 : 솔리드1

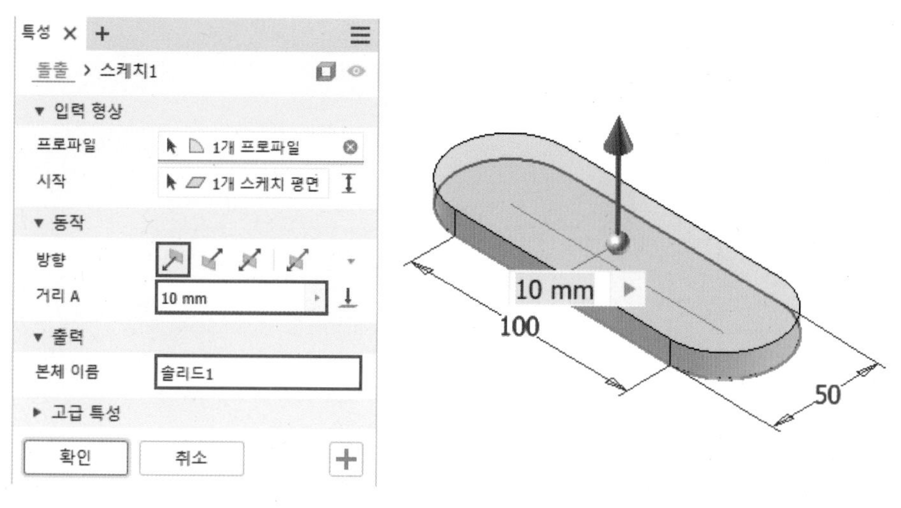

03 선택한 평면에 다음과 같이 스케치를 작성합니다.

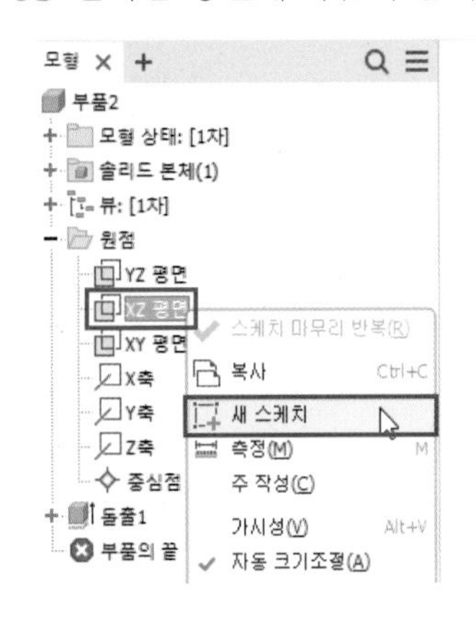


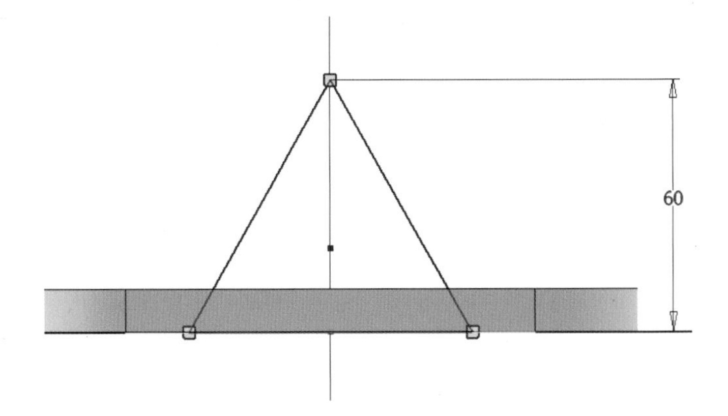


04 [돌출] 명령을 실행하고 다음과 같이 옵션 및 거리를 입력하여 형상을 작성합니다.

· 방향 : 대칭 / · 거리 : 70mm / · 출력 : 접합

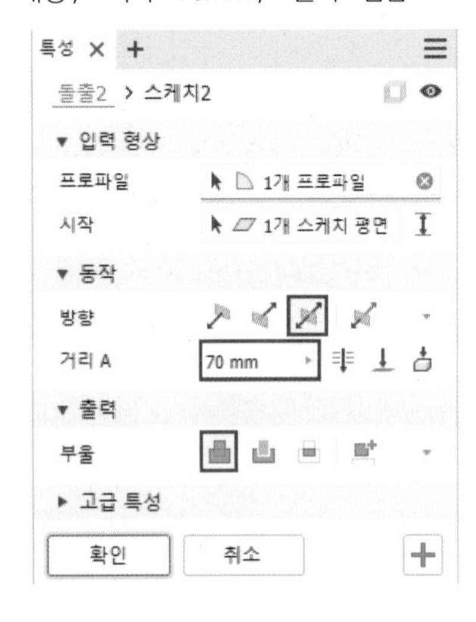


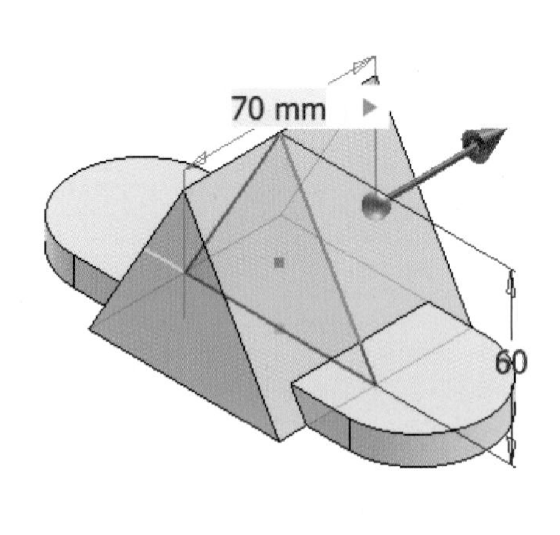


05 선택한 평면에 다음과 같이 스케치를 작성합니다.

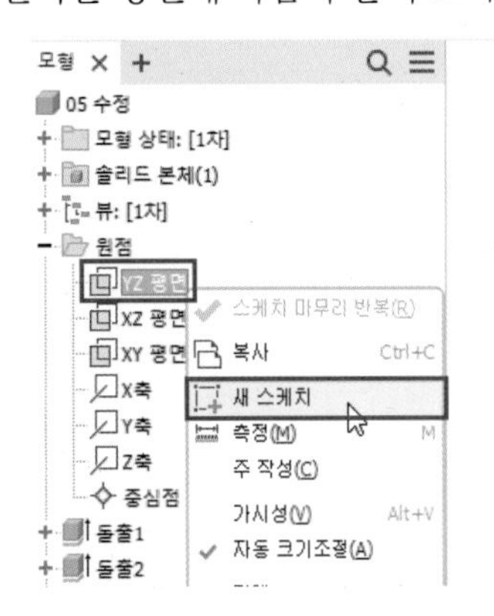


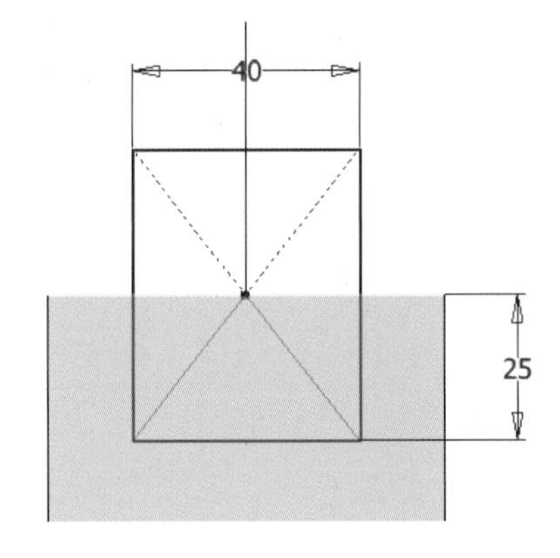

**06** [돌출] 명령을 실행하고 다음과 같이 옵션 및 거리를 입력하여 형상을 작성합니다.

· 방향 : 대칭 / · 거리 : 전체 관통 / · 출력 : 절단

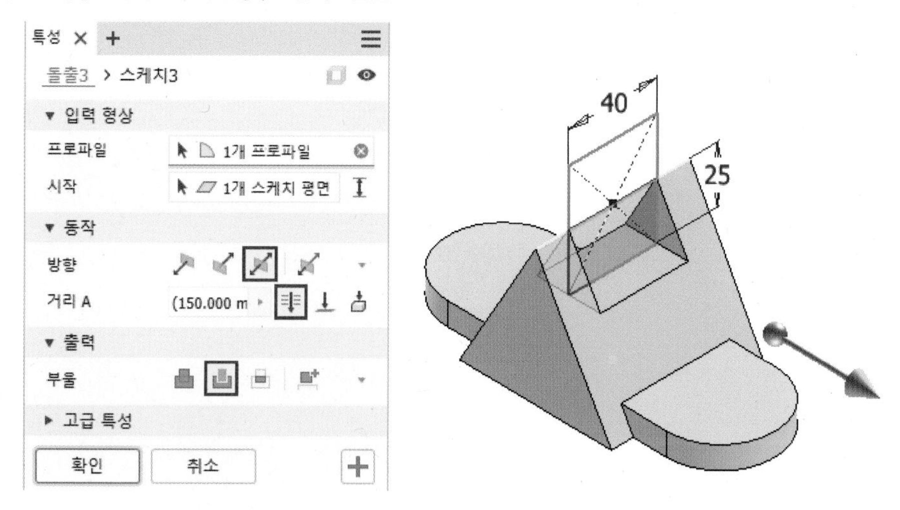


**07** 선택한 평면에 다음과 같이 스케치를 작성합니다.

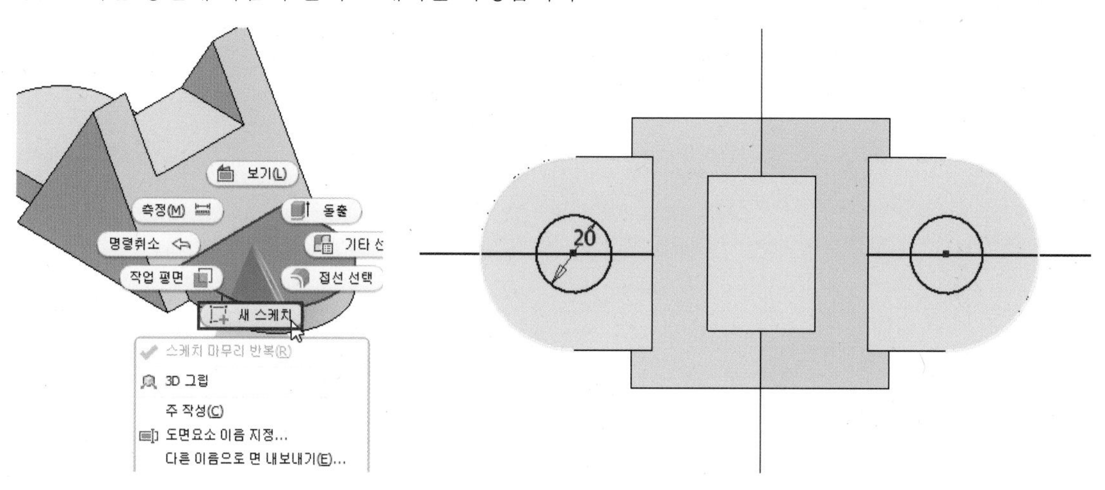

**08** [돌출] 명령을 실행하고 다음과 같이 옵션 및 거리를 입력하여 형상을 작성합니다.

· 방향 : 반전 / · 거리 : 전체 관통 / · 출력 : 절단

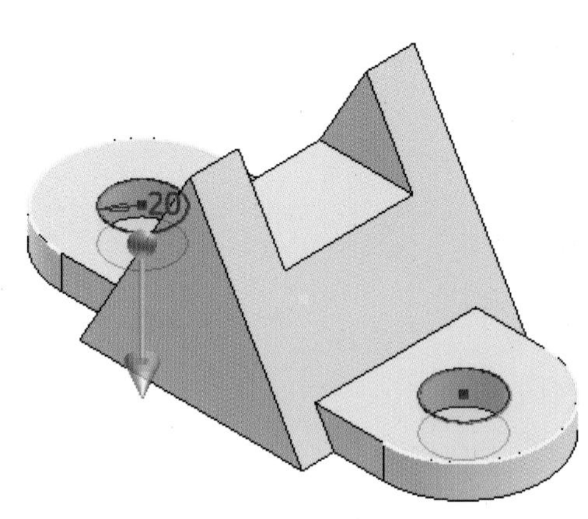

**09** 모델링이 완료되었습니다.

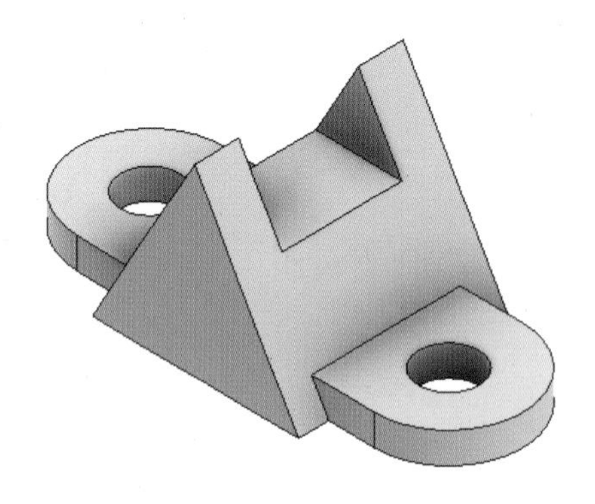

SECTION 06

# 기초 형상 모델링 6

## 01 예제 도면 및 학습 명령어

### 1 예제 도면

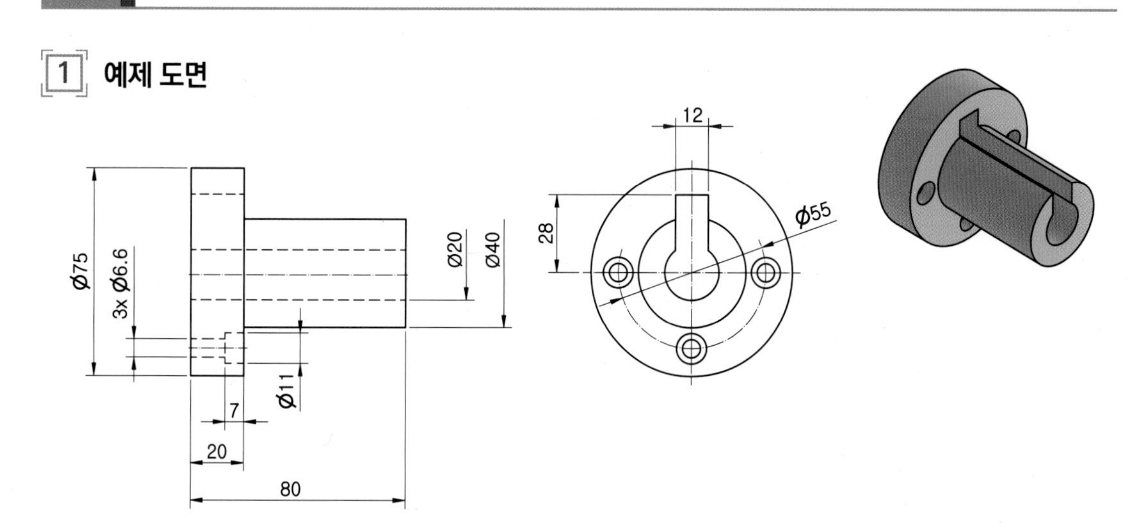


**학습 명령어**

- **스케치 :** 선 2점 직사각형 중심점 원 점
- **솔리드 :** 회전 돌출 구멍 원형 패턴

### 2 모델링 순서

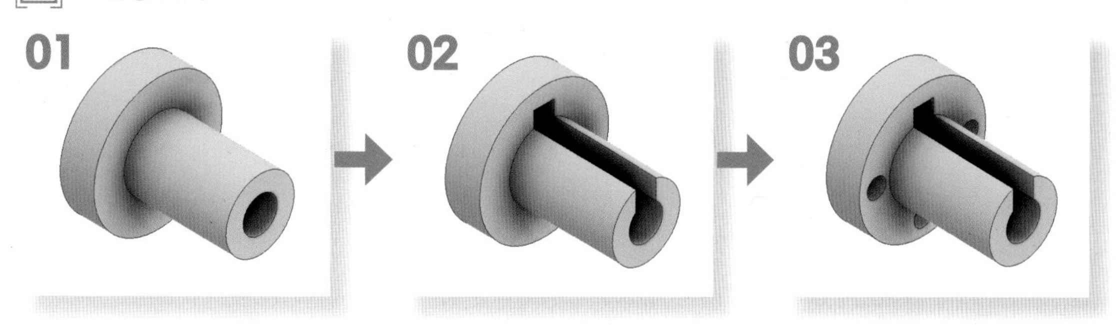

## 02 모델링 실습

**01** 정면도에 해당하는 XZ 평면에 다음과 같은 스케치를 작성합니다. (어느 평면에 작업하셔도 무방합니다.)

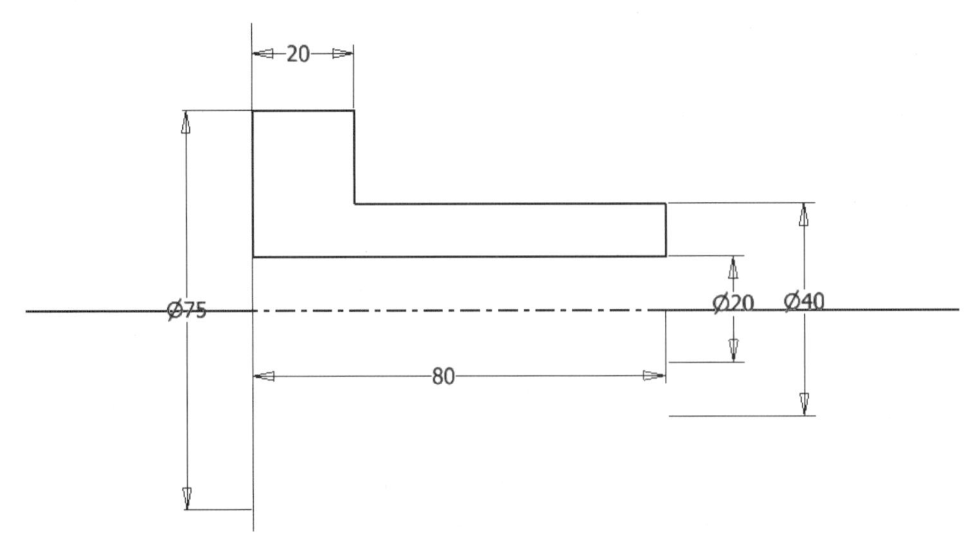


**02** [회전] 명령을 실행하고 다음과 같이 옵션 및 거리를 입력하여 형상을 작성합니다.

· 방향 : 기본 값(기본 방향) / · 각도 : 전체 / · 출력 : 솔리드1

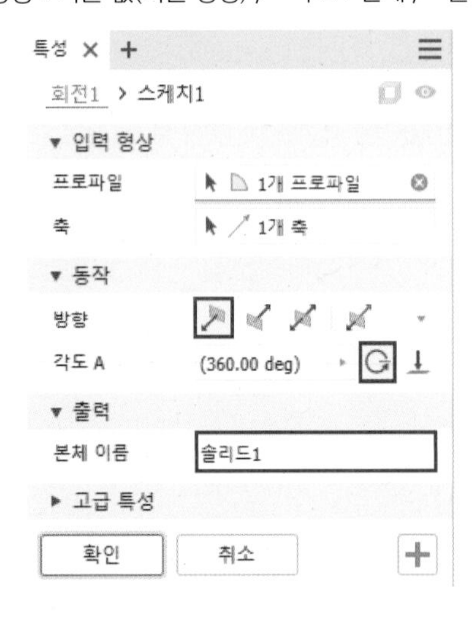


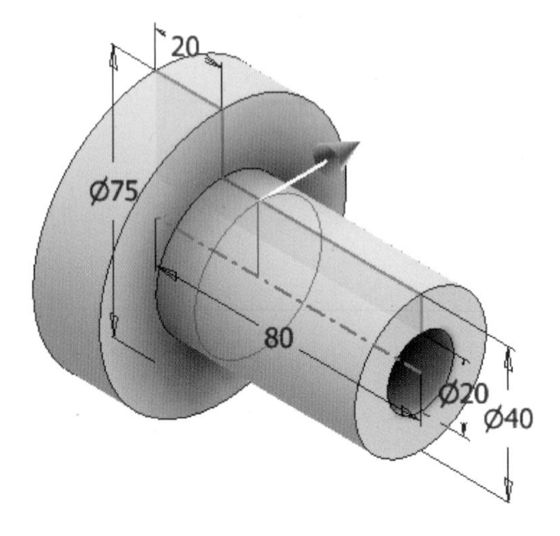

## 03 선택한 평면에 다음과 같이 스케치를 작성합니다.

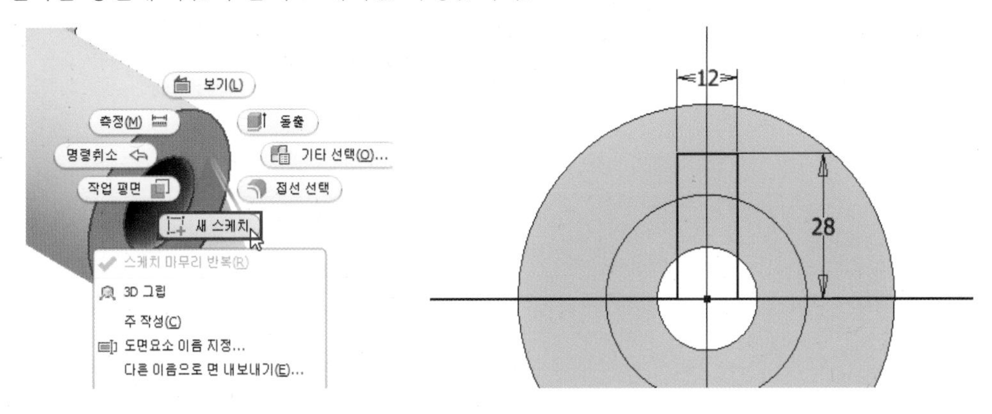


## 04 [돌출] 명령을 실행하고 다음과 같이 옵션 및 거리를 입력하여 형상을 작성합니다.

· 방향 : 반전 / · 거리 : 전체 관통 / · 출력 : 절단

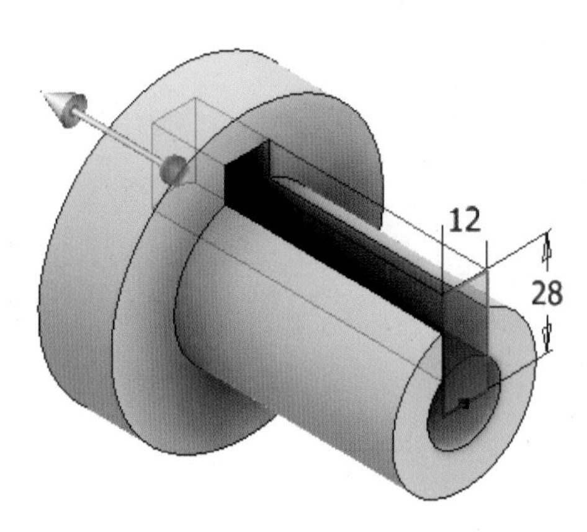


## 05 선택한 평면에 다음과 같이 스케치를 작성합니다.

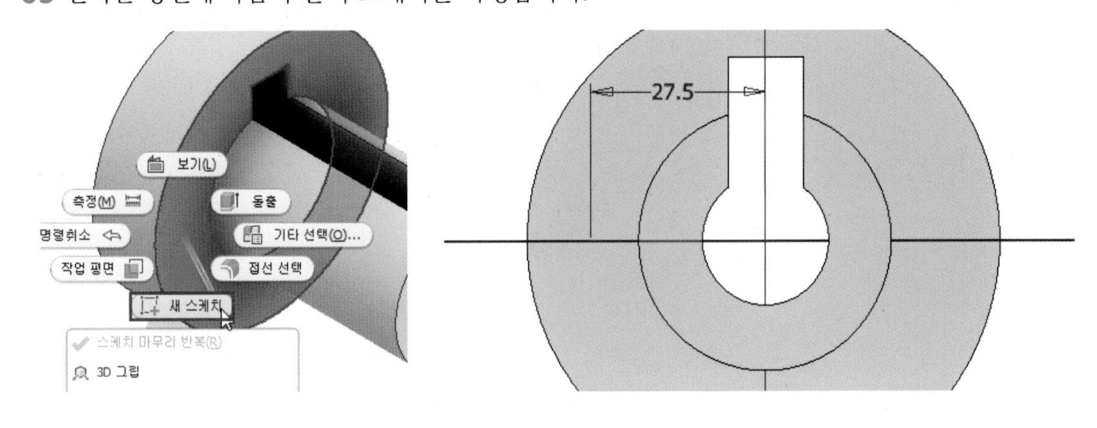

**06** [구멍] 명령을 실행하고 다음과 같이 옵션 및 크기를 입력하여 형상을 작성합니다.

· 구멍 유형 : 단순 구멍 / · 시트 : 카운터보어 / · 종료 : 전체 관통 / · 방향 : 기본값

· 카운터보어 지름 : 11mm / · 카운터보어 깊이 : 7mm / · 구멍 지름 : 6.6mm

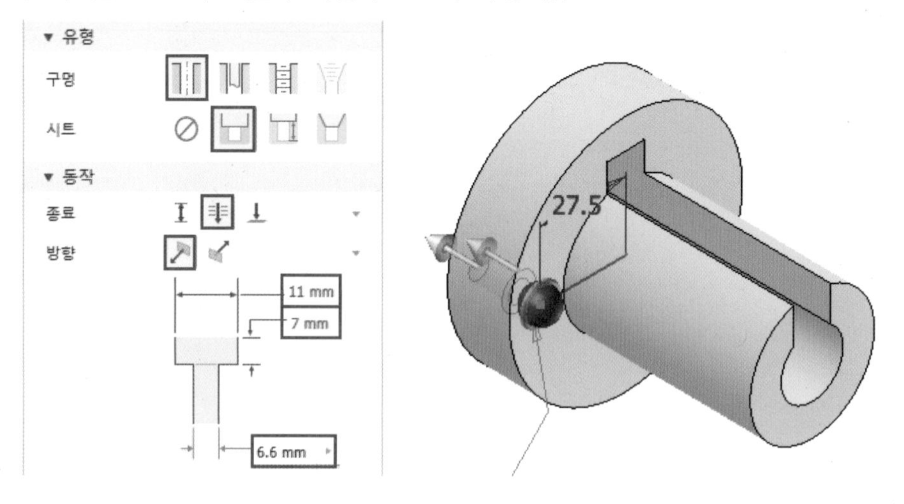


**07** [원형 패턴] 명령을 실행하고 다음과 같이 옵션 및 거리를 입력하여 형상을 작성합니다.

· 피쳐 유형 : 개별 피쳐 패턴 / · 회전축 방향 : 반전 / · 수량 : 3개 / · 각도 : 180도

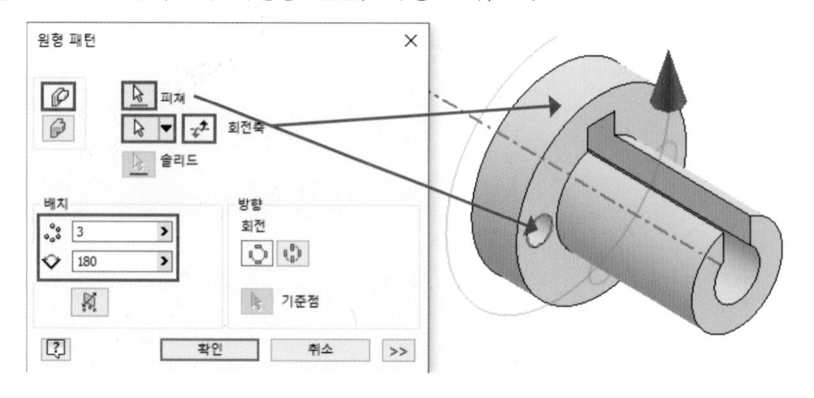


**08** 모델링이 완료되었습니다.

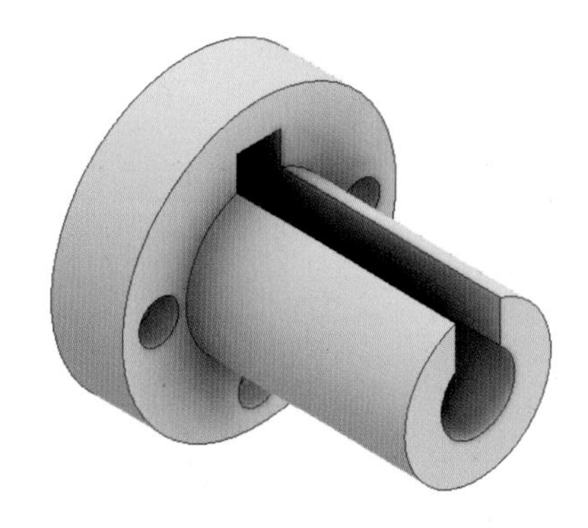

SECTION 07

# 기초 형상 모델링 7

## 01 예제 도면 및 학습 명령어

### 1 예제 도면

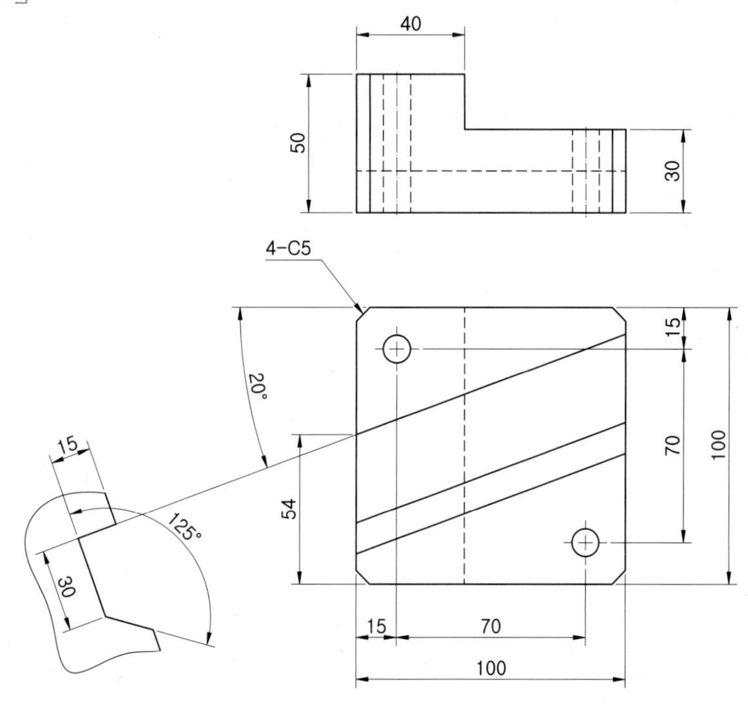


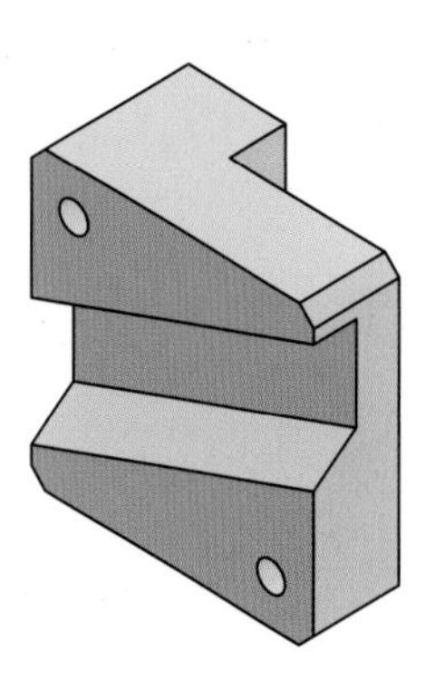

**학습 명령어**

- **스케치 :** 선 2점 직사각형 점
- **솔리드 :** 돌출 면 기울기 구멍 모따기

## 2 모델링 순서

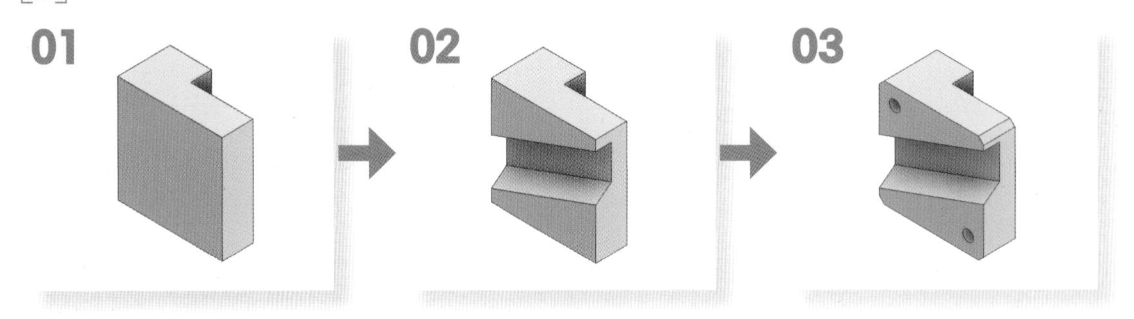


# 02 모델링 실습

01 평면도에 해당하는 XY 평면에 다음과 같은 스케치를 작성합니다. (어느 평면에 작업하셔도 무방합니다.)

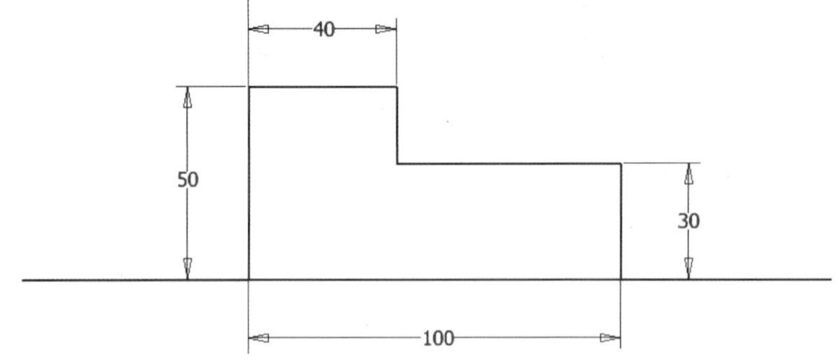


02 [돌출] 명령을 실행하고 다음과 같이 옵션 및 거리를 입력하여 형상을 작성합니다.

· 방향 : 대칭 / · 거리 : 100mm / · 출력 : 솔리드1

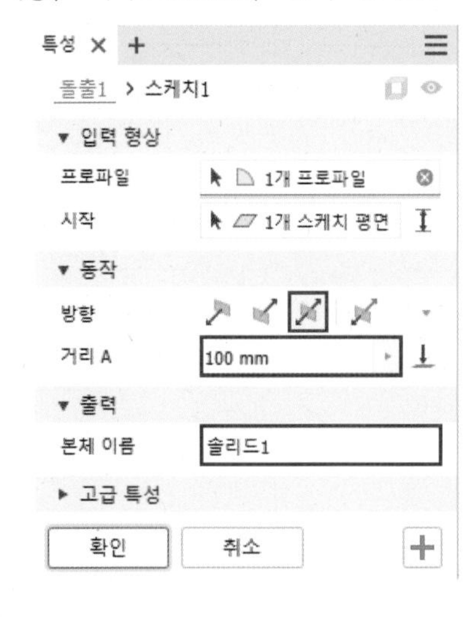


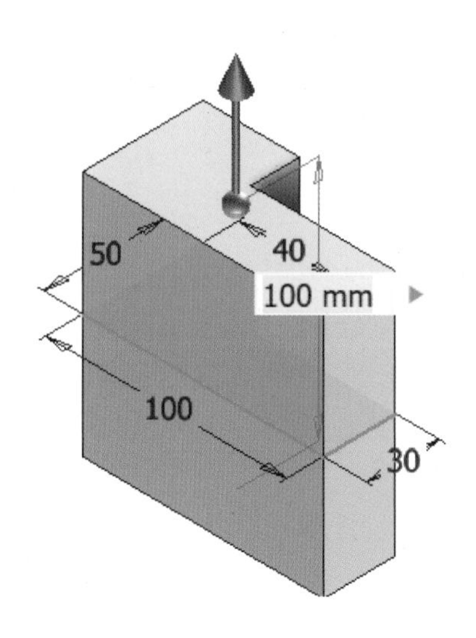

**03** 선택한 평면에 다음과 같이 스케치를 작성합니다.

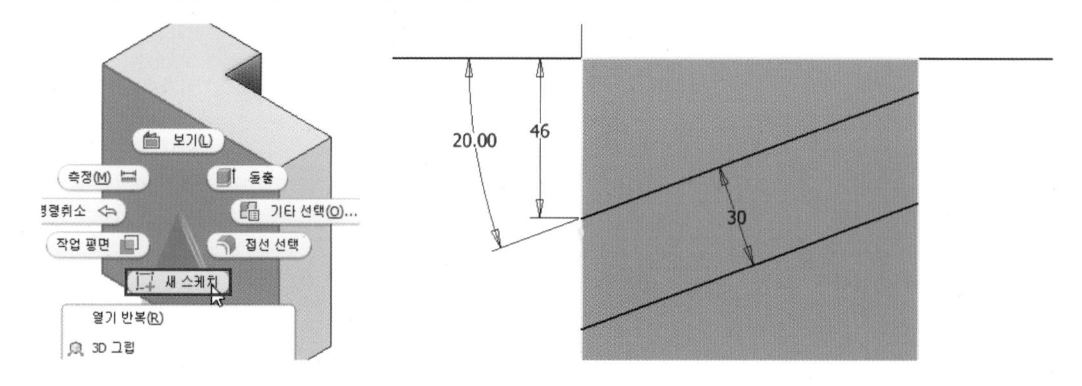


**04** [돌출] 명령을 실행하고 다음과 같이 옵션 및 거리를 입력하여 형상을 작성합니다.

· 방향 : 반전 / · 거리 : 15mm / · 출력 : 절단

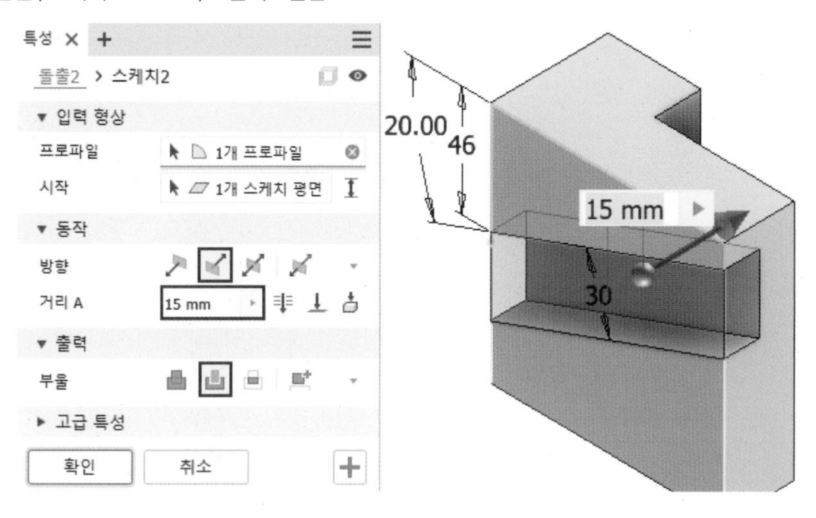


**05** [면 기울기] 명령을 실행하고 다음과 같이 옵션 및 기울기 각도를 입력하여 면 기울기를 작성합니다.

· 기울기 각도 : 35 deg

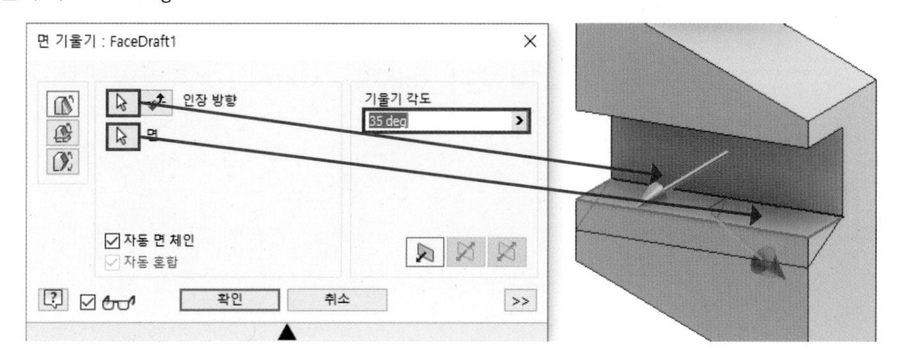

**06** 선택한 평면에 다음과 같이 스케치를 작성합니다.

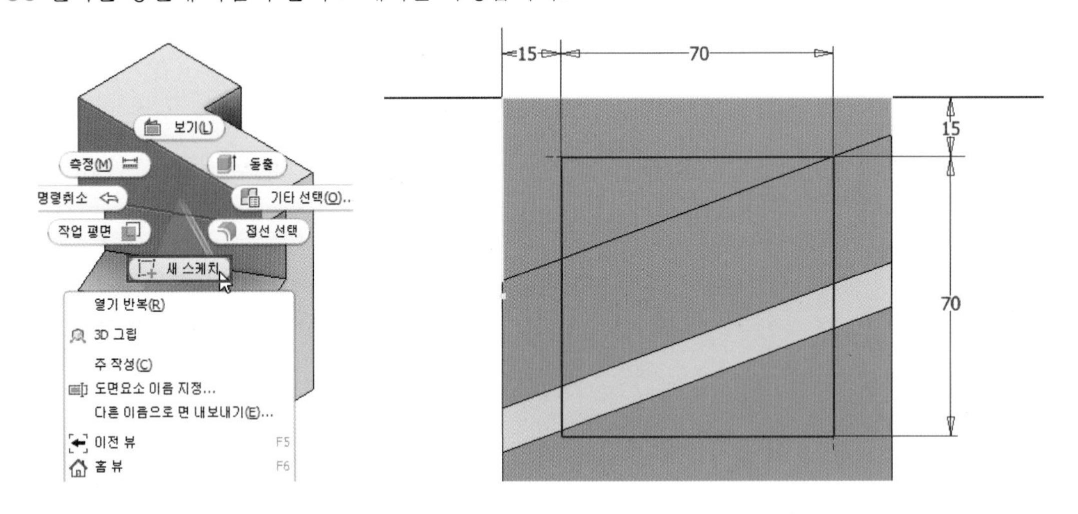


**07** [구멍] 명령을 실행하고 다음과 같이 옵션 및 크기를 입력하여 형상을 작성합니다.

· 구멍 유형 : 단순 구멍 / · 시트 : 없음 / · 종료 : 전체 관통 / · 방향 : 기본값 / · 구멍 지름 : 10mm

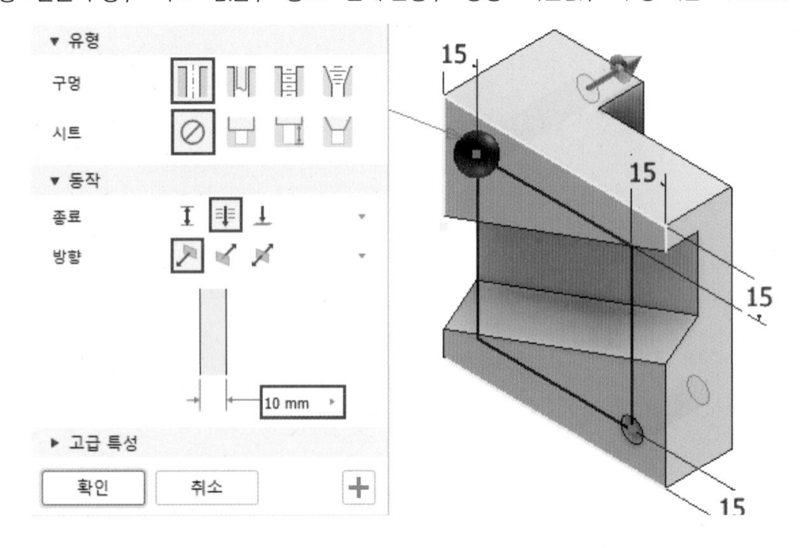

**08** [모따기] 명령을 실행하고 선택한 모서리에 5mm의 모따기를 작성합니다.

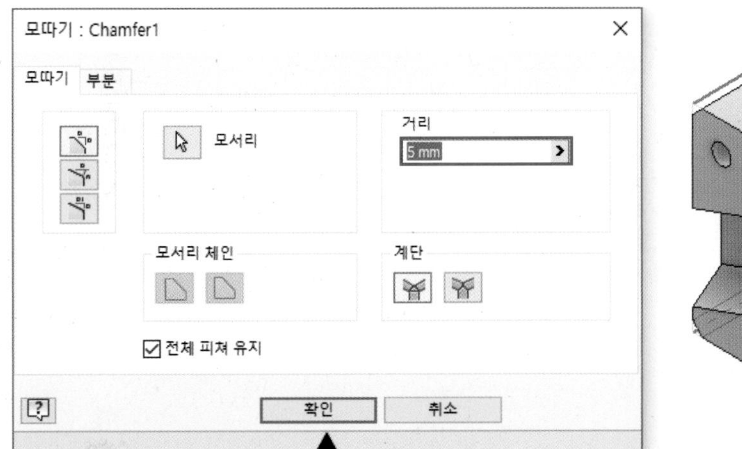


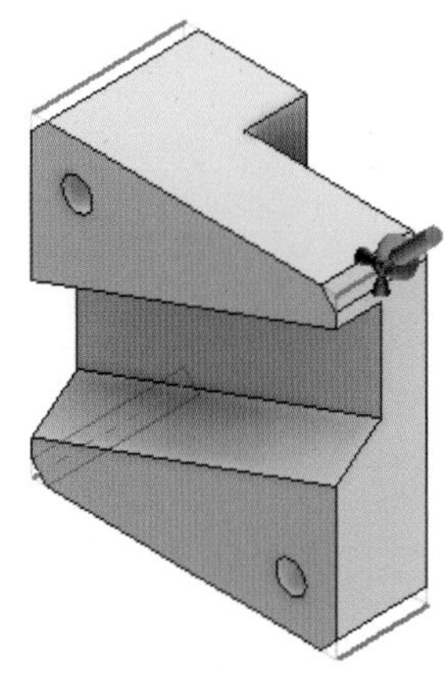

**09** 모델링이 완료되었습니다.

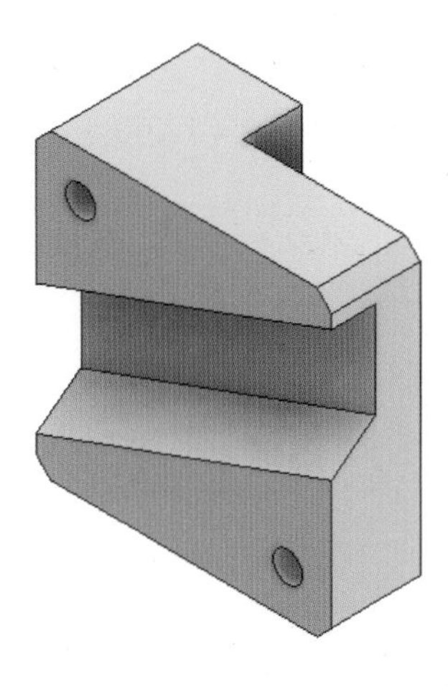

SECTION

# 08 기초 형상 모델링 8

## 01 예제 도면 및 학습 명령어

### 1 예제 도면

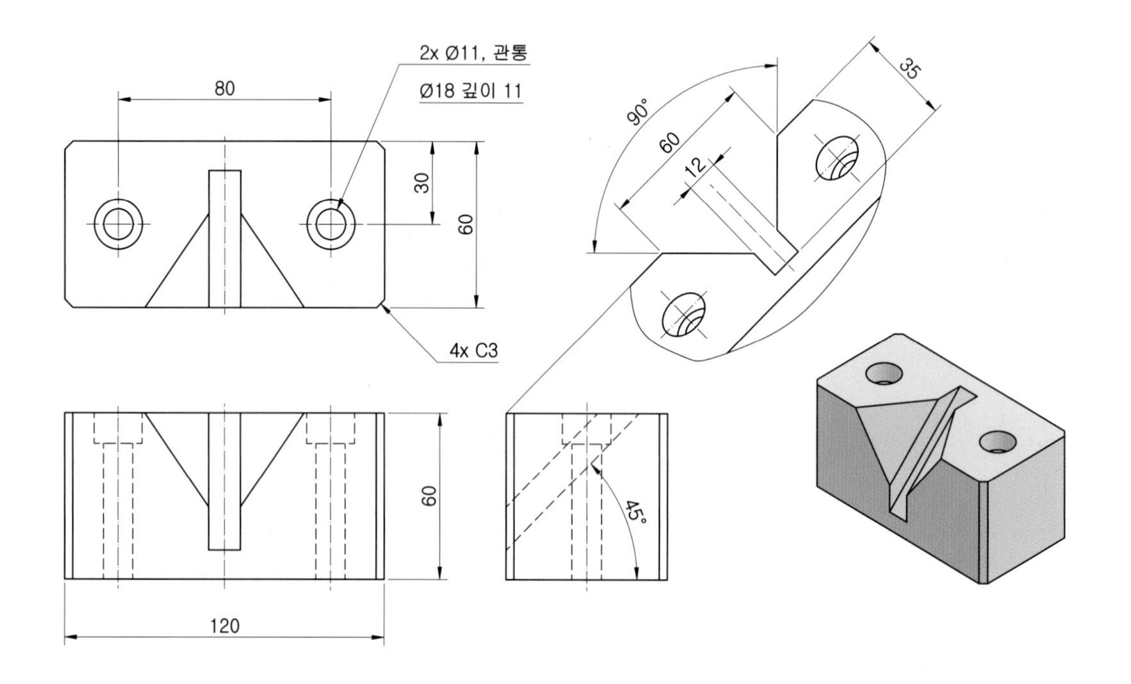


**학습 명령어**

- **스케치 :** 2점 직사각형 선 점
- **솔리드 :** 돌출 구멍 모따기

### 2 모델링 순서

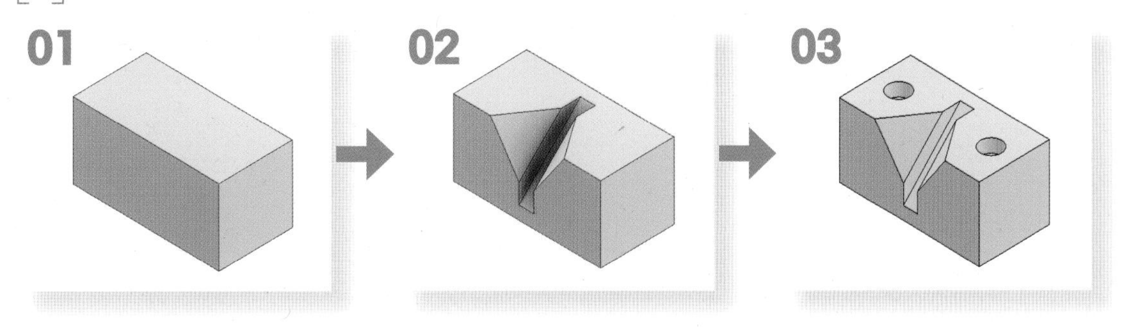


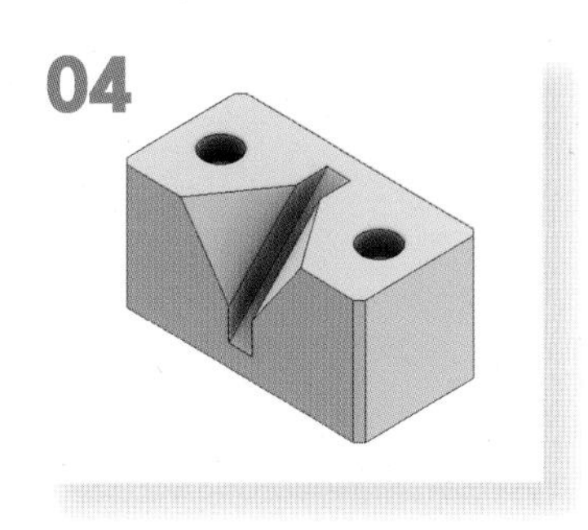


## 02 모델링 실습

01 정면도에 해당하는 XZ 평면에 다음과 같은 스케치를 작성합니다. (어느 평면에 작업하셔도 무방합니다.)

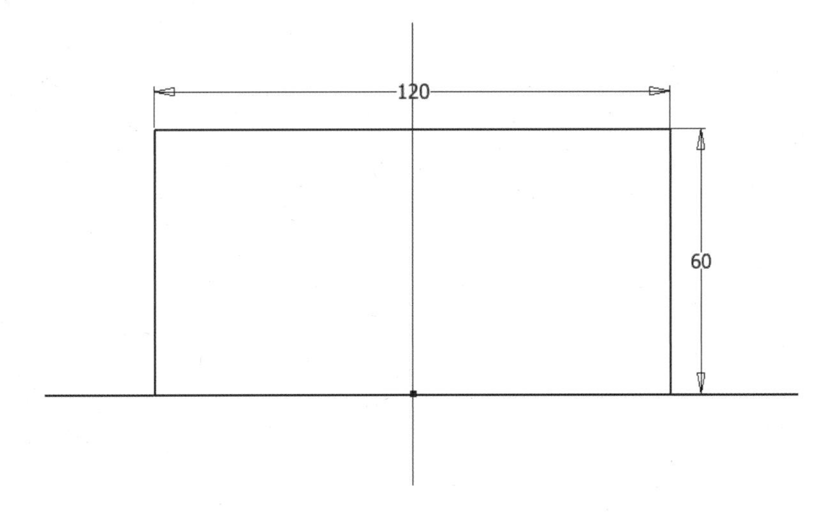

02 [돌출] 명령을 실행하고 다음과 같이 옵션 및 거리를 입력하여 형상을 작성합니다.

· 방향 : 대칭 / · 거리 : 60mm / · 출력 : 솔리드1

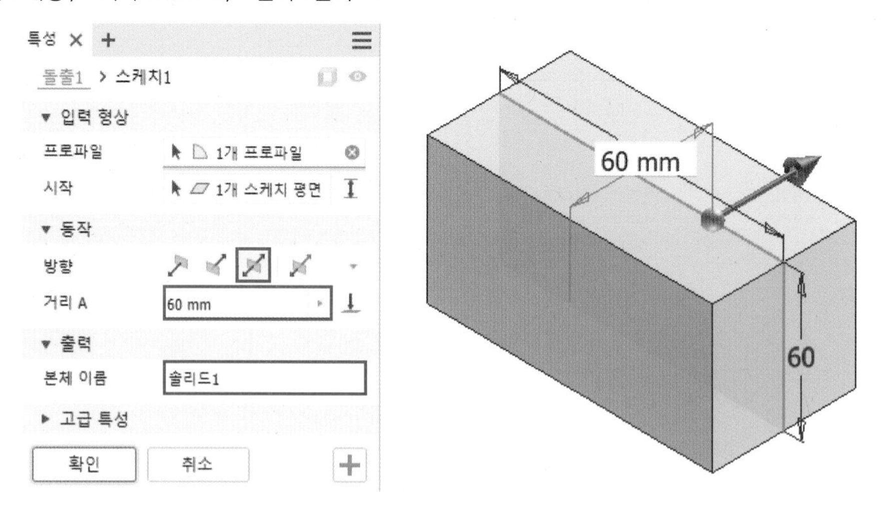


03 [모서리를 중심으로 평면에 대한 각도] 명령을 실행하고 다음과 같이 모서리와 기준 평면을 클릭하고 45도를 입력하여 각도를 가진 평면을 작성합니다.

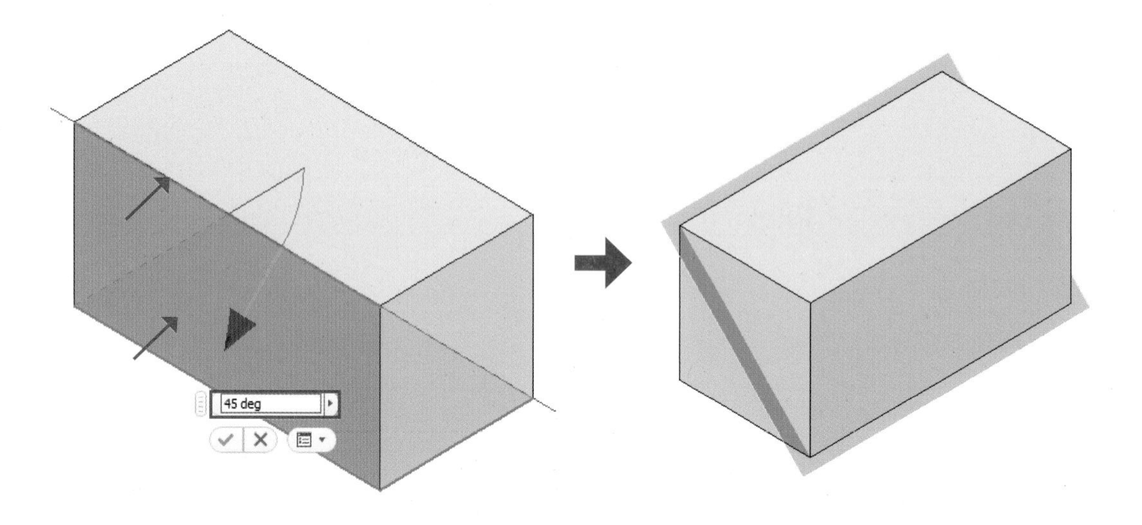

**04** 선택한 평면에 다음과 같이 스케치를 작성합니다.

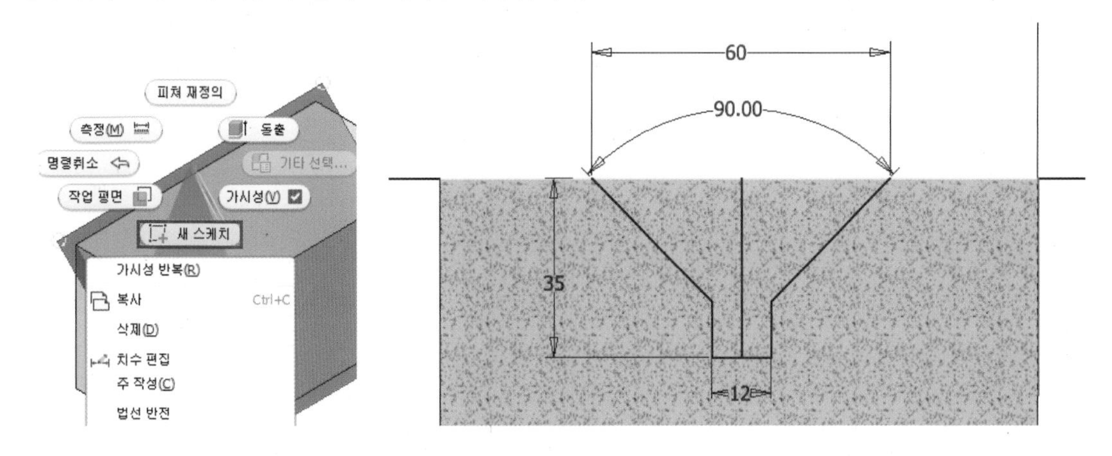


**05** [돌출] 명령을 실행하고 다음과 같이 옵션 및 거리를 입력하여 형상을 작성합니다.

· 방향 : 대칭 / · 거리 : 전체 관통 / · 출력 : 절단

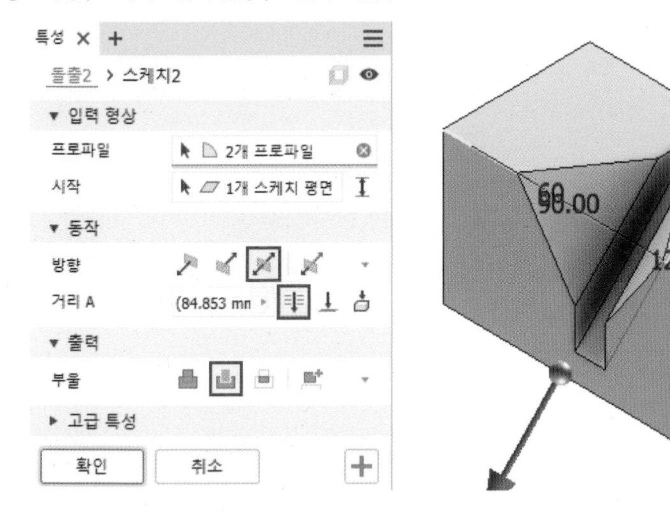


**06** 선택한 평면에 다음과 같이 스케치를 작성합니다.

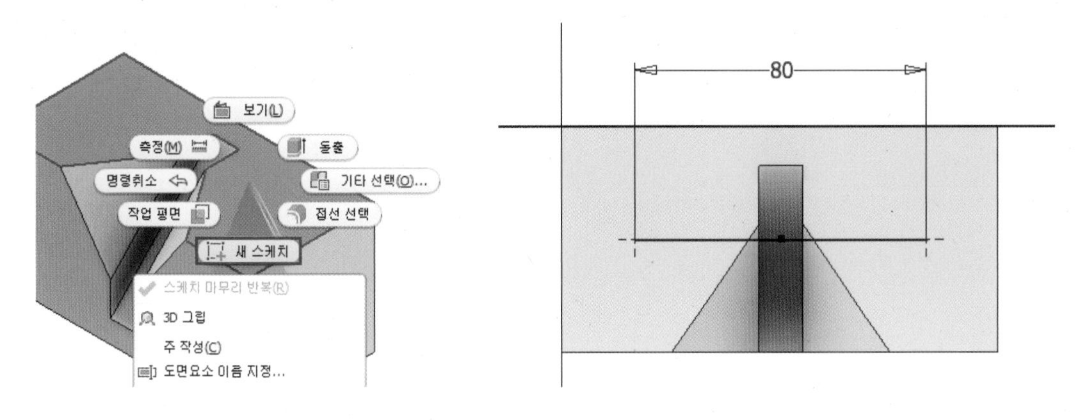

07 [구멍] 명령을 실행하고 다음과 같이 옵션 및 크기를 입력하여 형상을 작성합니다.

· 구멍 유형 : 틈새 구멍 / · 시트 : 카운터보어 / · 종료 : 전체 관통 / · 방향 : 기본값

· 조임쇠 표준 : ISO / · 조임쇠 유형 : Socket Head Cap Screw ISO 4762 / · 크기 : M10 / · 맞춤 : 표준

· 카운터보어 지름 : 18mm / · 카운터보어 깊이 : 11mm / · 구멍 지름 : 11mm

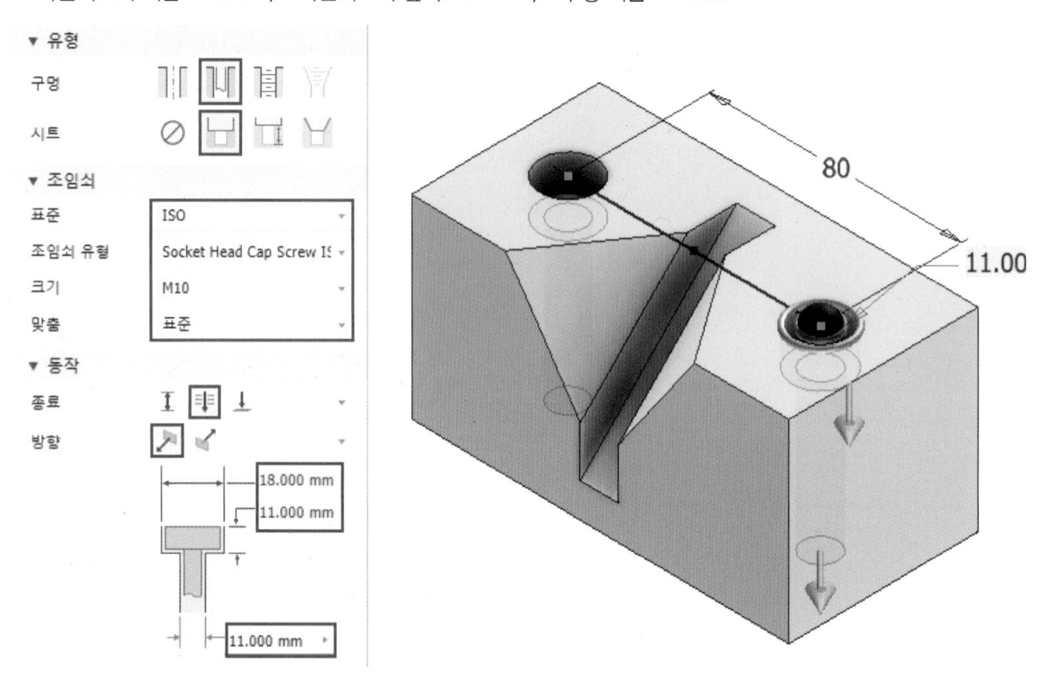


08 [모따기] 명령을 실행하고 선택한 모서리에 3mm의 모따기를 작성합니다.

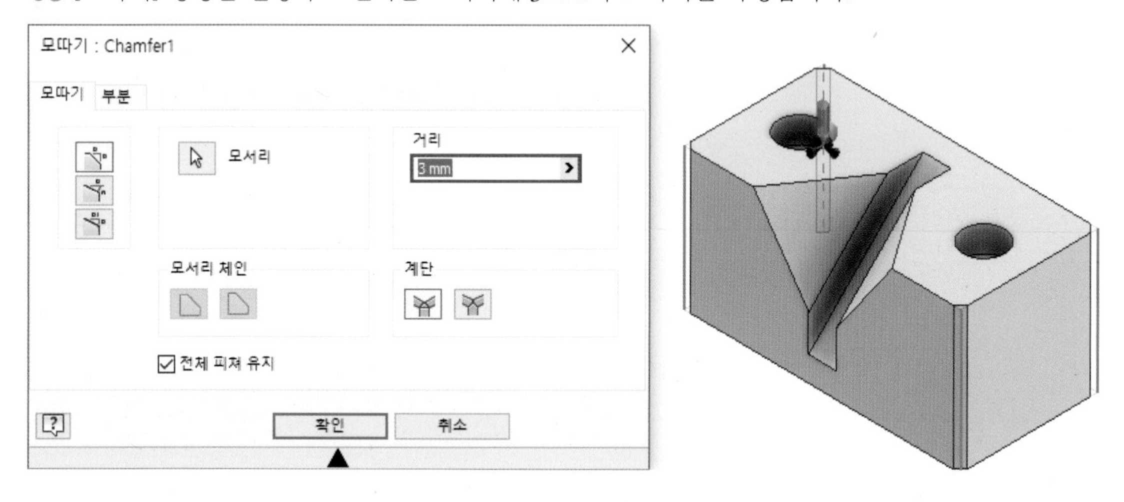

**09** 모델링이 완료되었습니다.

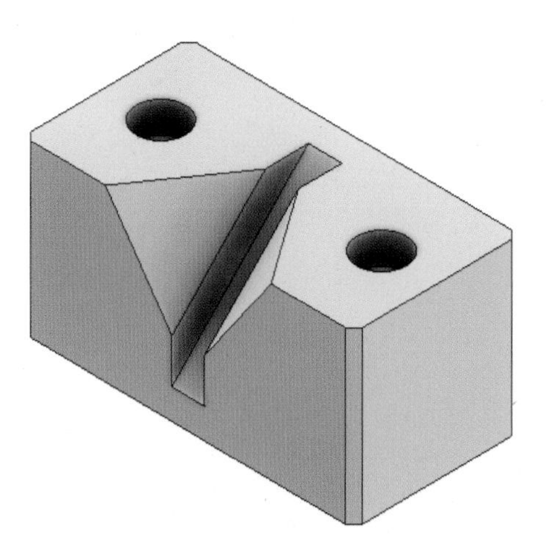

SECTION

# 09 기초 형상 모델링 9

## 01 예제 도면 및 학습 명령어

### 1 예제 도면

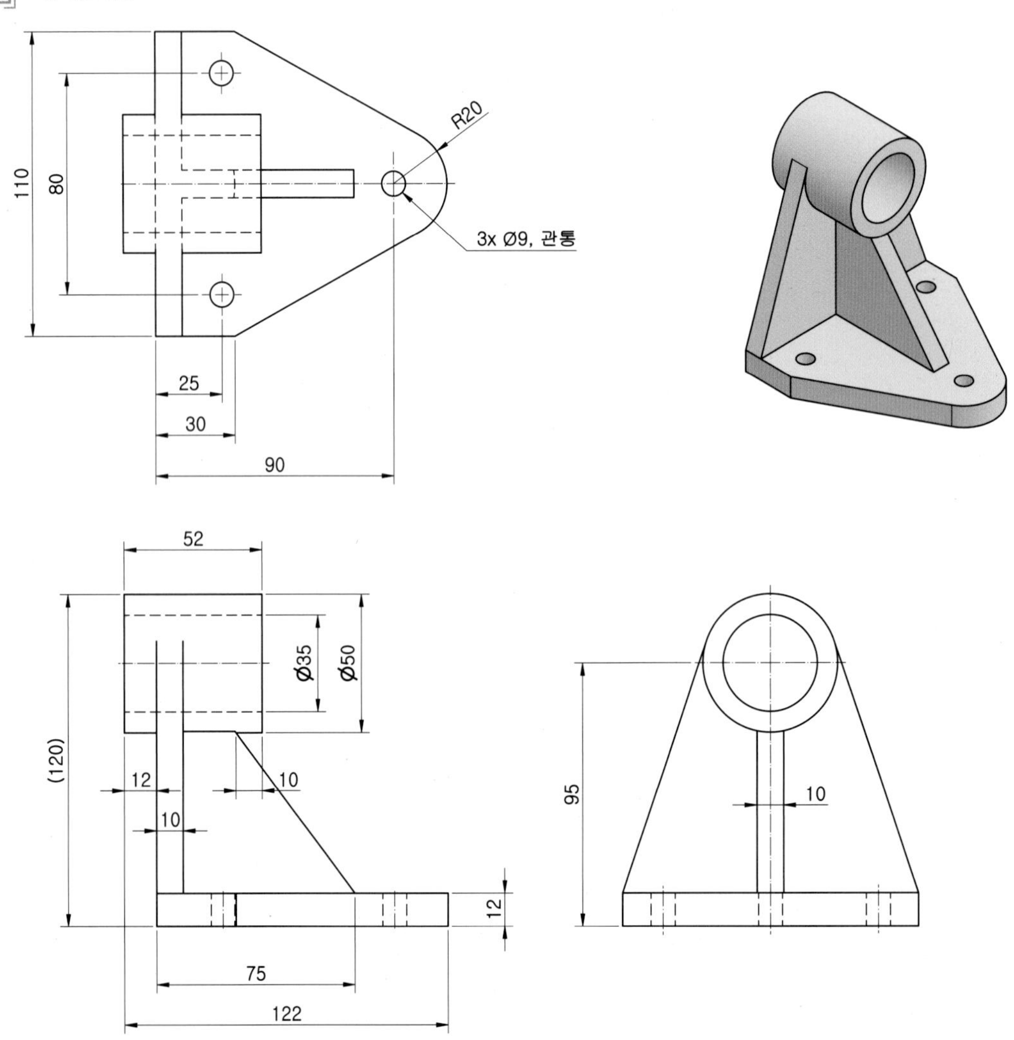

- 스케치 : 2점 직사각형 / 선 / 중심점 원
- 솔리드 : 돌출 / 리브 / 구멍

## 2 모델링 순서

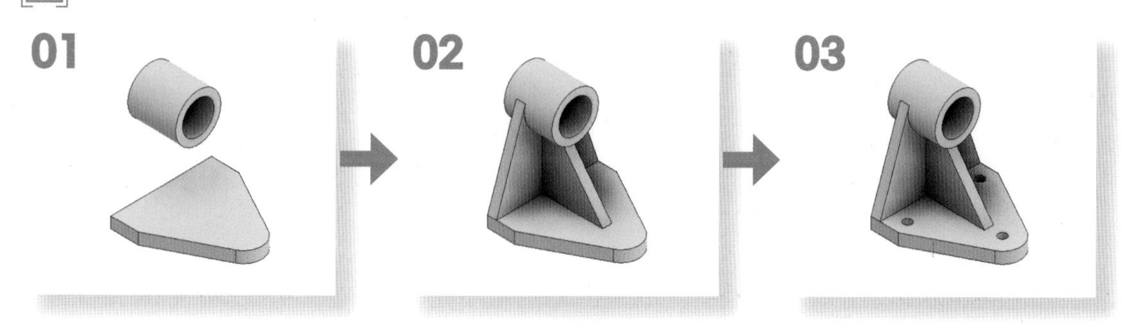


# 02 모델링 실습

**01** 평면도에 해당하는 XY 평면에 다음과 같은 스케치를 작성합니다. (어느 평면에 작업하셔도 무방합니다.)

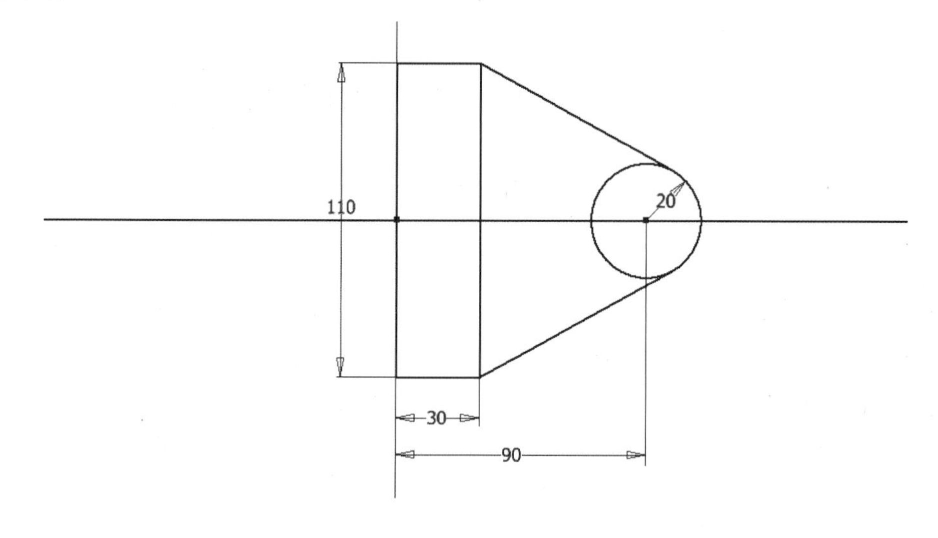

**02** [돌출] 명령을 실행하고 다음과 같이 옵션 및 거리를 입력하여 형상을 작성합니다.

· 방향 : 기본값(기본 방향) / · 거리 : 12mm / · 출력 : 솔리드1

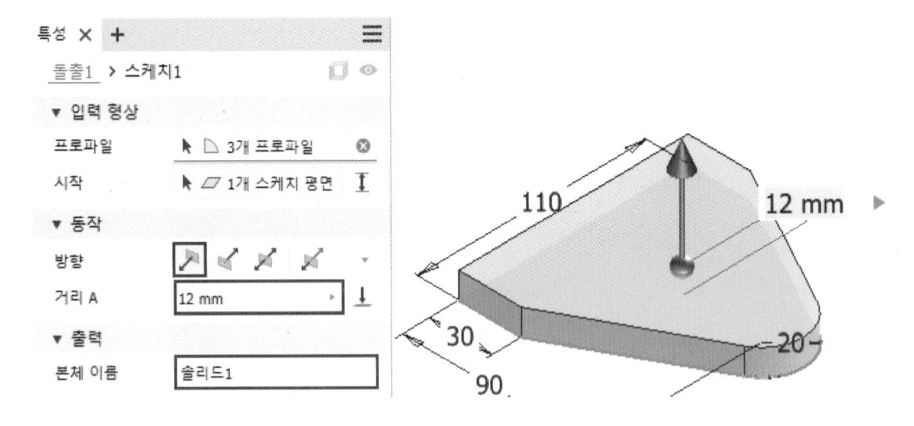


**03** 선택한 평면에 다음과 같이 스케치를 작성합니다.

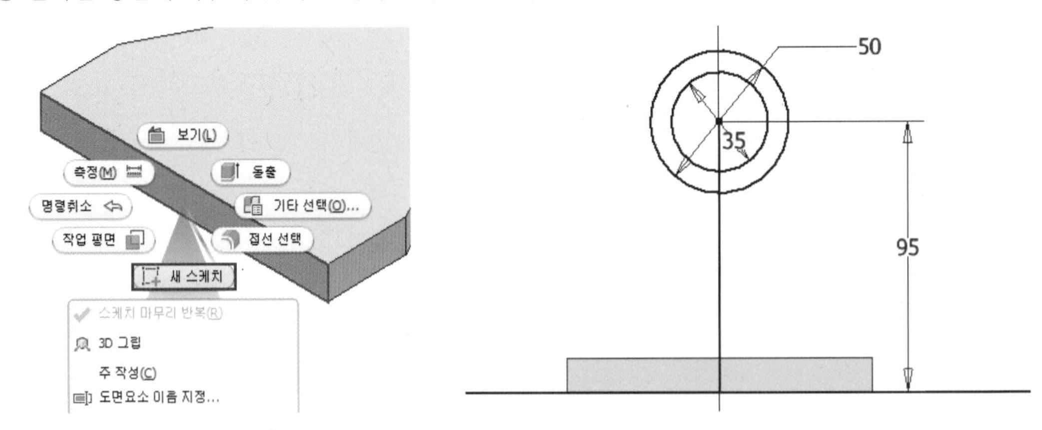


**04** [돌출] 명령을 실행하고 다음과 같이 옵션 및 거리를 입력하여 형상을 작성합니다.

· 방향 : 비대칭 / · 거리 A : 40mm / · 거리 B : 12mm / · 출력 : 접합

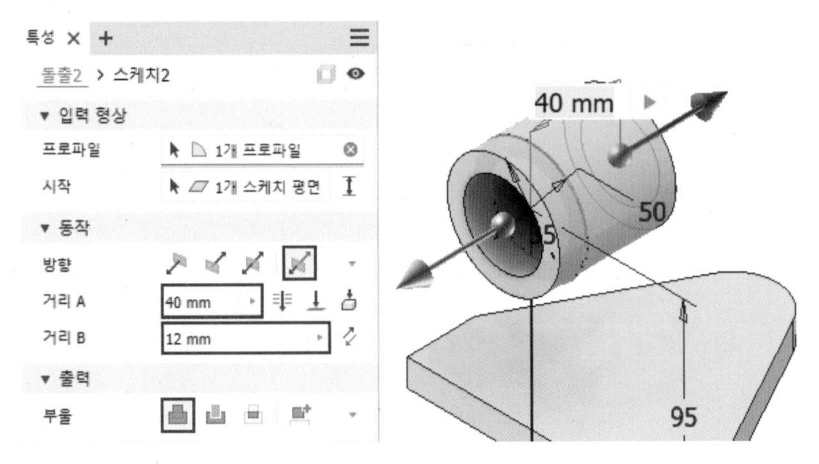

## 05 선택한 평면에 다음과 같이 스케치를 작성합니다.

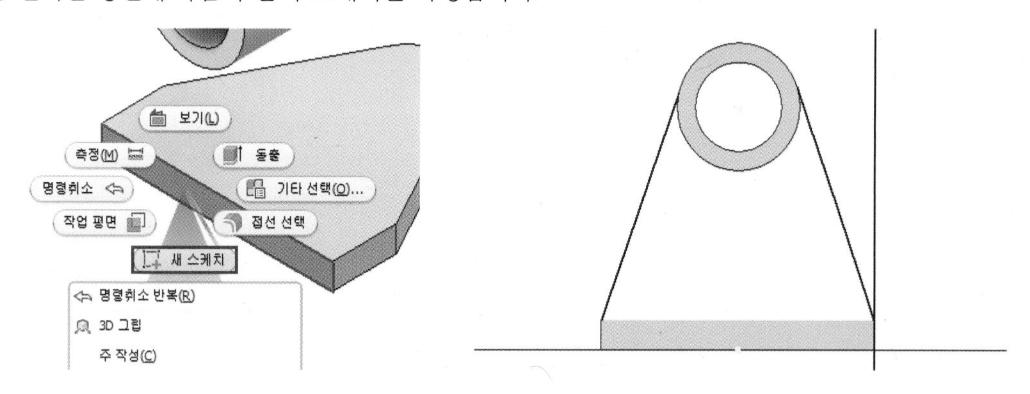


## 06 [돌출] 명령을 실행하고 다음과 같이 옵션 및 거리를 입력하여 형상을 작성합니다.

· 방향 : 반전 / · 거리 : 10mm / · 출력 : 접합

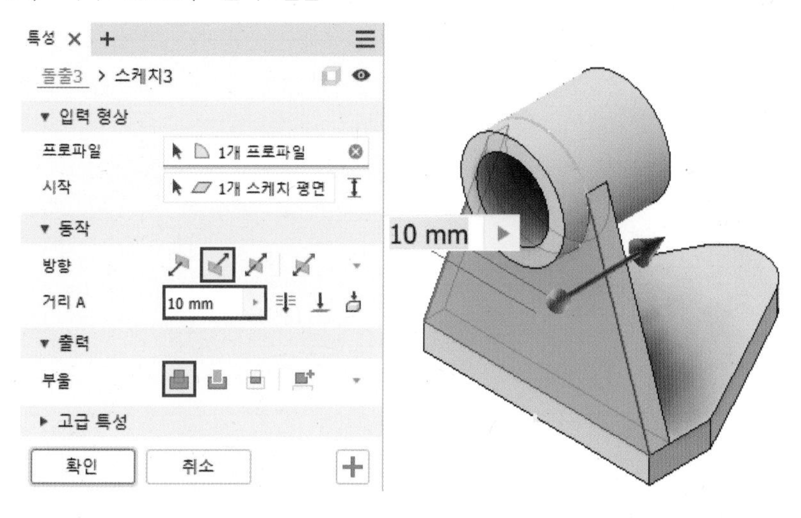


## 07 선택한 평면에 다음과 같이 스케치를 작성합니다.

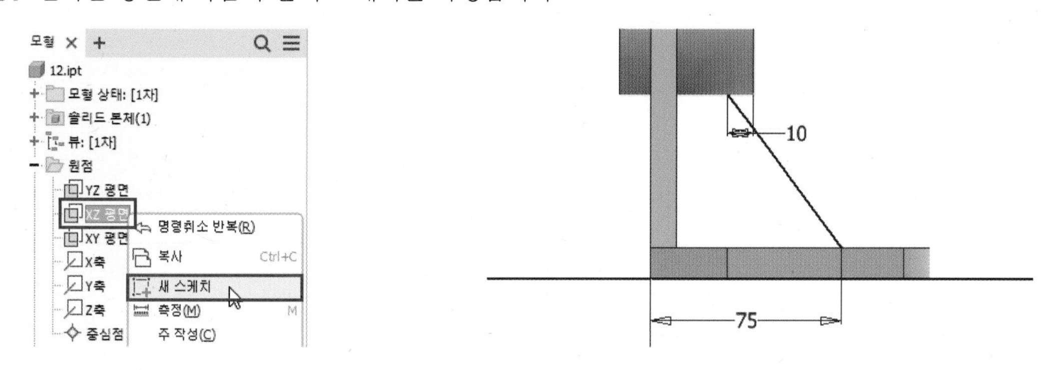

**08** [리브] 명령을 실행하고 다음과 같이 옵션 및 거리를 입력하여 형상을 작성합니다.

· 유형 : 스케치 평면에 평행 / · 리브 방향 : 방향 2 / · 방향 : 대칭 / · 출력 : 다음 면까지

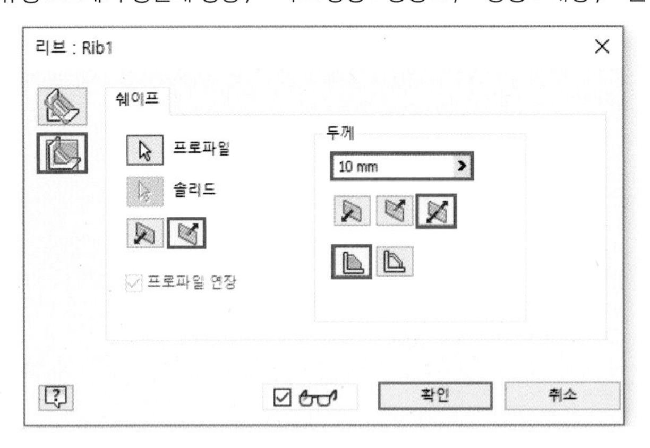


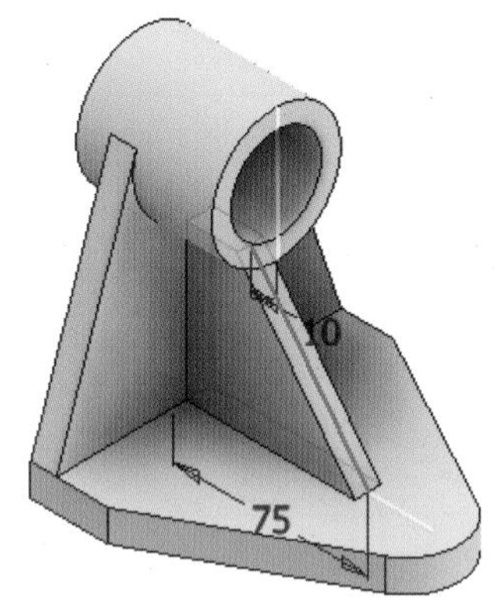


**09** 선택한 평면에 다음과 같이 스케치를 작성합니다.

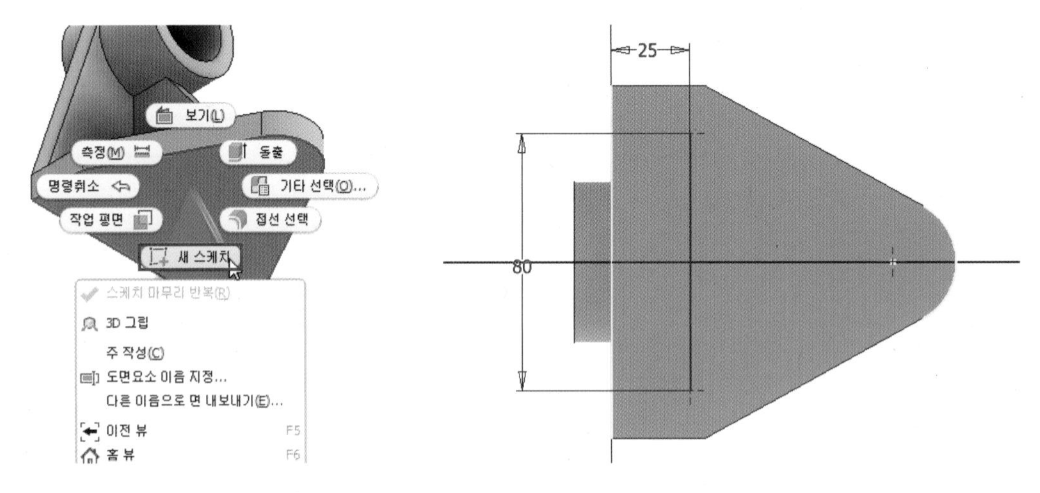

**10** [구멍] 명령을 실행하고 다음과 같이 옵션 및 크기를 입력하여 형상을 작성합니다.

· 구멍 유형 : 단순 구멍 / · 시트 : 없음 / · 종료 : 전체 관통 / · 방향 : 기본값 / · 구멍 지름 : 9mm

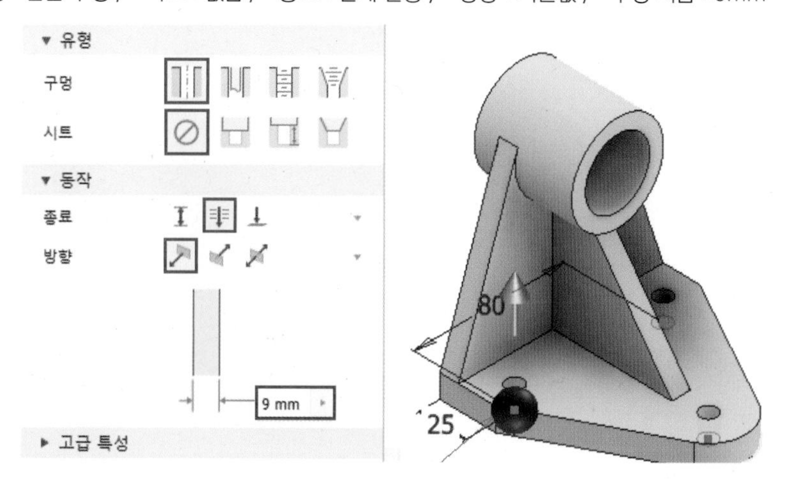


**11** 모델링이 완료되었습니다.

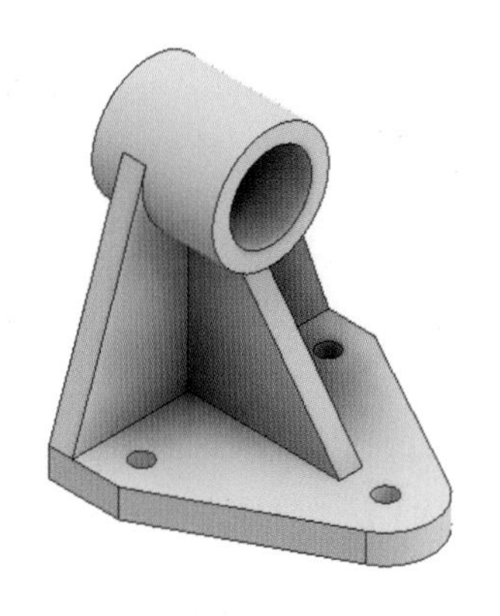

SECTION

# 10 기초 형상 모델링 10

## 01 예제 도면 및 학습 명령어

### 1 예제 도면

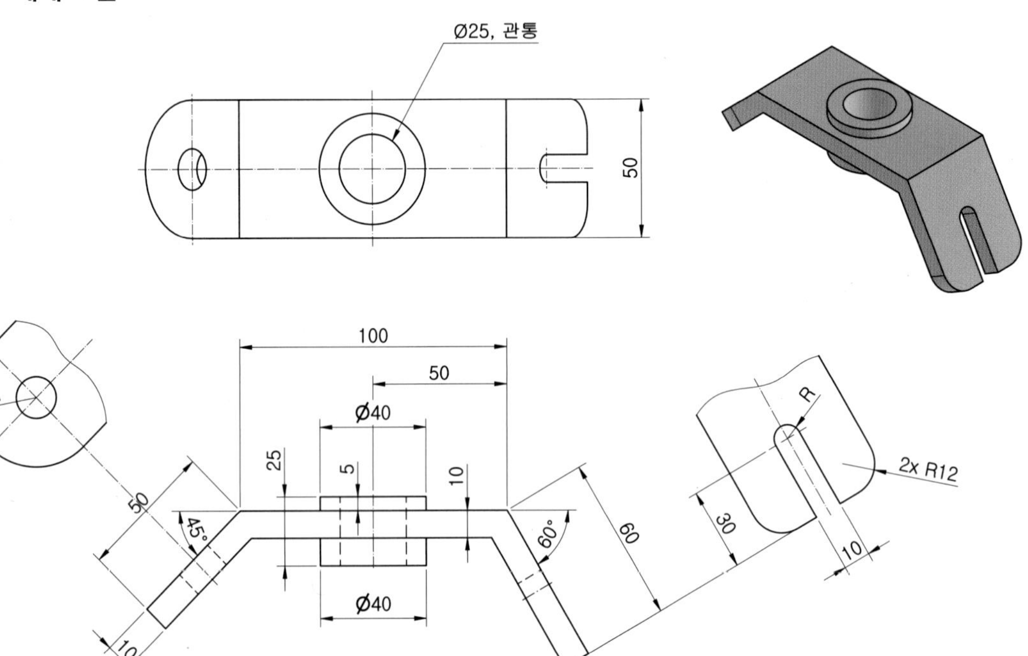


### 학습 명령어

- **스케치 :** 선 간격띄우기 중심점 원 중심 대 중심 슬롯
- **솔리드 :** 돌출 구멍 모깎기

### 2 모델링 순서

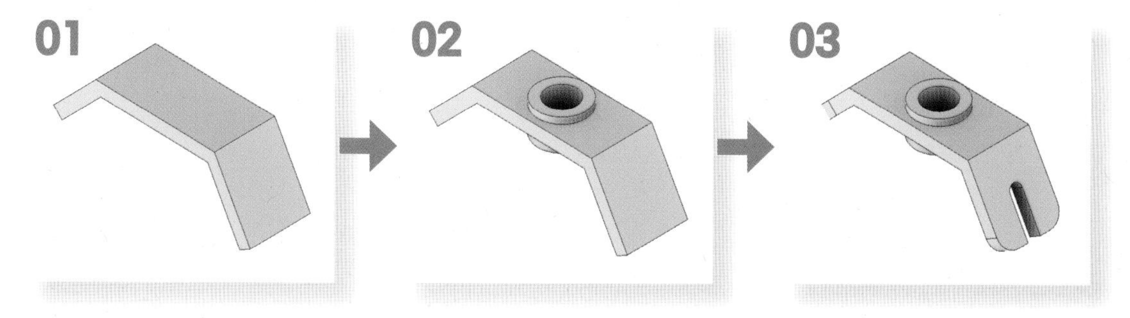


## 02 모델링 실습

**01** 정면도에 해당하는 XZ 평면에 다음과 같은 스케치를 작성합니다. (어느 평면에 작업하셔도 무방합니다.)

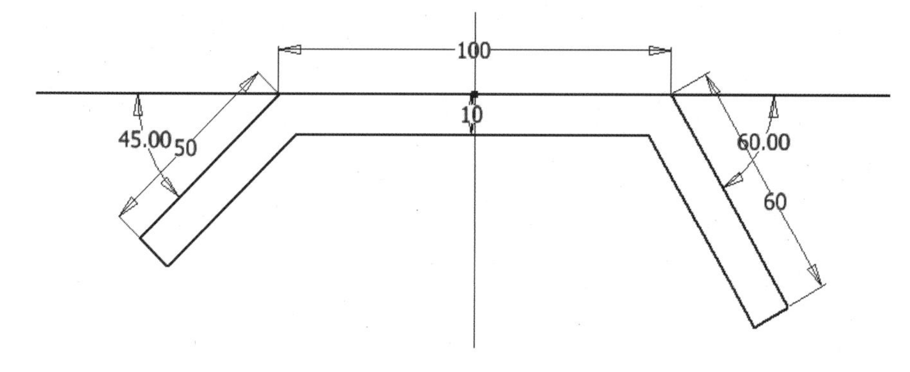


**02** [돌출] 명령을 실행하고 다음과 같이 옵션 및 거리를 입력하여 형상을 작성합니다.

· 방향 : 대칭 / · 거리 : 50mm / · 출력 : 솔리드1

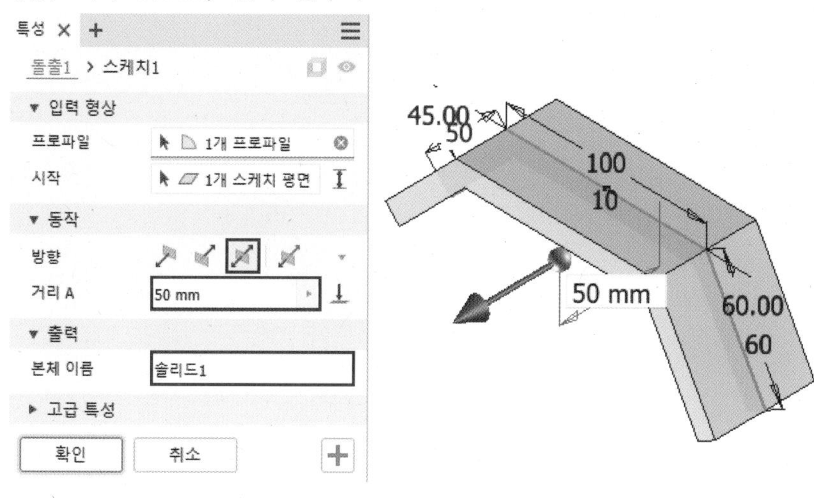

**03** 선택한 평면에 다음과 같이 스케치를 작성합니다.

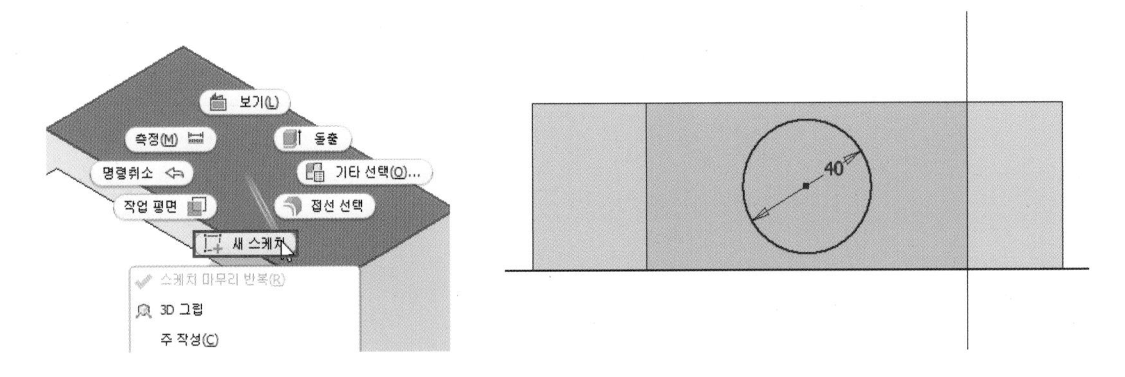


**04** [돌출] 명령을 실행하고 다음과 같이 옵션 및 거리를 입력하여 형상을 작성합니다.

· 방향 : 비대칭 / · 거리 A : 5mm / · 거리 B : 20mm / · 출력 : 접합

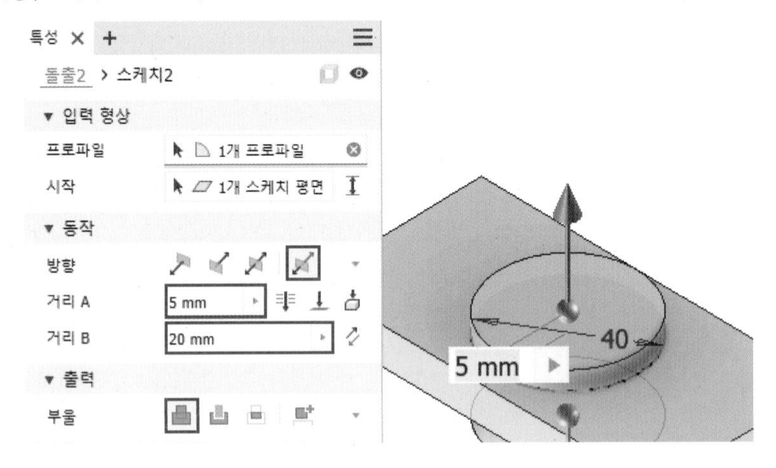


**05** [구멍] 명령을 실행하고 다음과 같이 옵션 및 크기를 입력하여 형상을 작성합니다.

· 구멍 유형 : 단순 구멍 / · 시트 : 없음 / · 종료 : 전체 관통 / · 방향 : 기본값 / · 구멍 지름 : 25mm

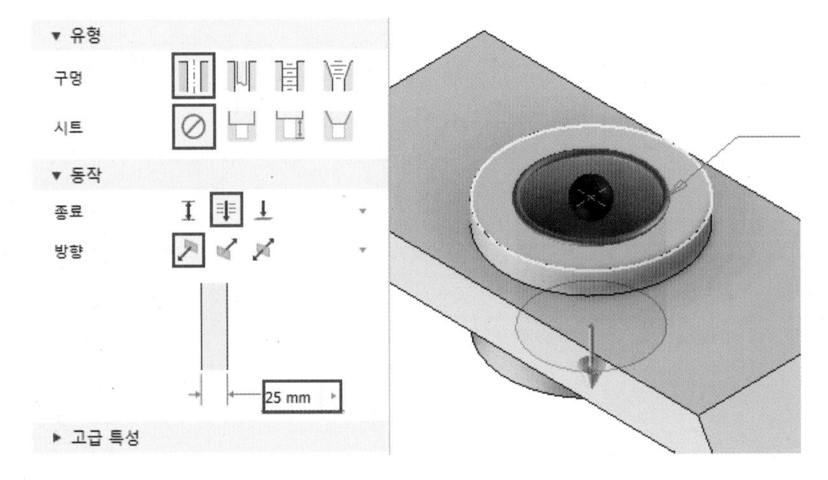

**06** 선택한 평면에 다음과 같이 스케치를 작성합니다.

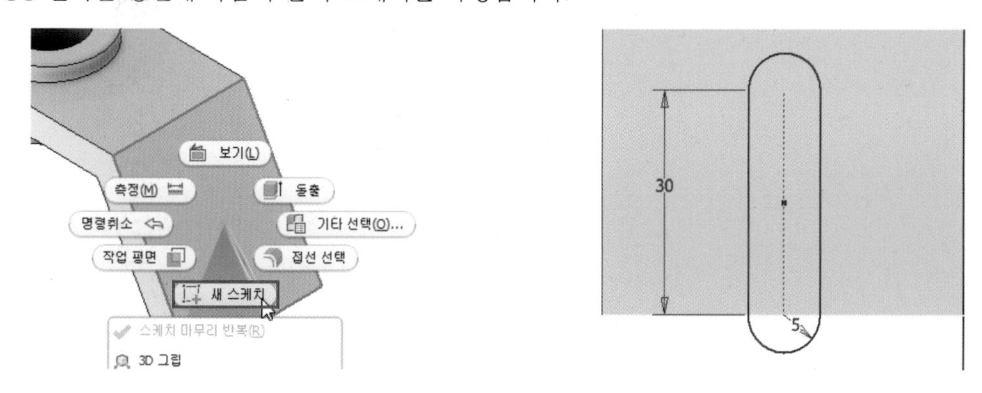


**07** [돌출] 명령을 실행하고 다음과 같이 옵션 및 거리를 입력하여 형상을 작성합니다.

· 방향 : 반전 / · 거리 : 전체 관통 / · 출력 : 절단

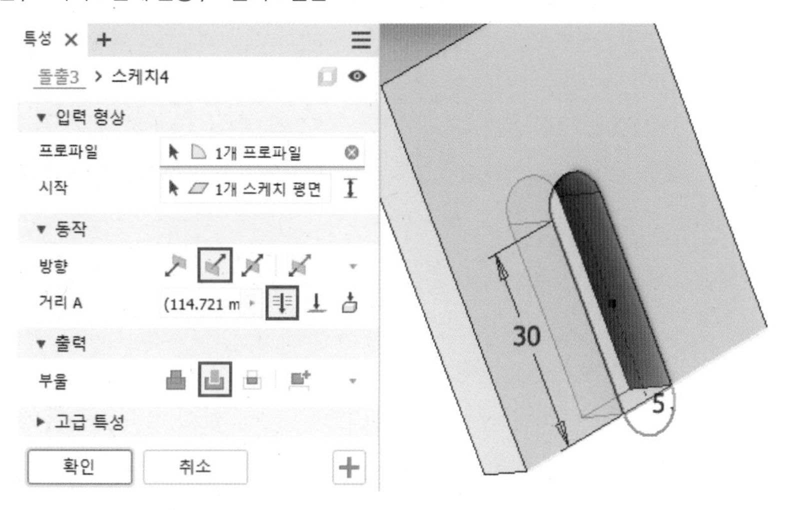


**08** [모깎기] 명령을 실행하고 다음과 같이 선택한 모서리에 25mm의 모깎기를 작성합니다.

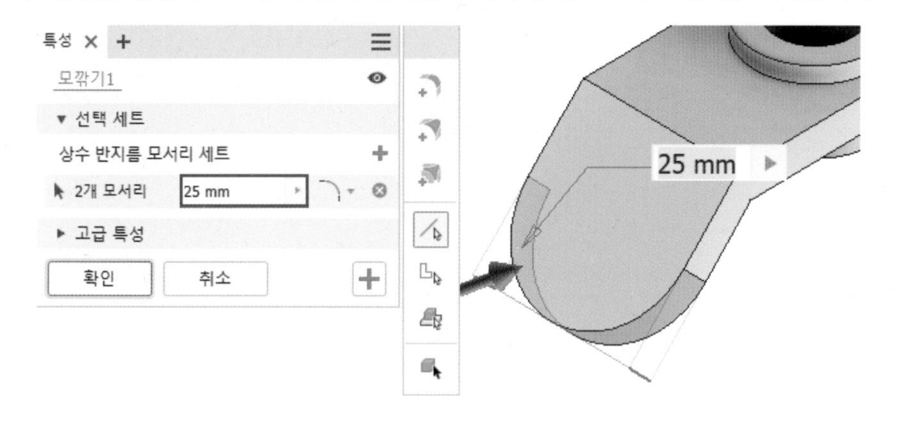

**09** [구멍] 명령을 실행하고 다음과 같이 옵션 및 크기를 입력하여 형상을 작성합니다.

· 구멍 유형 : 단순 구멍 / · 시트 : 없음 / · 종료 : 전체 관통 / · 방향 : 기본값 / · 구멍 지름 : 15mm

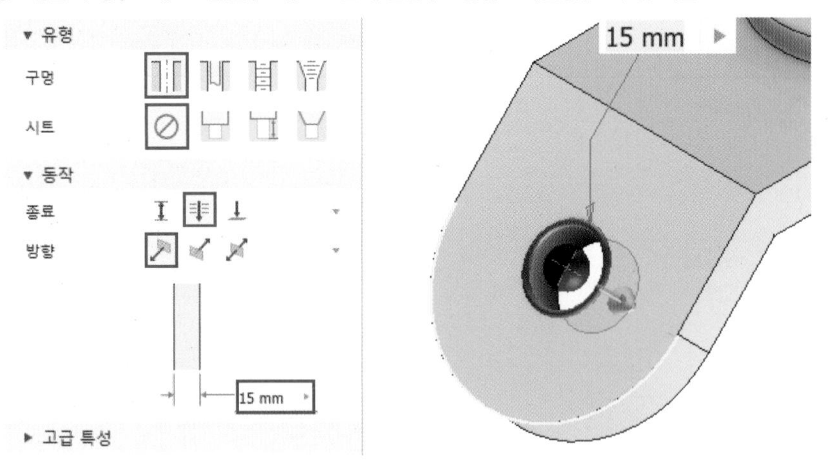


**10** [모깎기] 명령을 실행하고 다음과 같이 선택한 모서리에 12mm의 모깎기를 작성합니다.

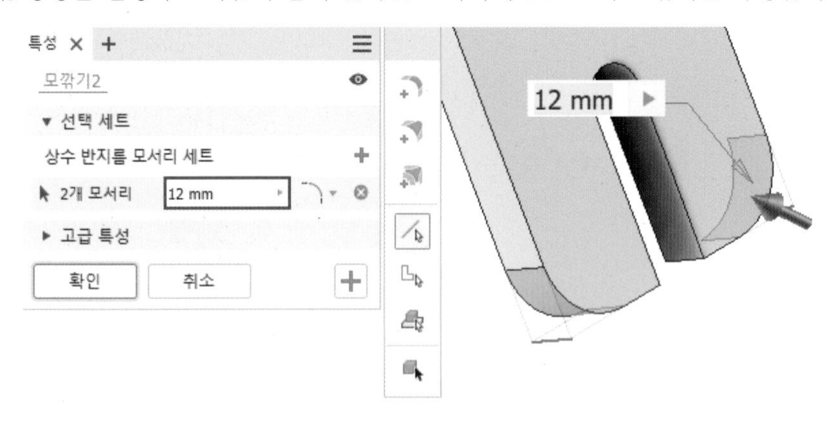


**11** 모델링이 완료되었습니다.

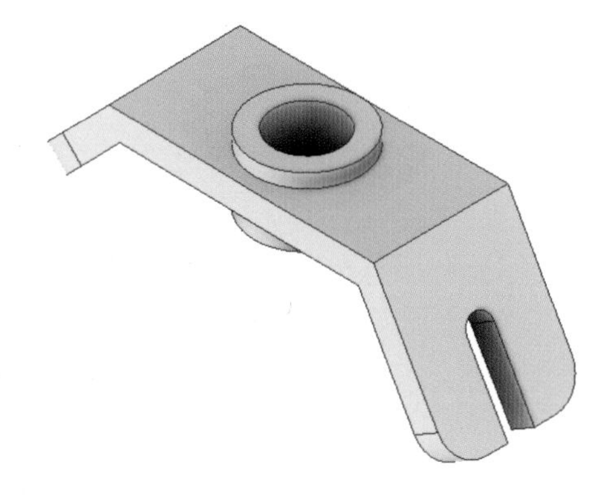

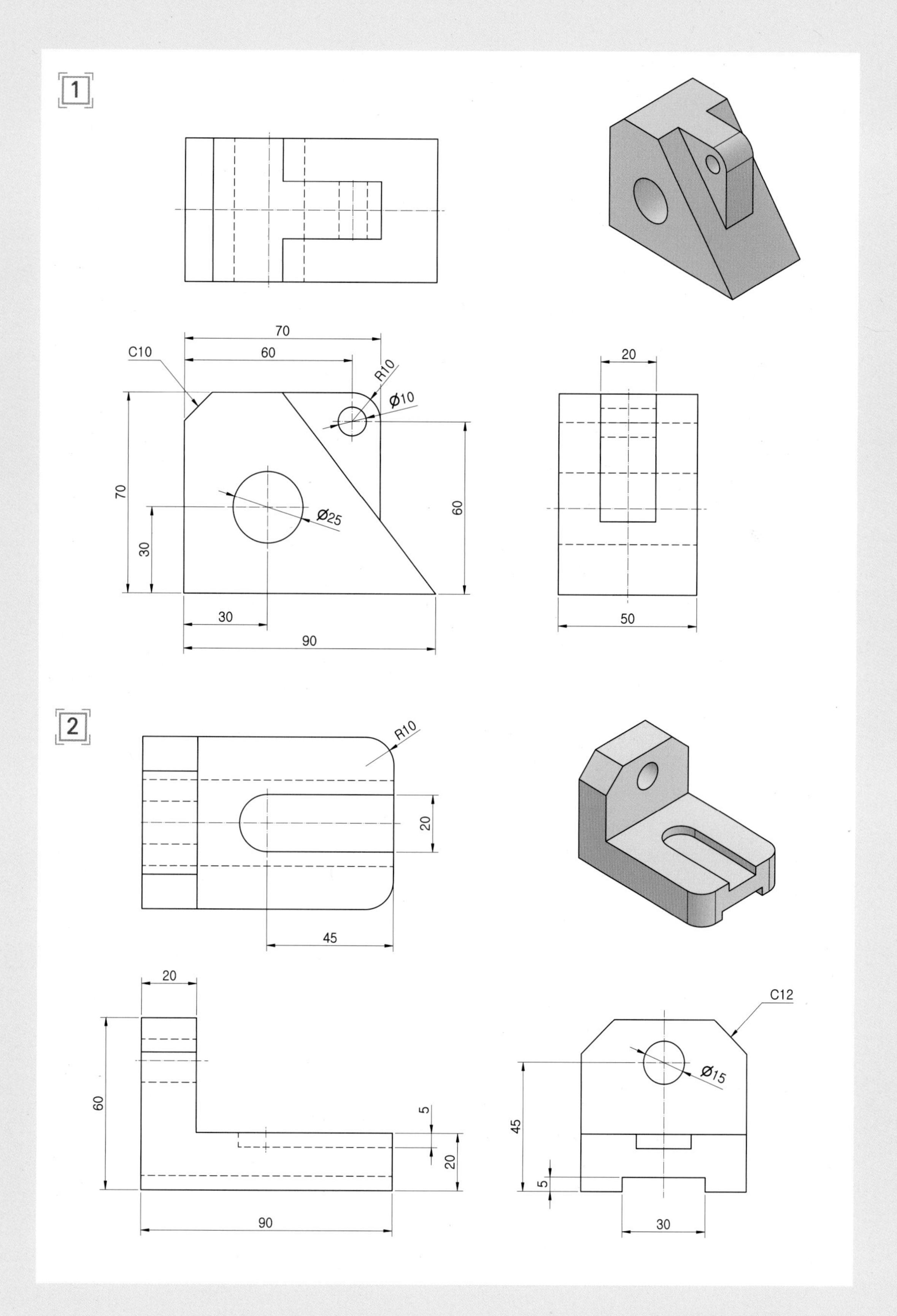
1
70
60
C10
R10
Ø10
70
Ø25
60
30
30
90
20
50
2
R10
20
45
20
60
5
20
90
C12
Ø15
45
5
30

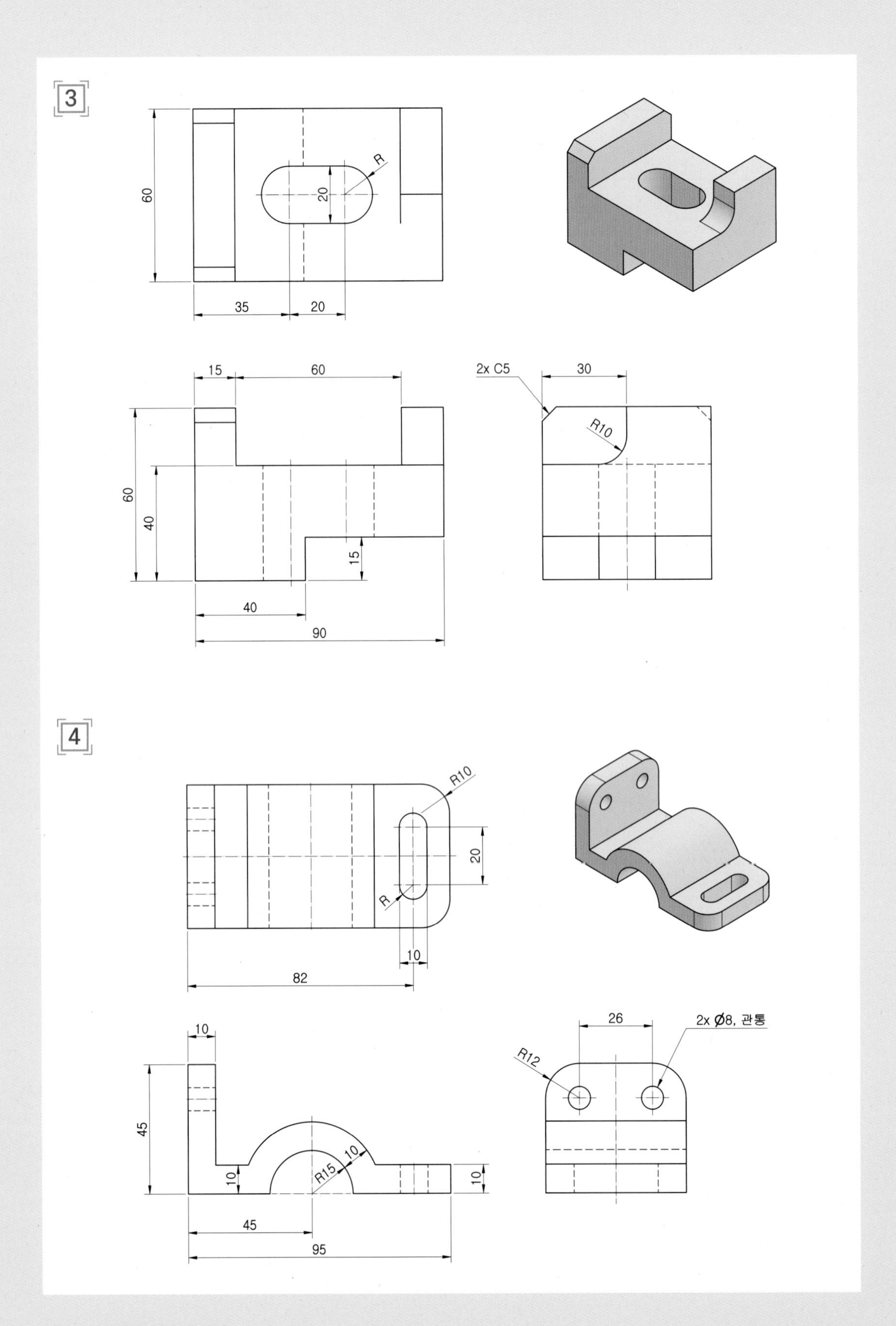
3
R
20
60
35
20
15
60
2x C5
30
R10
60
40
15
40
90
4
R10
20
R
10
82
26
2x Ø8, 관통
R12
10
45
10
R15
10
10
45
95

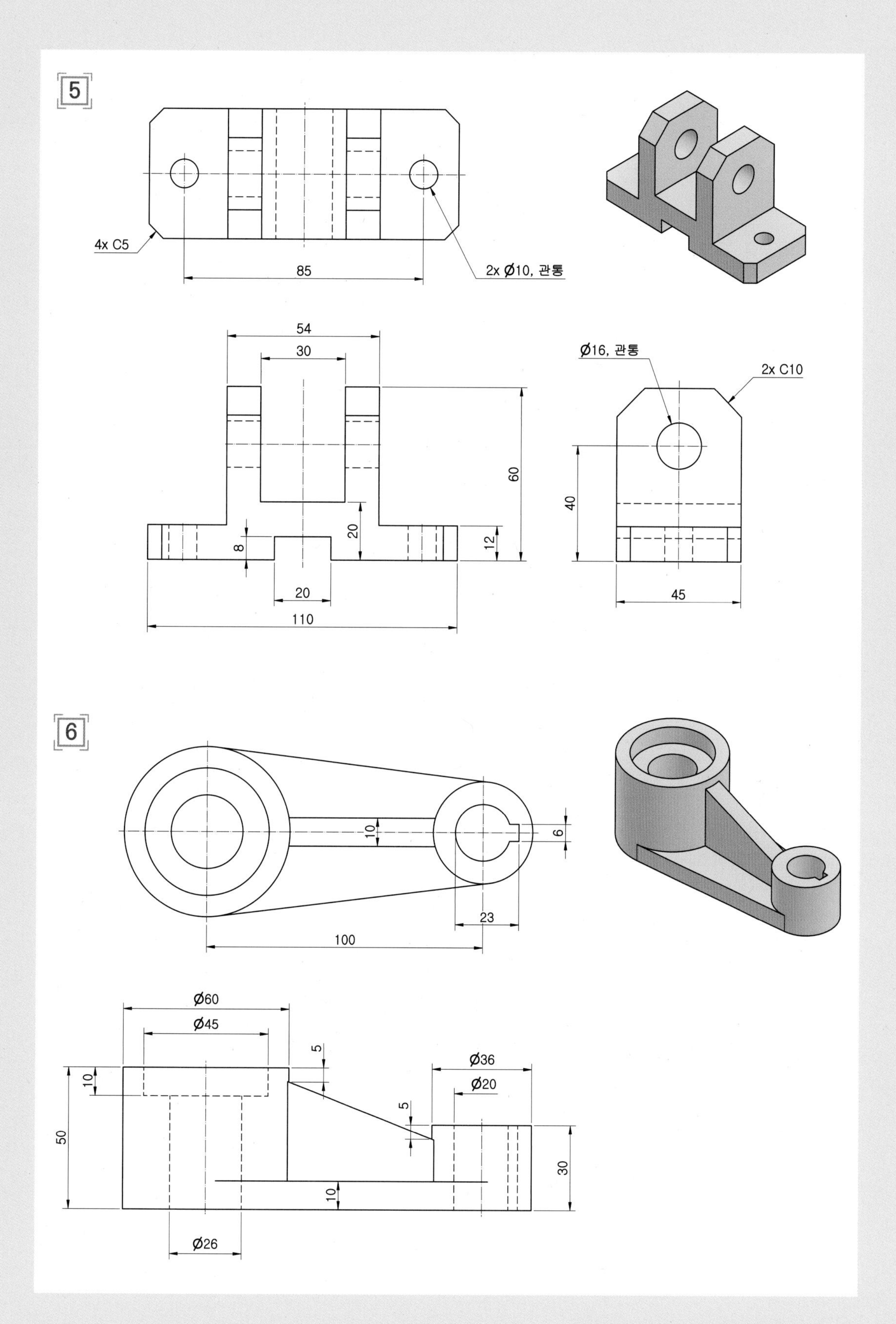
5
4x C5
85
2x Ø10, 관통
54
30
60
20
8
12
20
110
Ø16, 관통
2x C10
40
45
6
10
6
23
100
Ø60
Ø45
5
Ø36
Ø20
5
10
50
30
10
Ø26

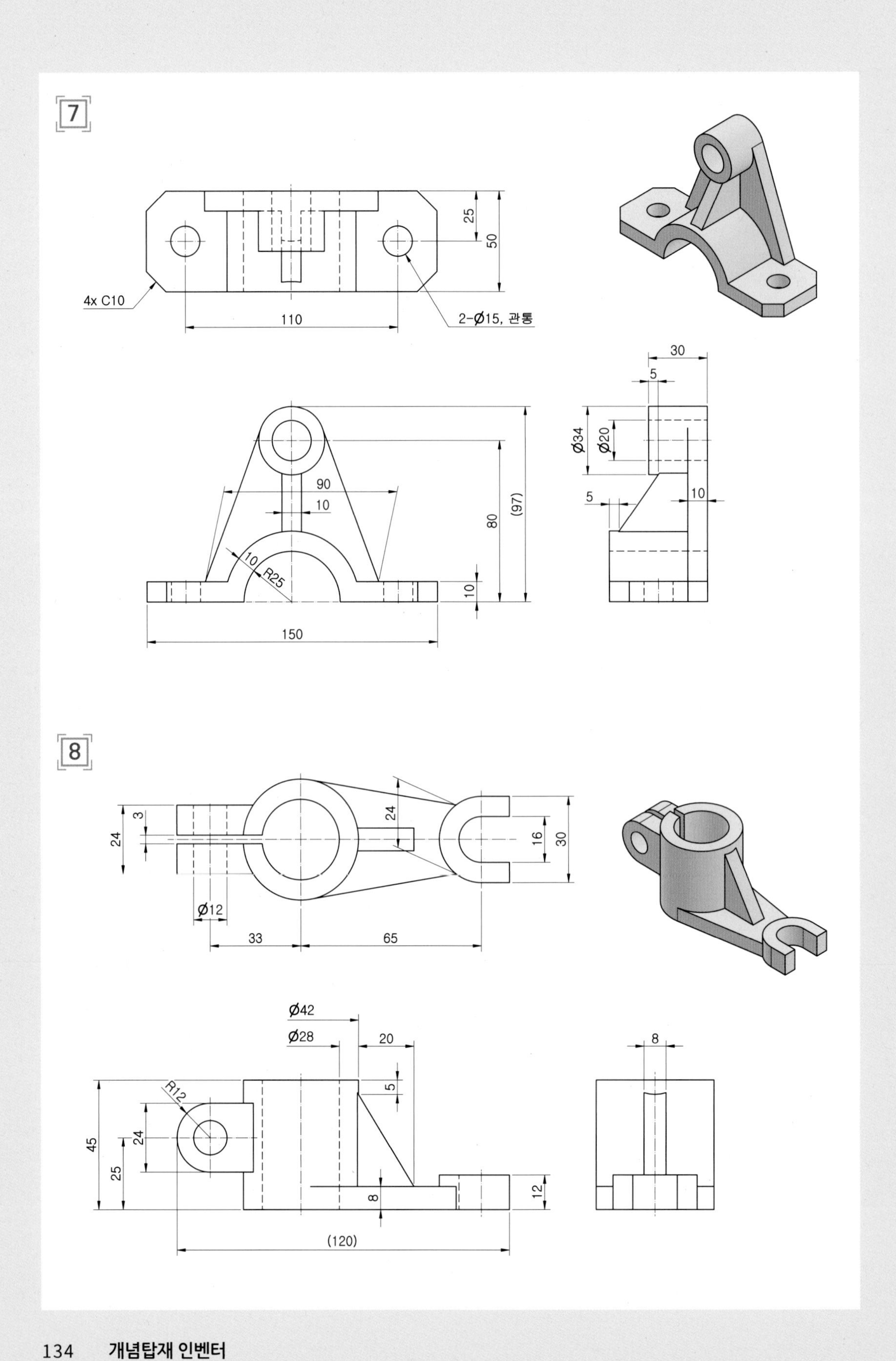
7
25
50
4x C10
110
2-Ø15, 관통
30
5
Ø34
Ø20
10
5
90
10
10
R25
80
(97)
10
150
8
24
3
24
16
30
Ø12
33
65
Ø42
Ø28
20
5
R12
45
24
25
8
12
(120)
8

## 9

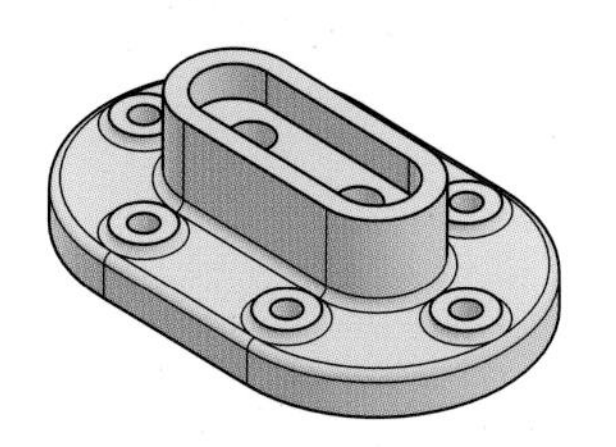

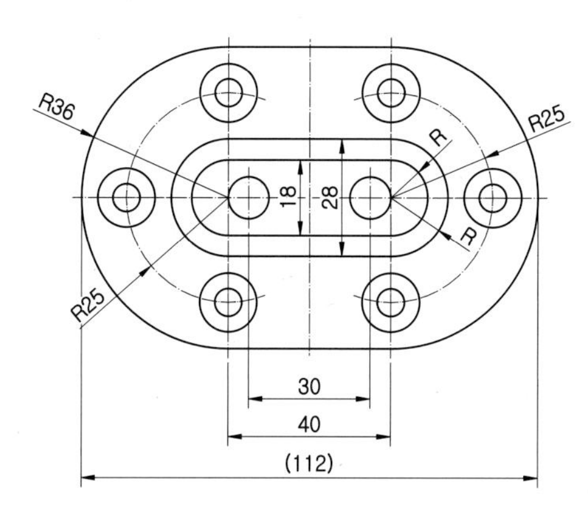


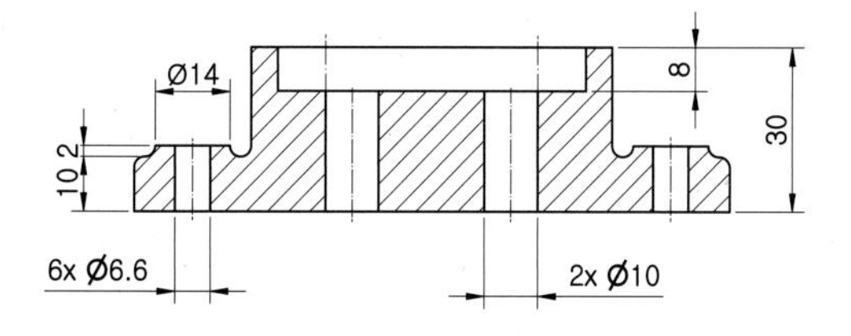


주서

도시되고 지시없는 필렛 및 라운드 R2

## 10

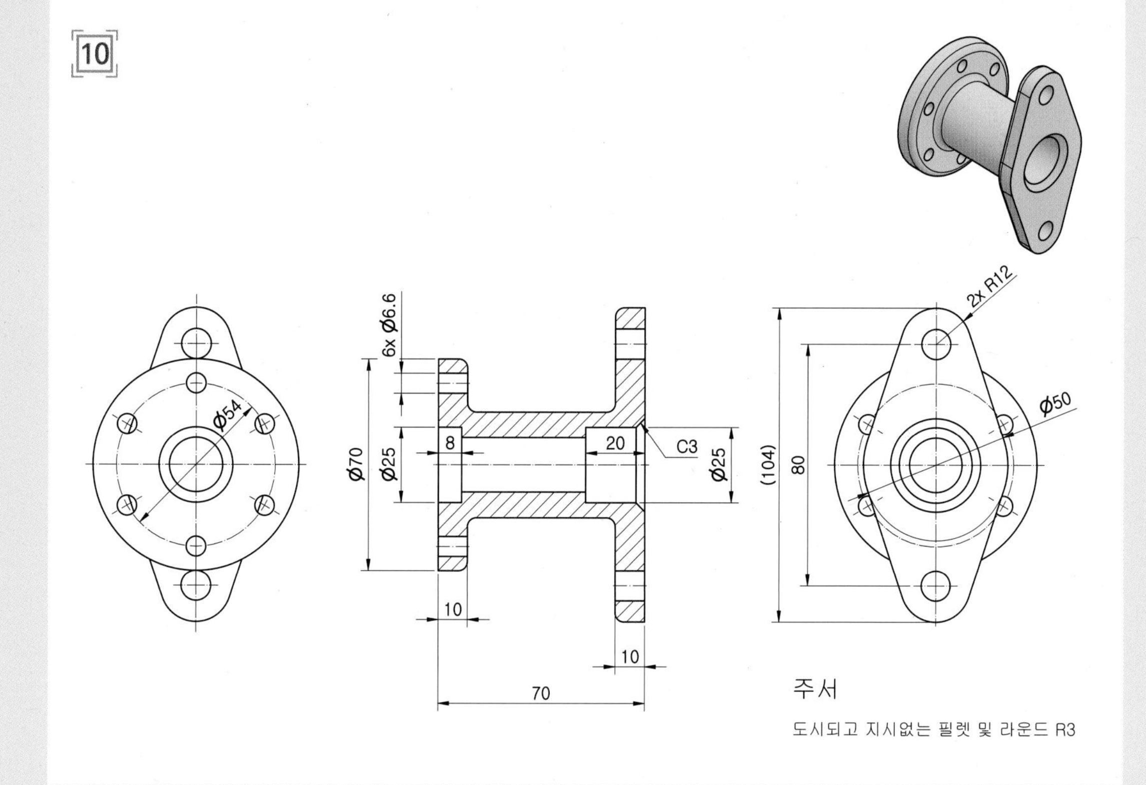


주서

도시되고 지시없는 필렛 및 라운드 R3

# CHAPTER. 05

## 응용 3D 형상 모델링

SECTION 01

# 스프링

## 01 예제 도면 및 학습 명령어

### 1 예제 도면

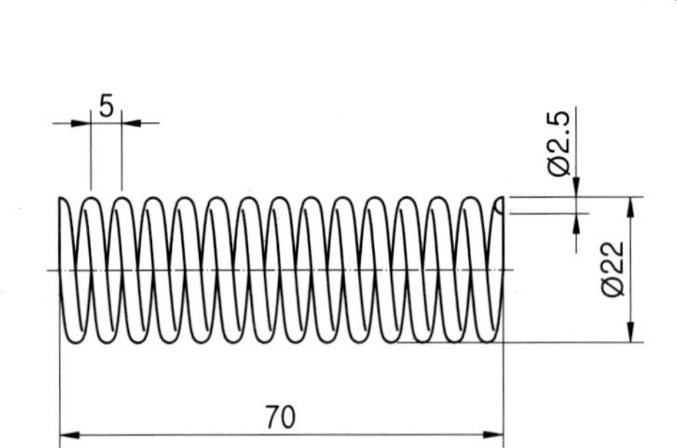


외경(D) : Ø22

선경(d) : Ø2.5

피치(p) : 5

길이(L) : 70

**학습 명령어**

- **스케치 :** 선 중심점 원 2점 직사각형
- **솔리드 :** 코일 돌출

### 2 모델링 순서

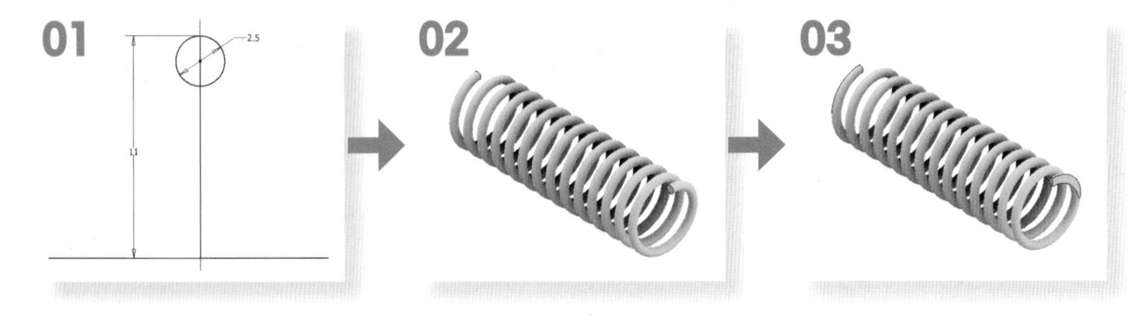

## 02 모델링 실습

**01** 정면도에 해당하는 XZ 평면에 다음과 같은 스케치를 작성합니다. (어느 평면에 작업하셔도 무방합니다.)

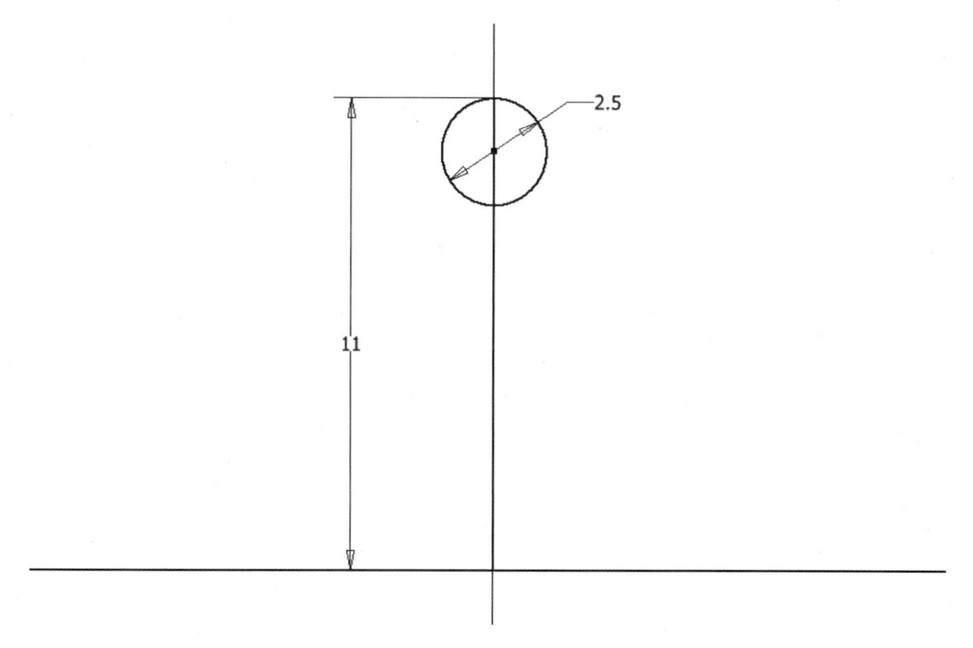


**02** [코일] 명령을 실행하고 다음과 같이 옵션 및 높이를 입력하여 형상을 작성합니다.

· 축 : X축 / · 방법 : 상하 회전 및 높이 / · 상하 회전 : 5mm / · 높이 : 70mm / · 출력 : 솔리드1

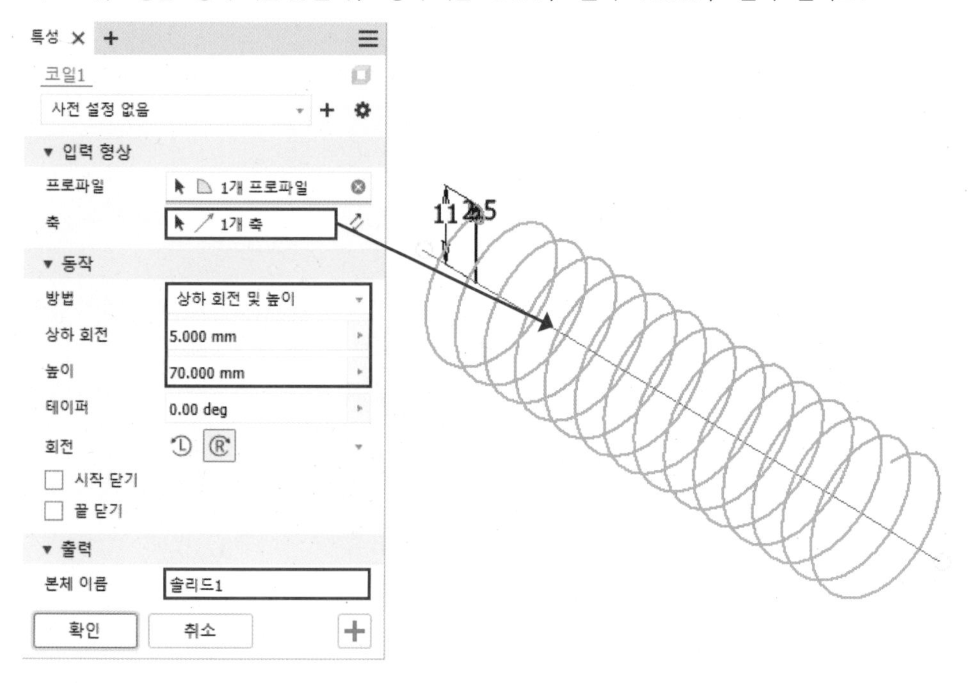

**03** 선택한 평면에 다음과 같이 스케치를 작성합니다.

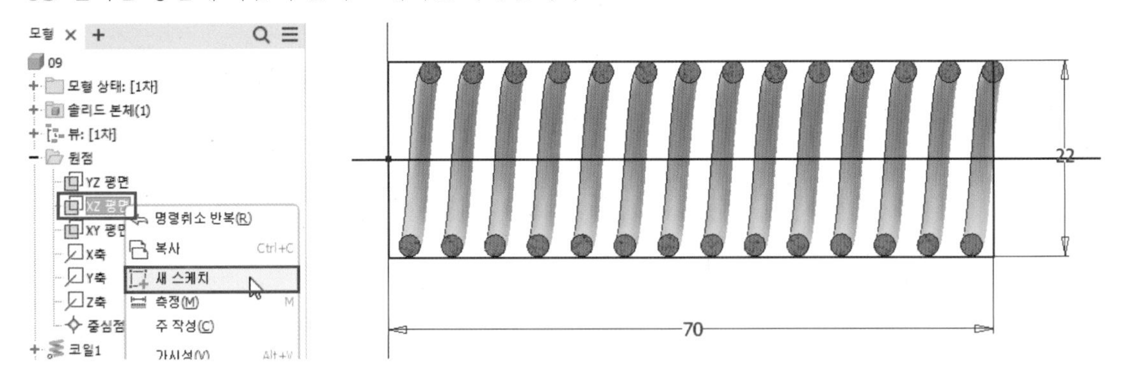


**04** [돌출] 명령을 실행하고 다음과 같이 옵션 및 거리를 입력하여 형상을 작성합니다.

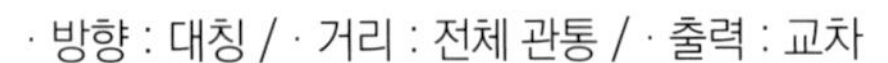


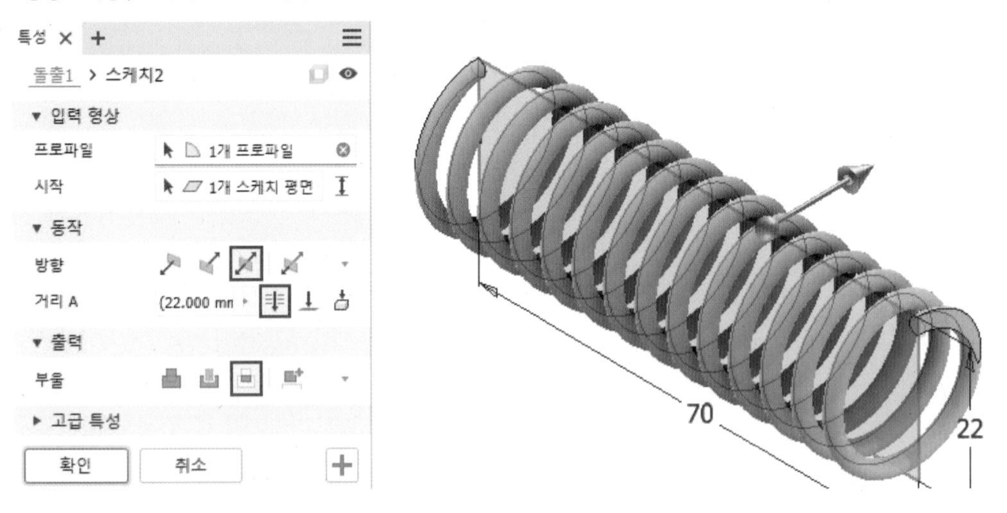


**05** 스프링 모델링이 완료되었습니다.

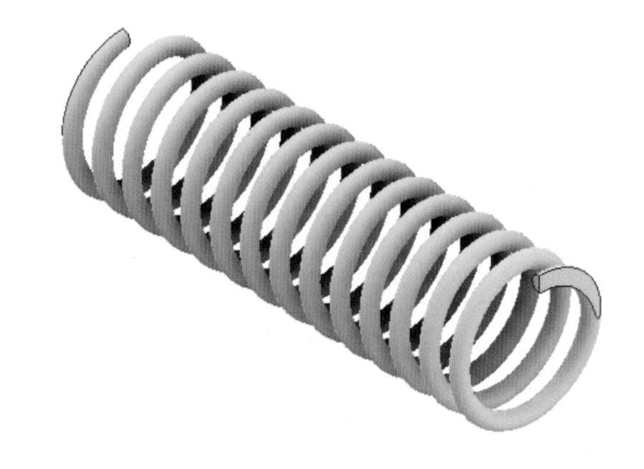

SECTION 02

# 육각머리볼트

## 01 예제 도면 및 학습 명령어

### 1 예제 도면

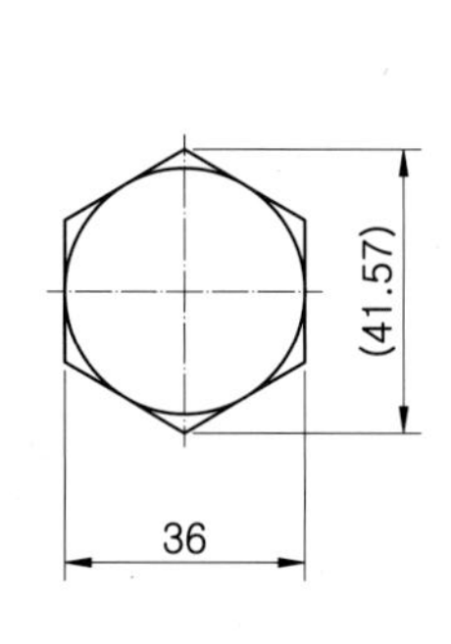


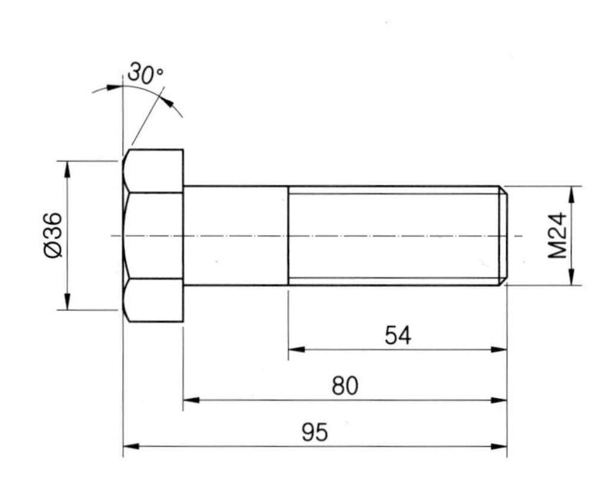


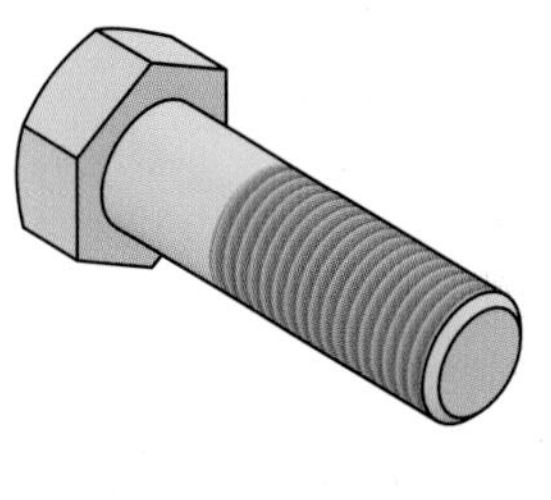

**학습 명령어**

- **스케치 :** 폴리곤 / 선 / 2점 직사각형
- **솔리드 :** 돌출 / 회전 / 스레드 / 모따기

### 2 모델링 순서

01 → 02

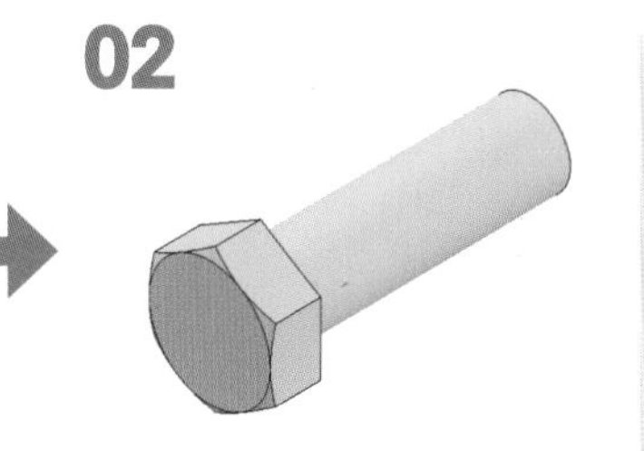

→ 03

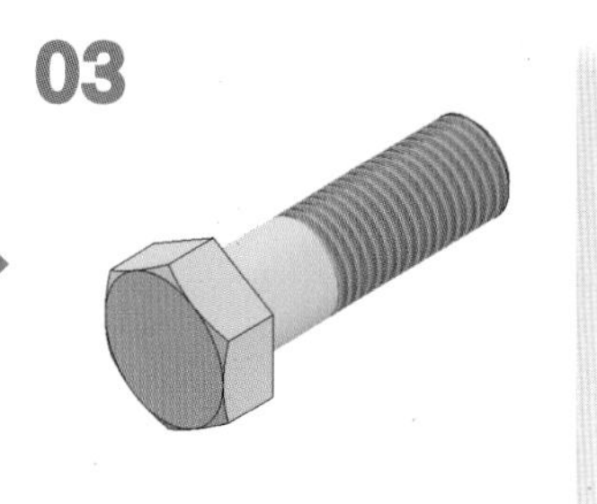

## 02 모델링 실습

01 정면도에 해당하는 XZ 평면에 다음과 같은 스케치를 작성합니다. (어느 평면에 작업하셔도 무방합니다.)

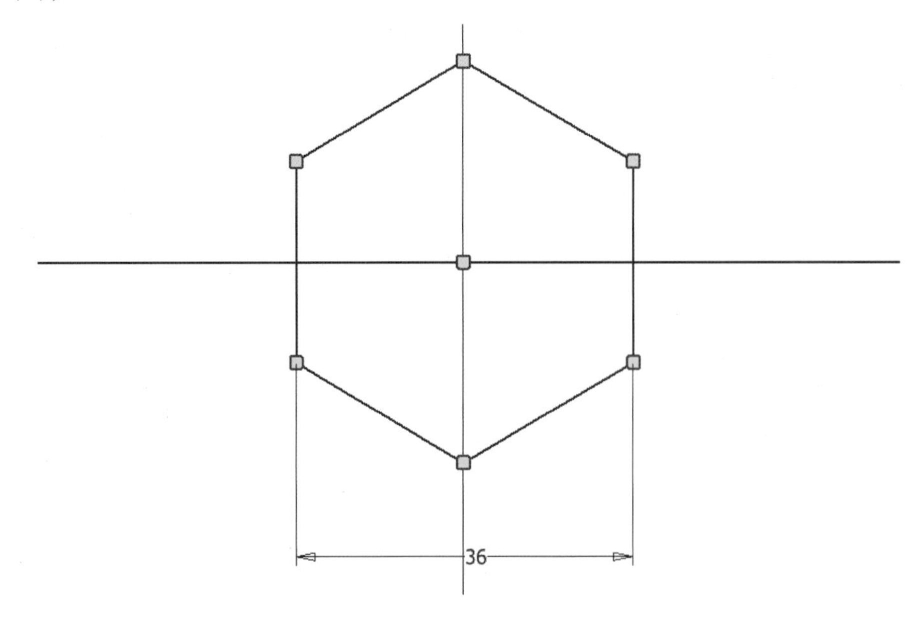


02 [돌출] 명령을 실행하고 다음과 같이 옵션 및 거리를 입력하여 형상을 작성합니다.

· 방향 : 기본값(기본 방향) / · 거리 : 15mm / · 출력 : 솔리드1

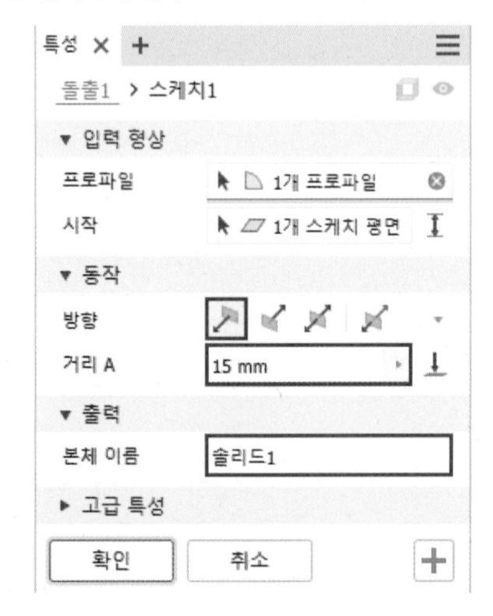


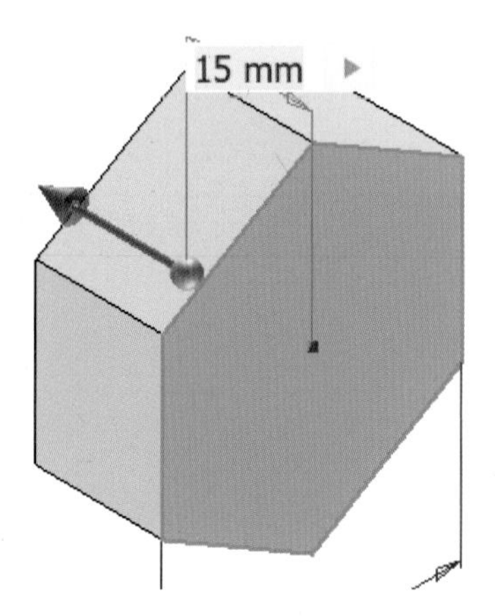

## 03 선택한 평면에 다음과 같이 스케치를 작성합니다.

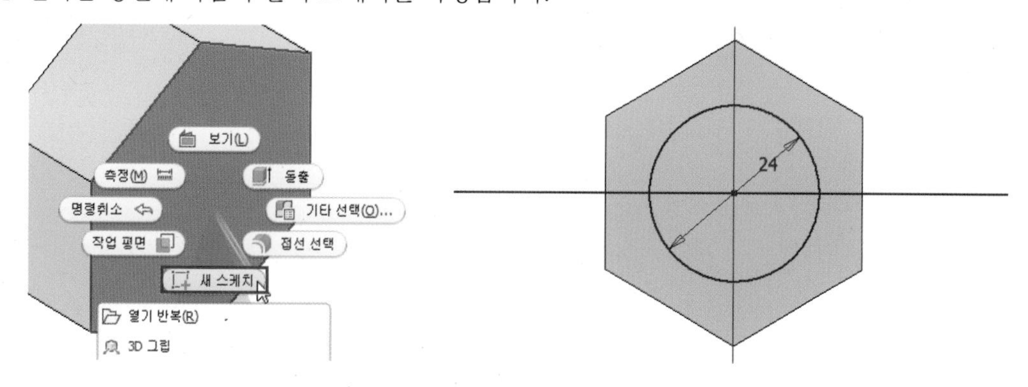


## 04 [돌출] 명령을 실행하고 다음과 같이 옵션 및 거리를 입력하여 형상을 작성합니다.

· 방향 : 기본값(기본 방향) / · 거리 : 80mm / · 출력 : 접합

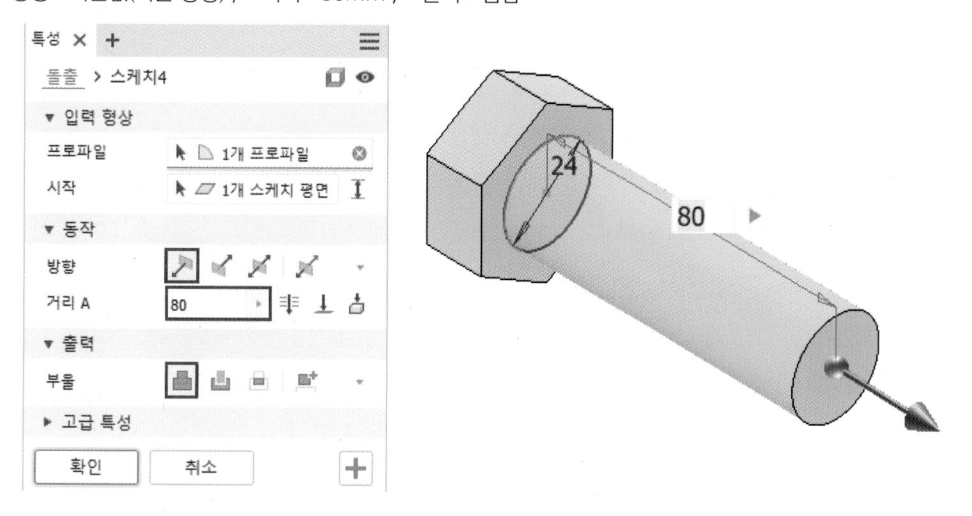


## 05 선택한 평면에 다음과 같이 스케치를 작성합니다.

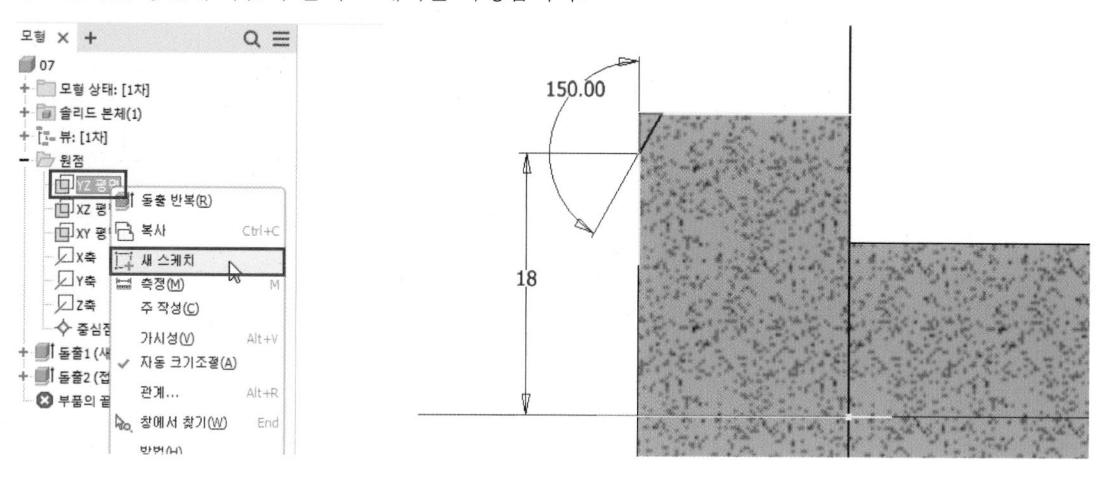

**06** [회전] 명령을 실행하고 다음과 같이 옵션 및 거리를 입력하여 형상을 작성합니다.

· 방향 : 반전 / · 각도 : 전체 / · 출력 : 절단

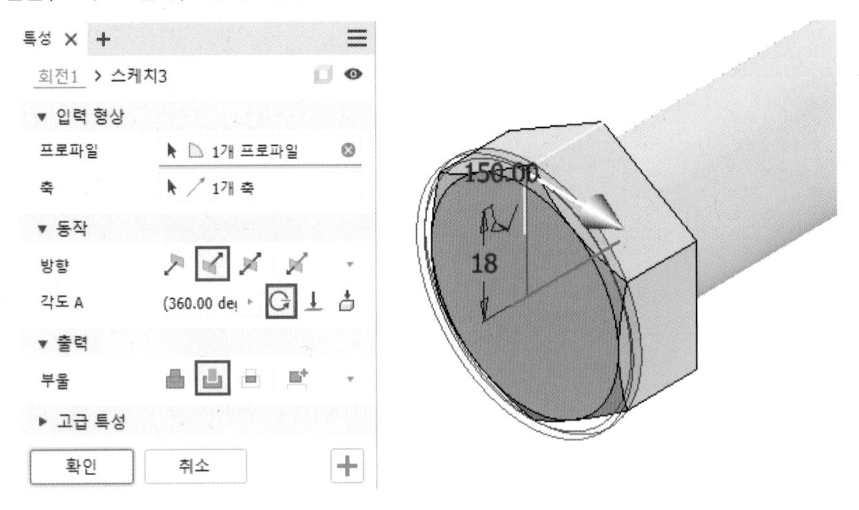


**07** [스레드] 명령을 실행하고 다음과 같이 옵션 및 거리를 입력하여 형상을 작성합니다.

· 유형 : ISO Metric profile / · 크기 : 24 / · 지정 : M24x3 / · 깊이 : 54mm

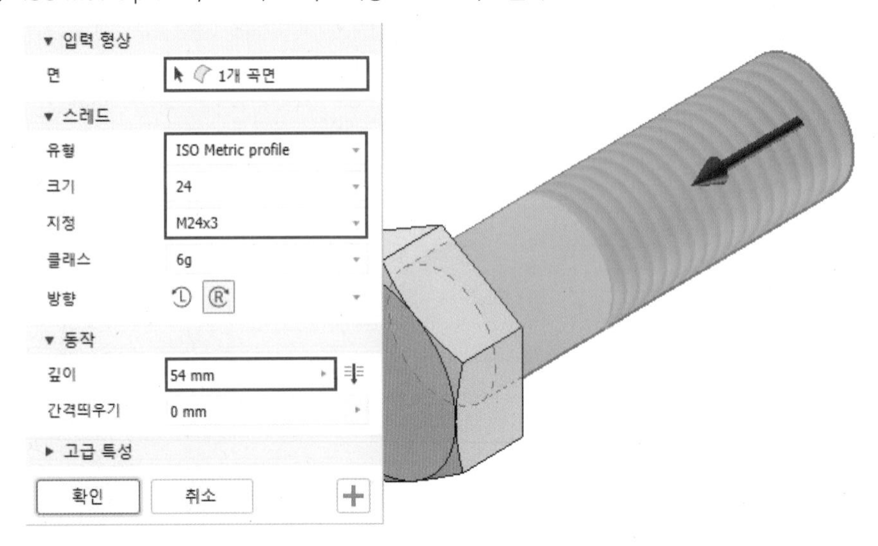

**08** [모따기] 명령을 실행하고 선택한 모서리에 2mm의 모따기를 작성합니다.

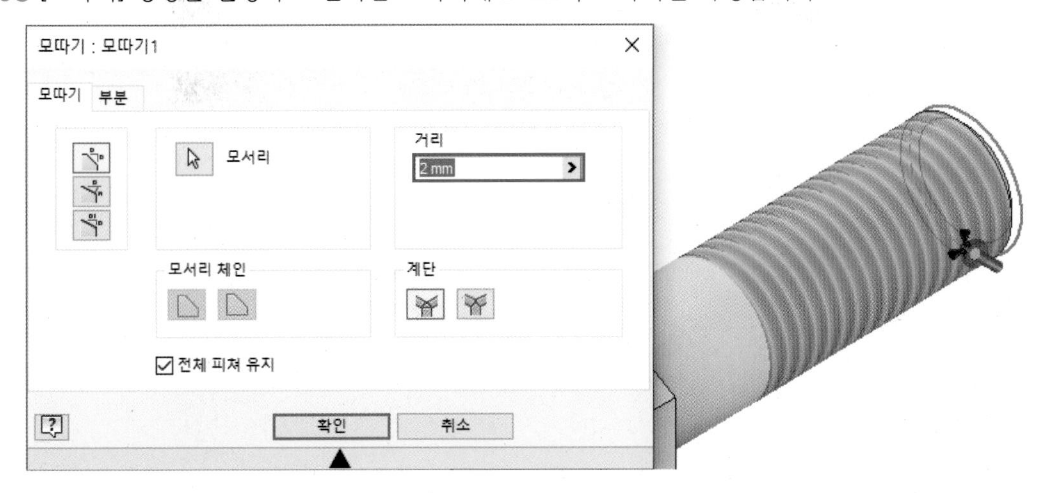


**09** 육각머리볼트 모델링이 완료되었습니다.

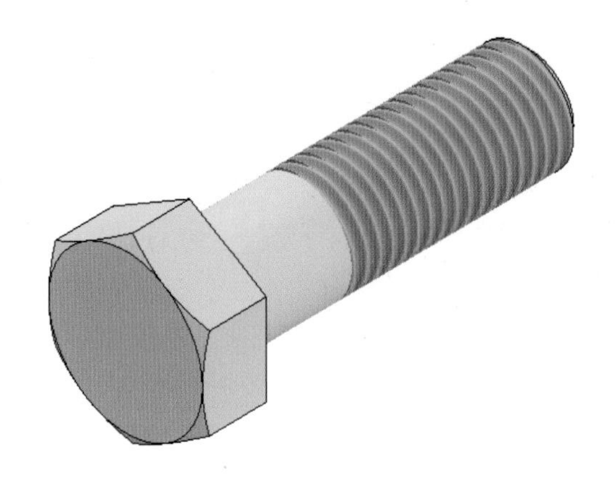

SECTION 03

# 샤프트

## 01 예제 도면 및 학습 명령어

### 1 예제 도면

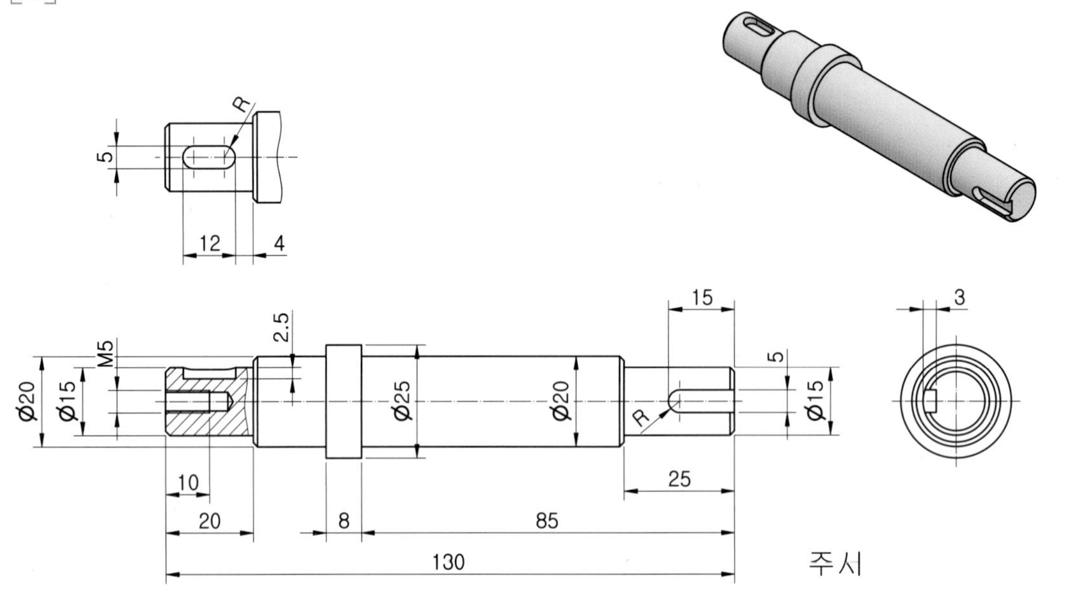


주시

도시되고 지시없는 모따기 C1

### 학습 명령어

- **스케치 :** 선 / 중심 대 중심 슬롯 / 2점 직사각형
- **솔리드 :** 회전 / 돌출 / 모깎기 / 모따기 /  구멍

## 2 모델링 순서

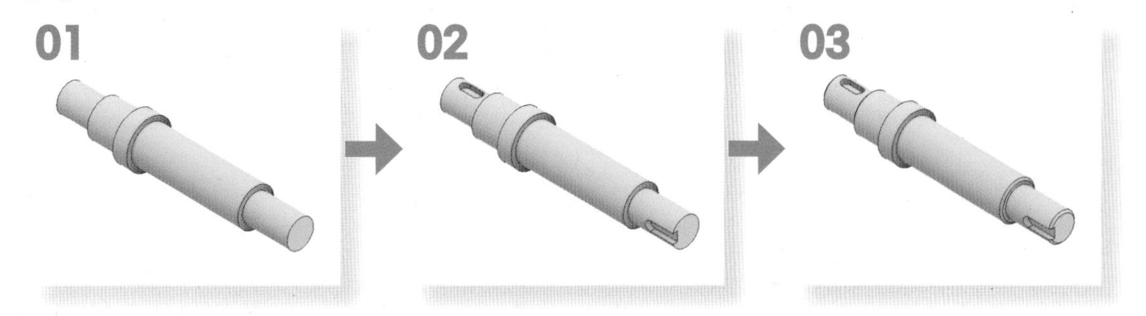


# 02 모델링 실습

01 정면도에 해당하는 XZ 평면에 다음과 같은 스케치를 작성합니다. (어느 평면에 작업하셔도 무방합니다.)

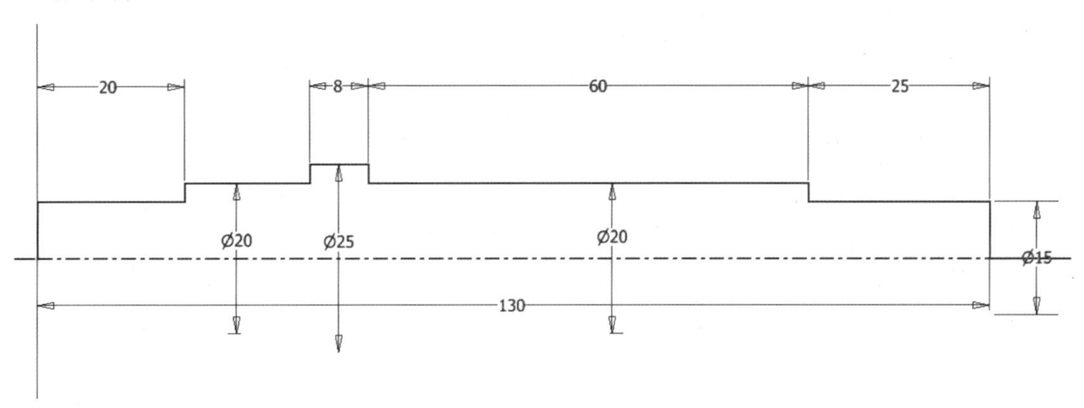


**TIP**

[2점 직사각형] 명령을 이용하여 스케치를 작성하는 방법도 있습니다.

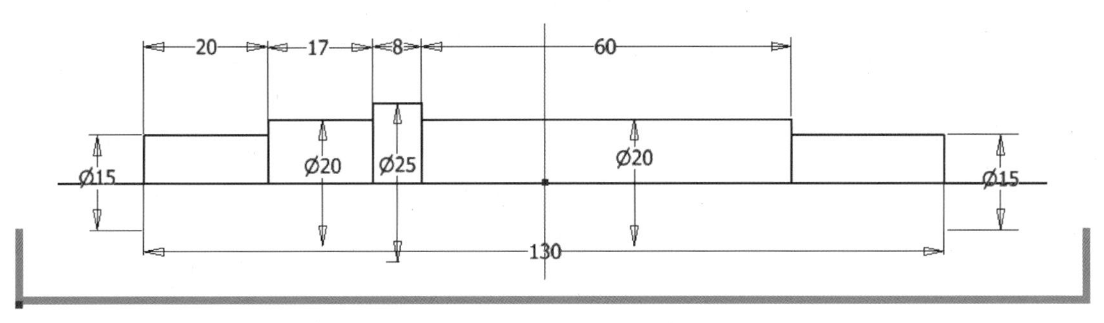

**02** [회전] 명령을 실행하고 다음과 같이 옵션 및 거리를 입력하여 형상을 작성합니다.

· 방향 : 기본 값(기본 방향) / · 각도 : 전체 / · 출력 : 솔리드1

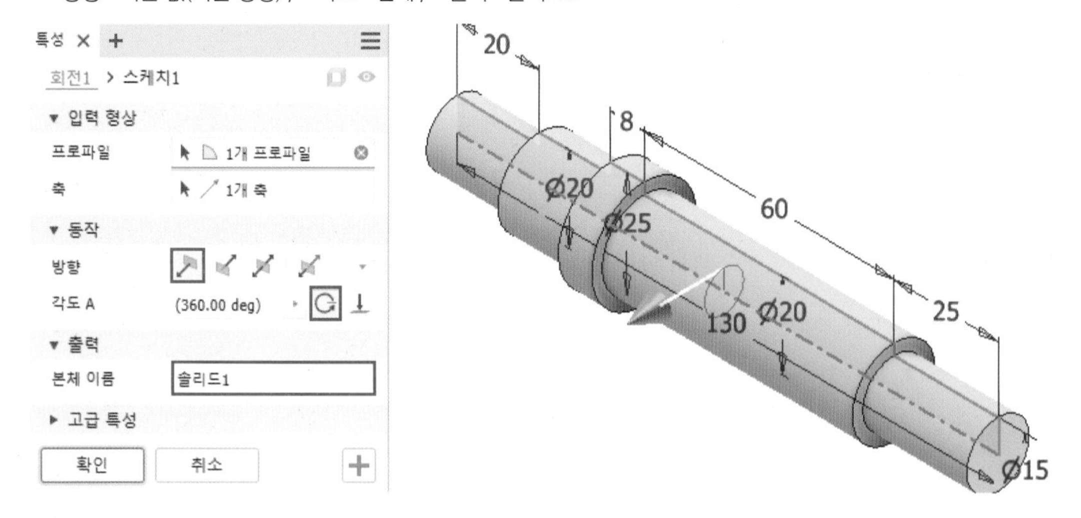


**03** [곡면에 접하고 평면에 평행] 명령을 실행하고 다음과 같이 곡면과 XZ 평면을 클릭하여 작업 평면을 작성합니다.

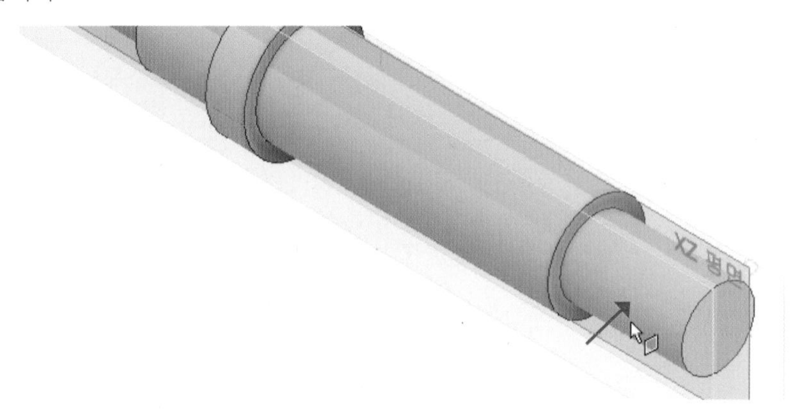


**04** 선택한 평면에 다음과 같이 스케치를 작성합니다.

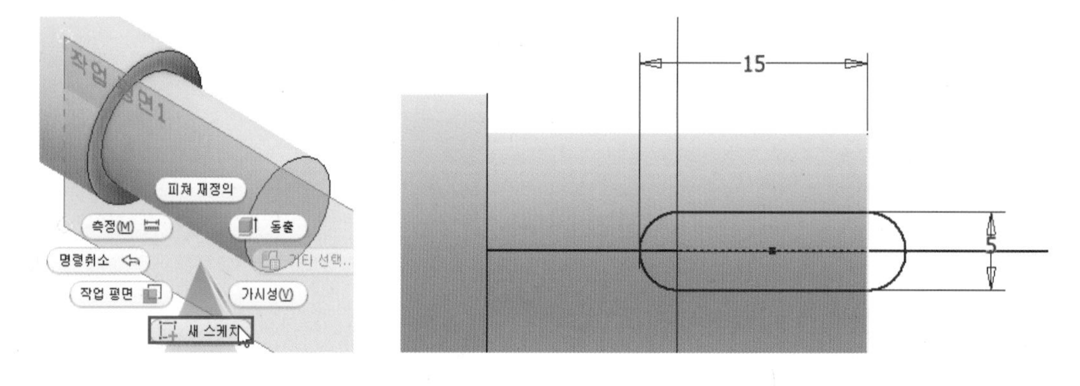

**05** [돌출] 명령을 실행하고 다음과 같이 옵션 및 거리를 입력하여 형상을 작성합니다.

· 방향 : 반전 / · 거리 : 3mm / · 출력 : 절단

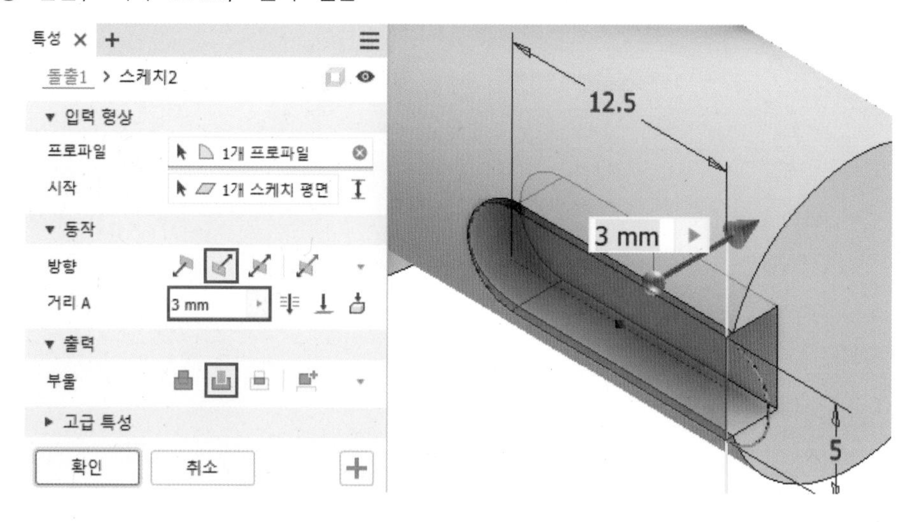


**06** 선택한 평면에 다음과 같이 스케치를 작성합니다.

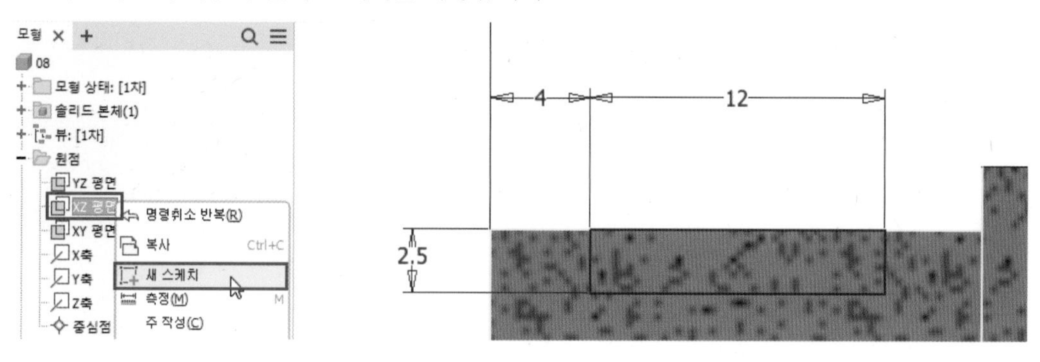


**07** [돌출] 명령을 실행하고 다음과 같이 옵션 및 거리를 입력하여 형상을 작성합니다.

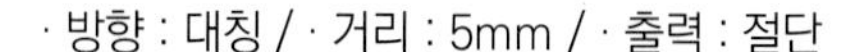

· 방향 : 대칭 / · 거리 : 5mm / · 출력 : 절단

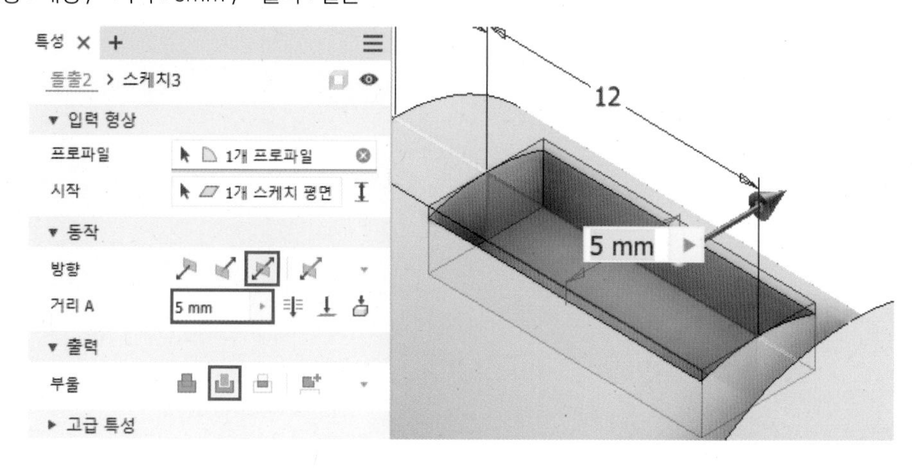

08 [모깎기] 명령을 실행하고 다음과 같이 선택한 모서리에 2.5mm의 모깎기를 작성합니다.

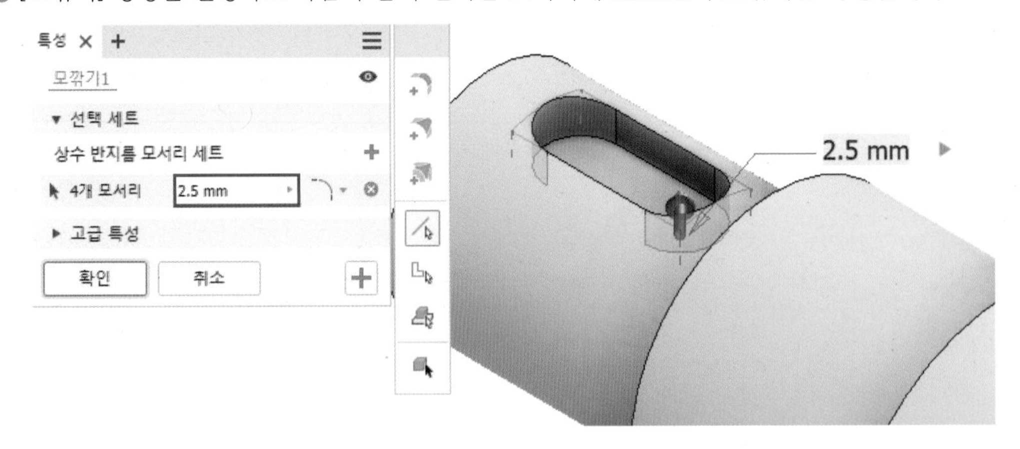


09 [모따기] 명령을 실행하고 선택한 모서리에 1mm의 모따기를 작성합니다.

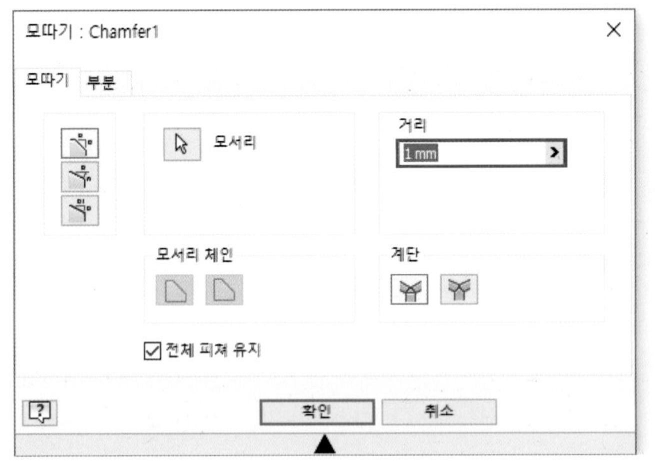


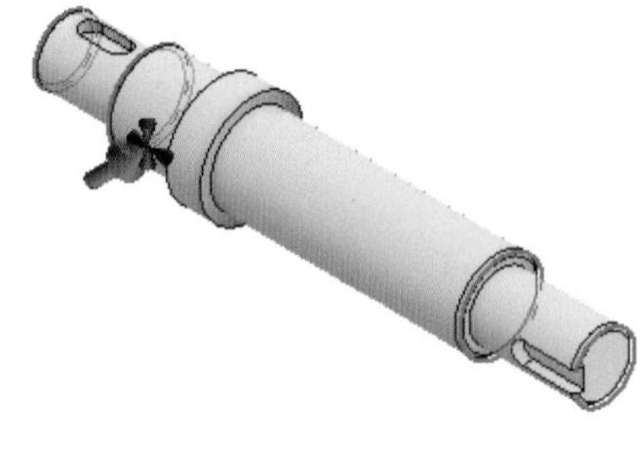

10 [구멍] 명령을 실행하고 다음과 같이 옵션 및 크기를 입력하여 형상을 작성합니다.

· 구멍 유형 : 탭 구멍 / · 시트 : 없음 / · 유형 : ISO Metric profile / · 크기 : 5 / · 지정 : M5x0.8

· 종료 : 거리 / · 방향 : 기본값 / · 스레드 깊이 : 10mm / · 구멍 깊이 : 14.2mm

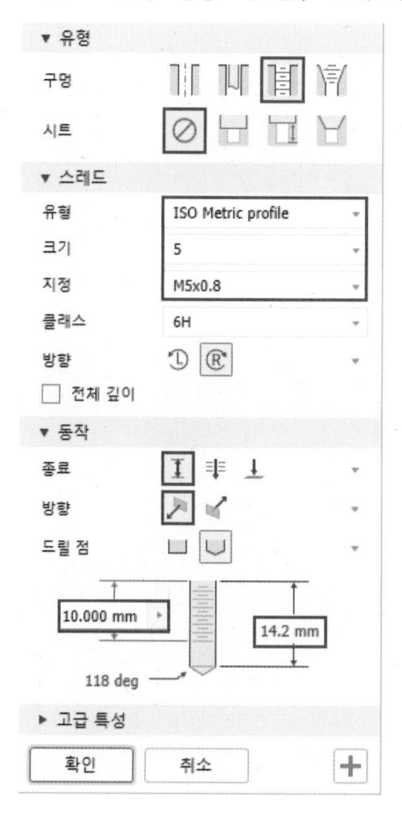

11 샤프트 모델링이 완료되었습니다.

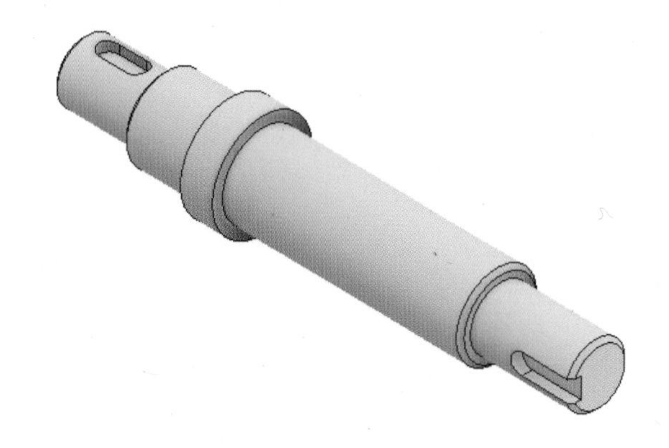

SECTION

# 04 커버

## 01 예제 도면 및 학습 명령어

### 1 예제 도면

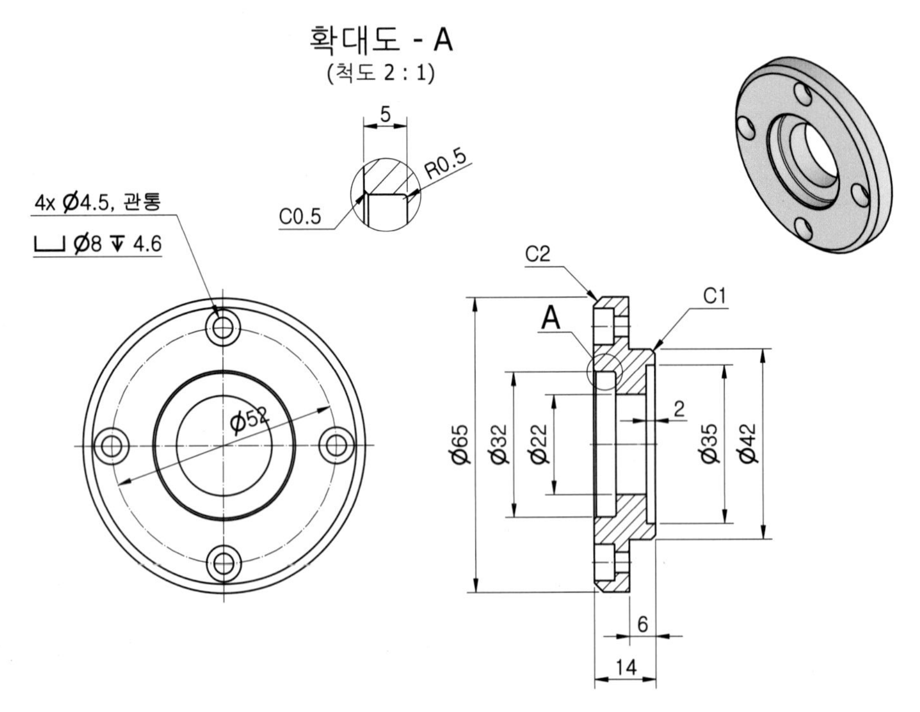


**학습 명령어**

- **스케치 :** 선 2점 직사각형
- **솔리드 :** 회전 구멍 원형 패턴 모깎기 모따기

## 2 모델링 순서

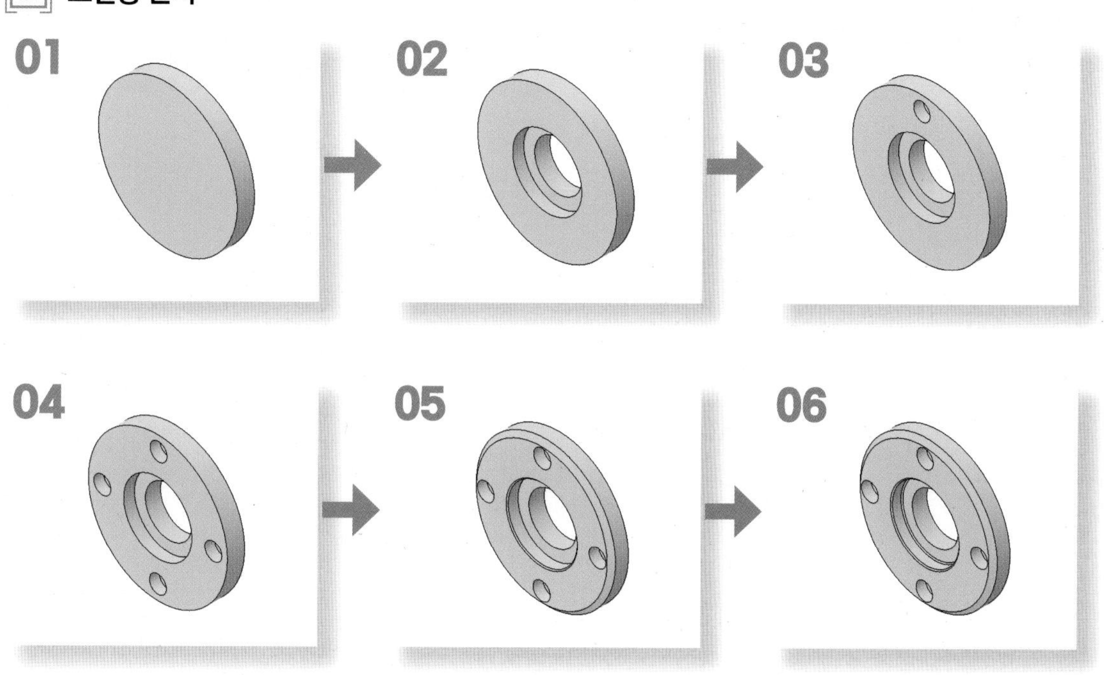


# 02 모델링 실습

01 정면도에 해당하는 XZ 평면에 다음과 같은 스케치를 작성합니다. (어느 평면에 작업하셔도 무방합니다.)

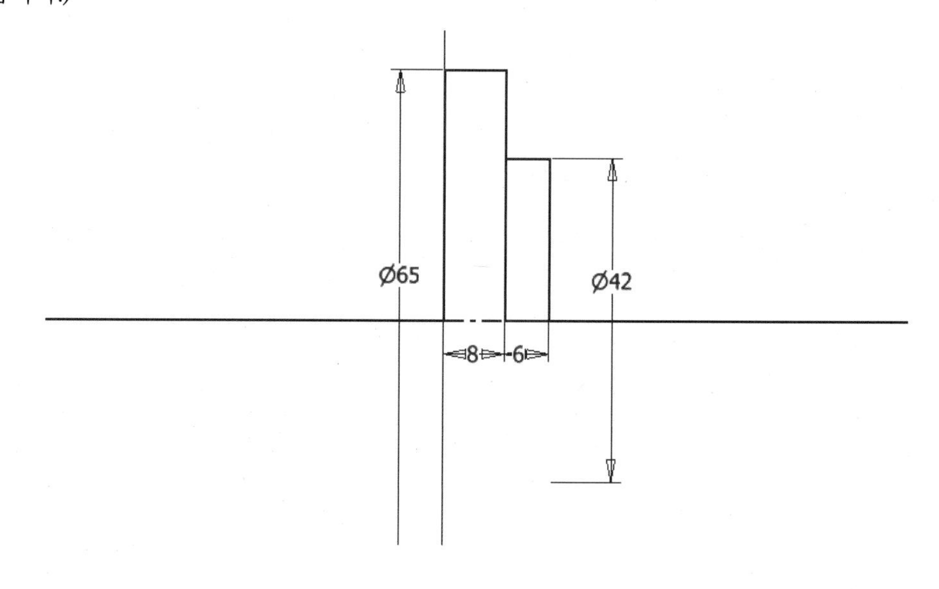

02 [회전] 명령을 실행하고 다음과 같이 옵션 및 거리를 입력하여 형상을 작성합니다.

· 방향 : 기본 값(기본 방향) / · 각도 : 전체 / · 출력 : 솔리드1

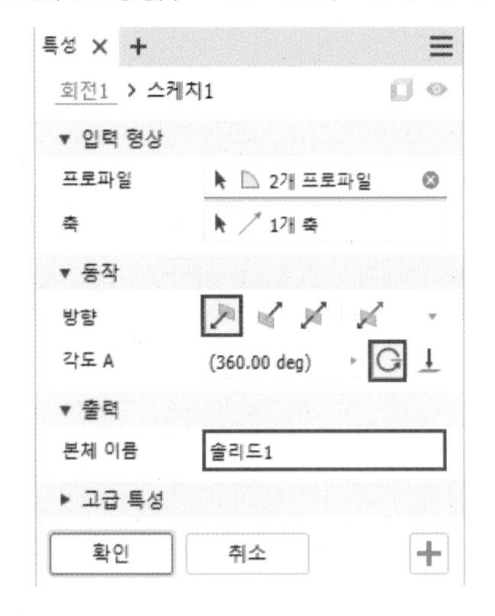


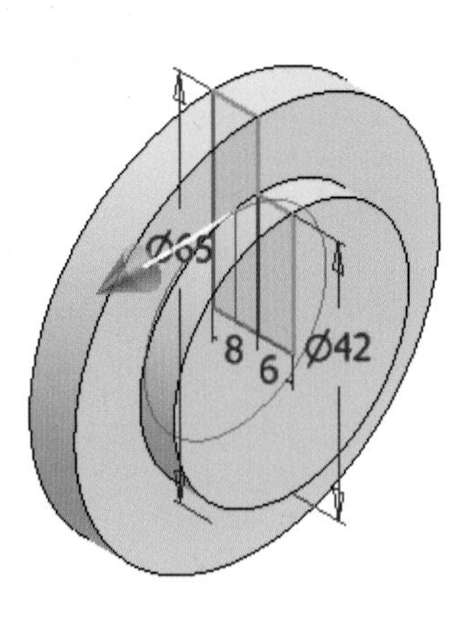


03 선택한 평면에 다음과 같이 스케치를 작성합니다.

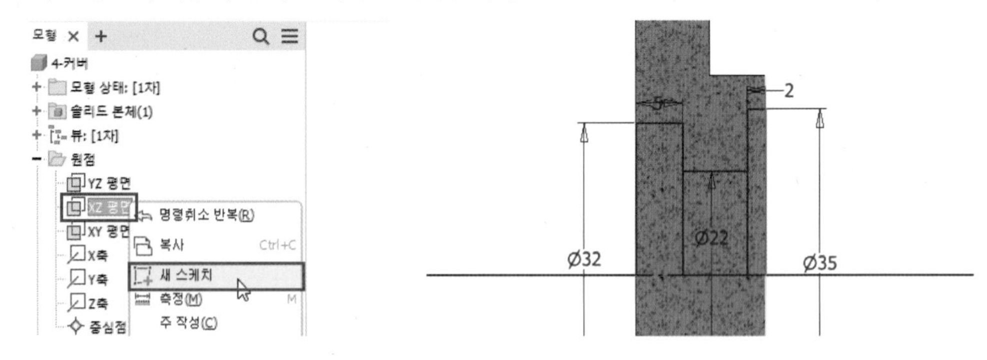


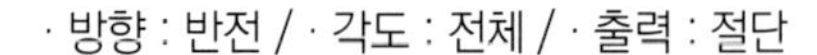

04 [회전] 명령을 실행하고 다음과 같이 옵션 및 거리를 입력하여 형상을 작성합니다.

· 방향 : 반전 / · 각도 : 전체 / · 출력 : 절단

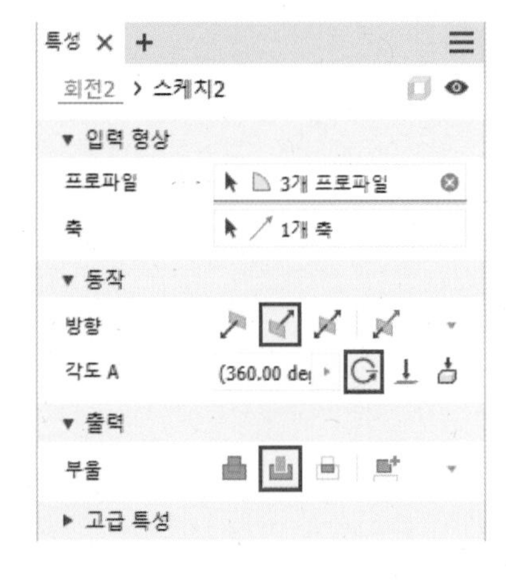


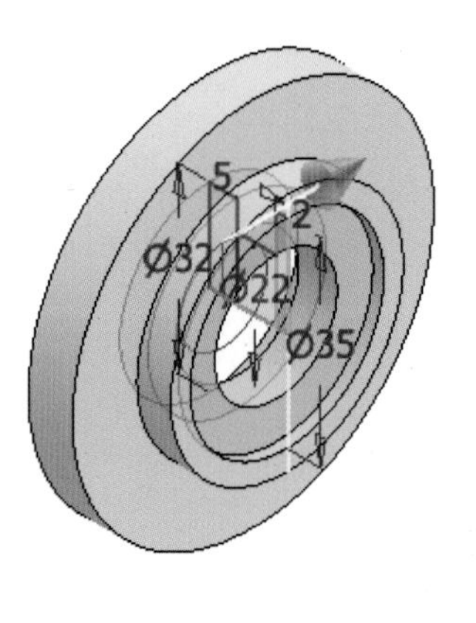

**05** 선택한 평면에 다음과 같이 스케치를 작성합니다.

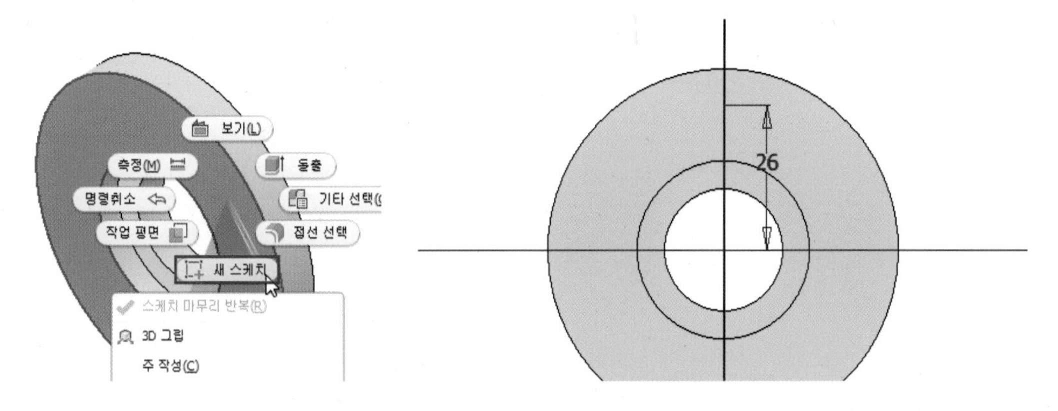


**06** [구멍] 명령을 실행하고 다음과 같이 옵션 및 크기를 입력하여 형상을 작성합니다.

· 구멍 유형 : 틈새 구멍 / · 시트 : 카운터보어 / · 종료 : 전체 관통 / · 방향 : 기본값 / · 구멍 지름 : 4.5mm

· 조임쇠 표준 : ISO / · 조임쇠 유형 : Socket Head Cap Screw ISO 4762 / · 크기 : M4 / · 맞춤 : 표준

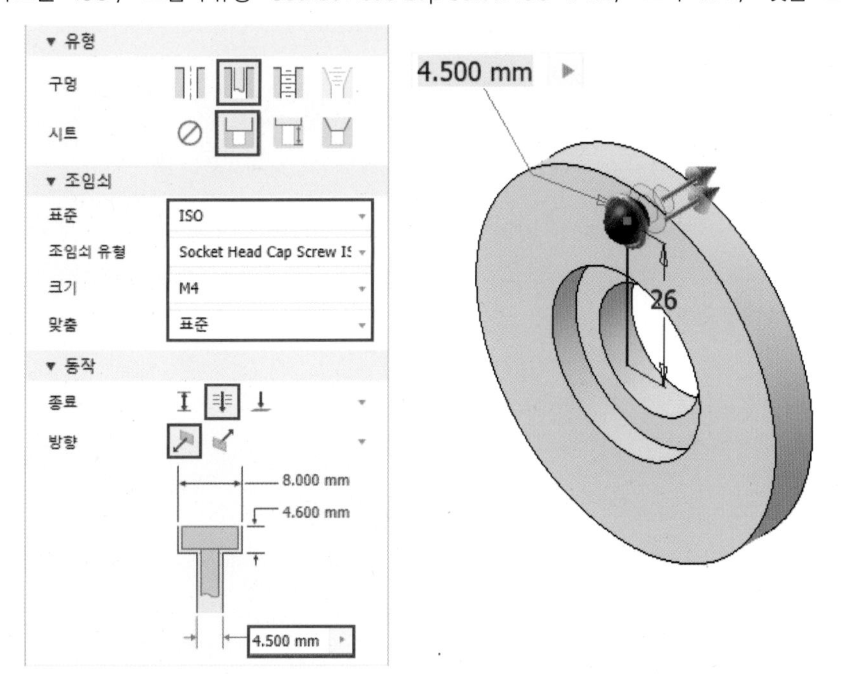

**07** [원형 패턴] 명령을 실행하고 다음과 같이 옵션 및 거리를 입력하여 형상을 작성합니다.

· 피쳐 유형 : 개별 피처 패턴 / · 수량 : 4개 / · 각도 : 360도

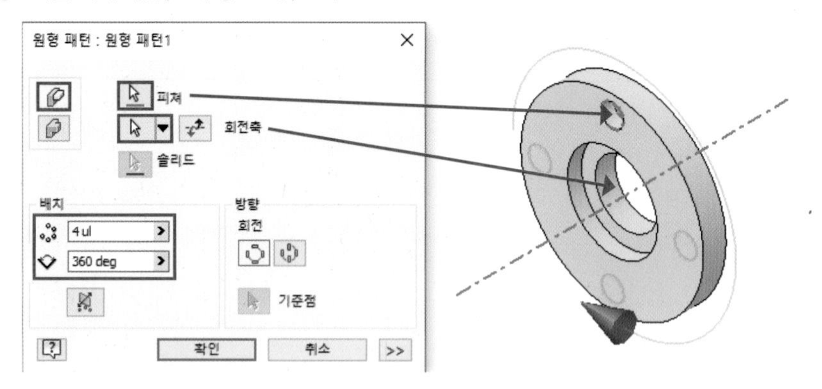


**08** [모따기] 명령을 실행하고 선택한 모서리에 2mm의 모따기를 작성합니다.

**09** [모따기] 명령을 실행하고 선택한 모서리에 1mm의 모따기를 작성합니다.

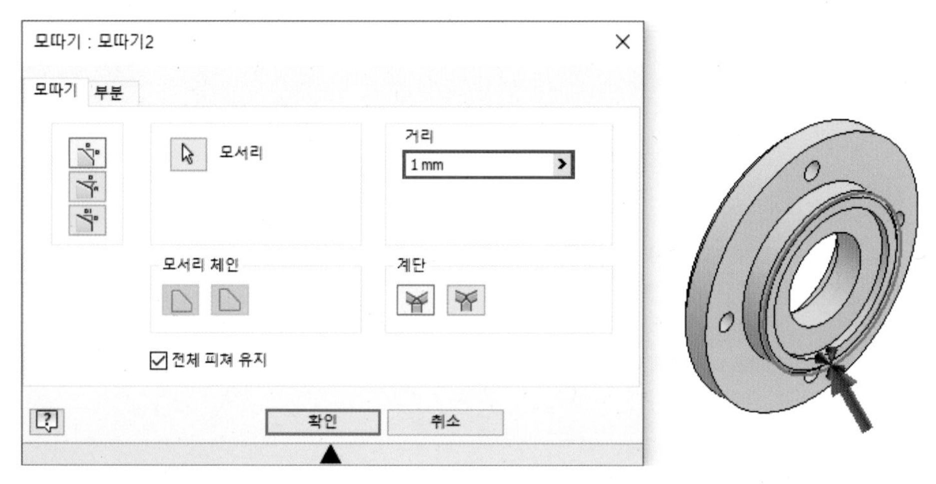

**10** [모따기] 명령을 실행하고 선택한 모서리에 0.5mm의 모따기를 작성합니다.

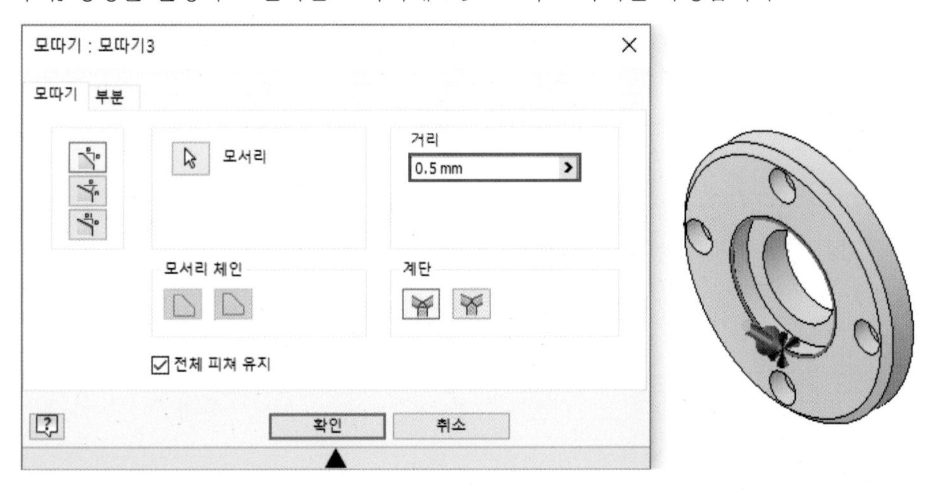


**11** [모깎기] 명령을 실행하고 다음과 같이 선택한 모서리에 0.5mm의 모깎기를 작성합니다.

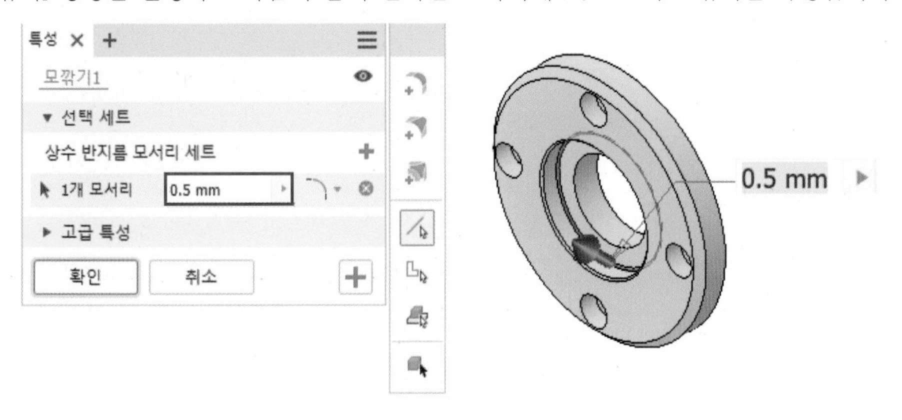


**12** 커버 모델링이 완료되었습니다.

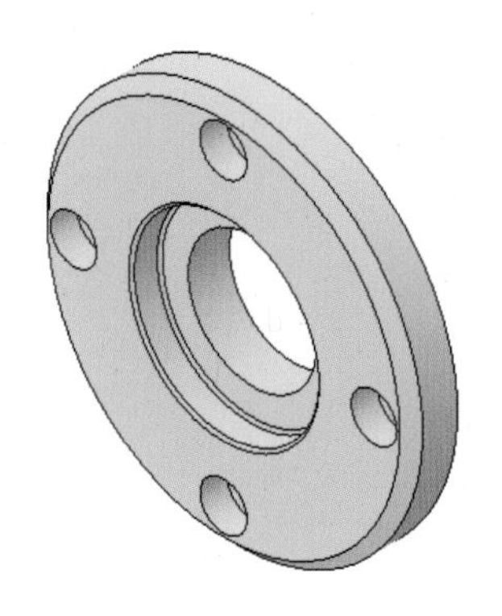

SECTION

# 05 브라켓

## 01 예제 도면 및 학습 명령어

### 1 예제 도면

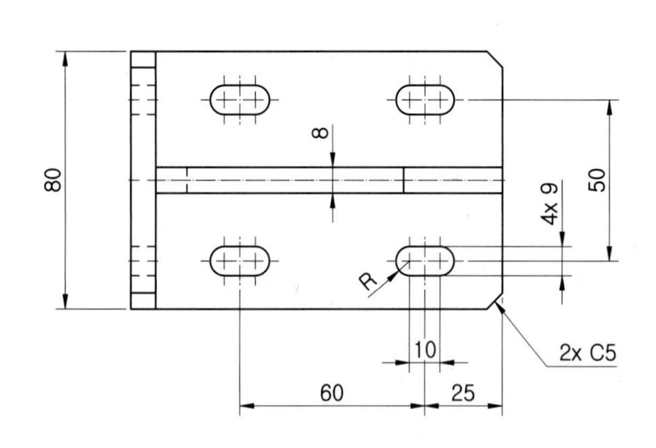


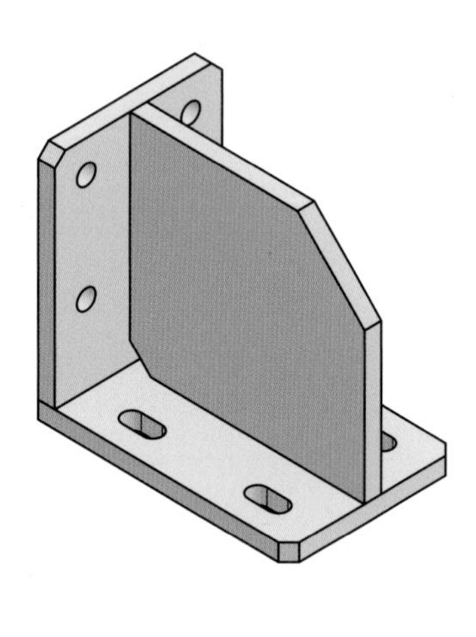

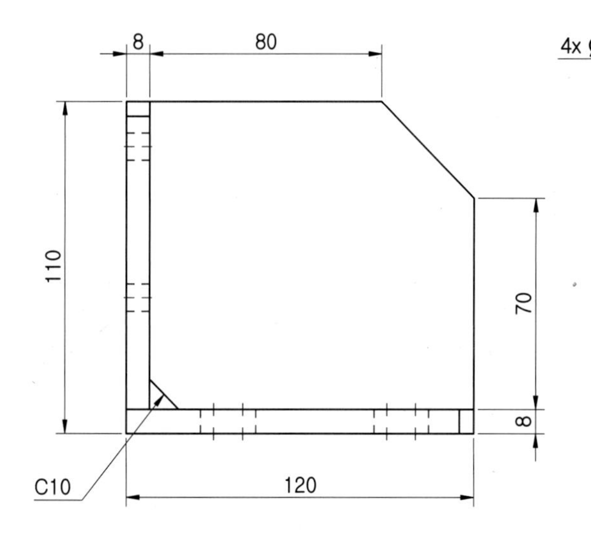


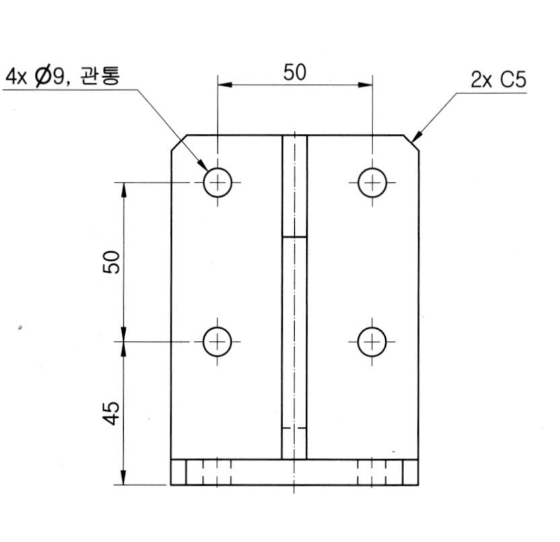

## 학습 명령어

- **스케치 :** 선 2점 직사각형 중심점 슬롯 점
- **솔리드 :** 돌출 모따기 직사각형 패턴 구멍

## 2 모델링 순서

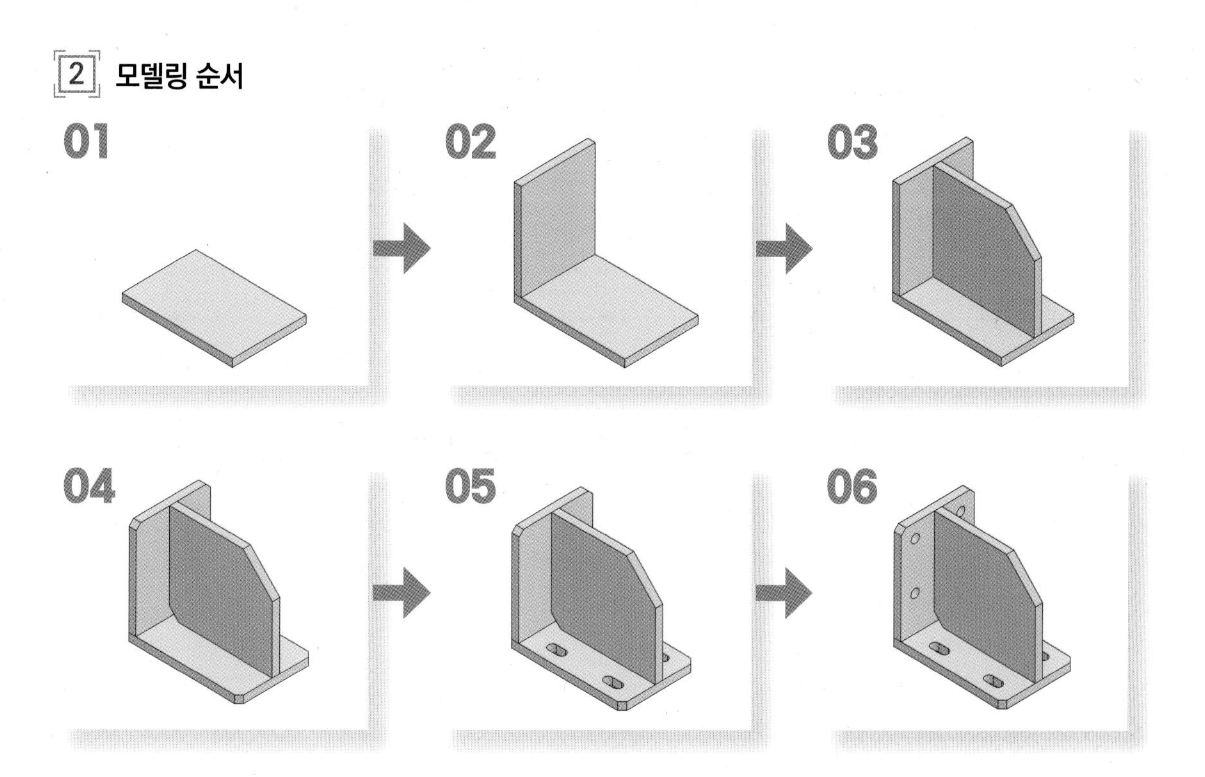

## 02 모델링 실습

**01** 정면도에 해당하는 XZ 평면에 다음과 같은 스케치를 작성합니다. (어느 평면에 작업하셔도 무방합니다.)

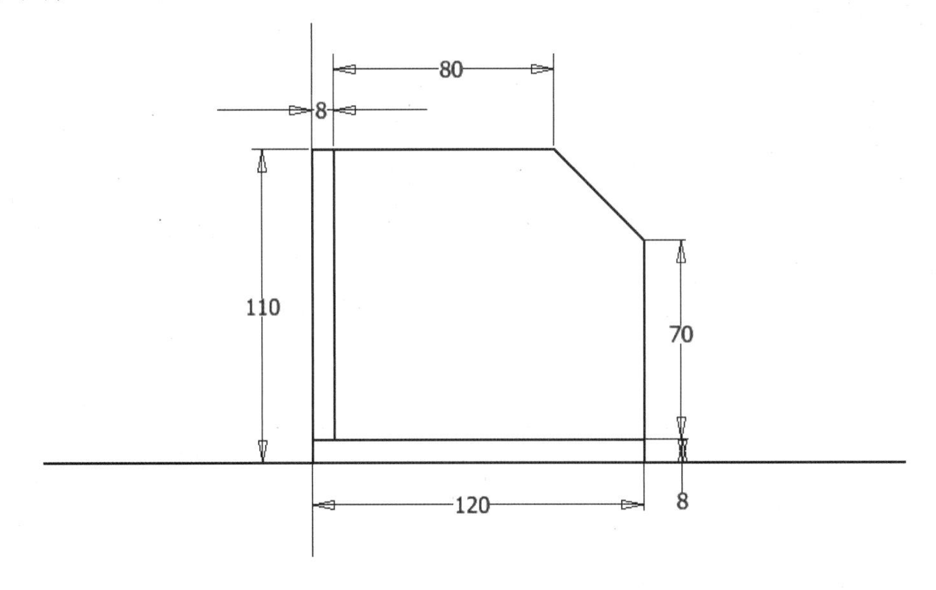


**02** [돌출] 명령을 실행하고 다음과 같이 옵션 및 거리를 입력하여 형상을 작성합니다.

· 방향 : 대칭 / · 거리 : 80mm / · 출력 : 솔리드1

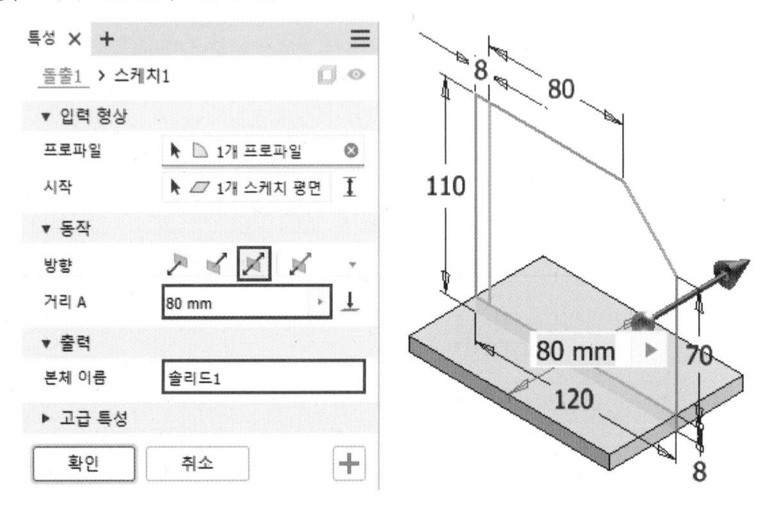

**03** 작성한 스케치를 다시 이용하기 위해 스케치1을 마우스 우측 버튼으로 클릭하여 [스케치 공유]를 클릭합니다.

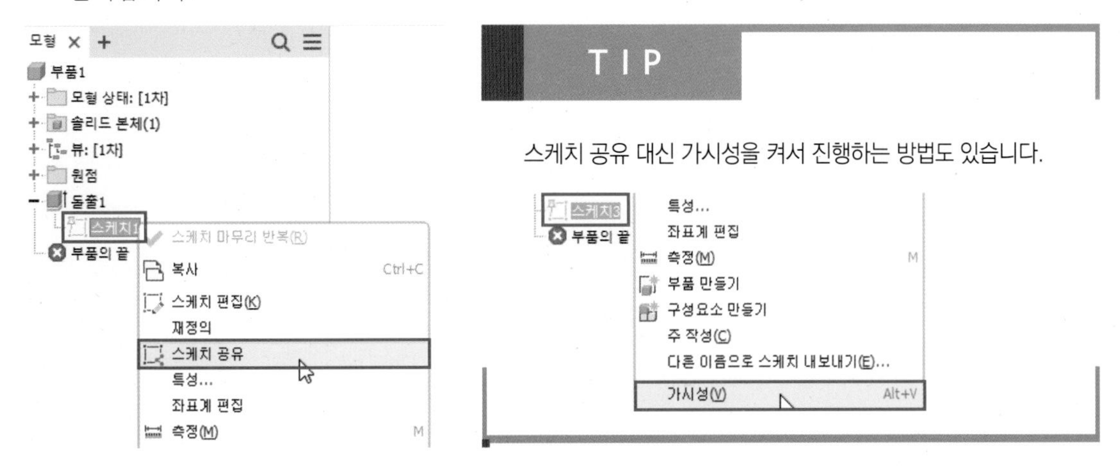


**04** [돌출] 명령을 실행하고 다음과 같이 옵션 및 거리를 입력하여 형상을 작성합니다.

· 방향 : 대칭 / · 거리 : 80mm / · 출력 : 새 솔리드

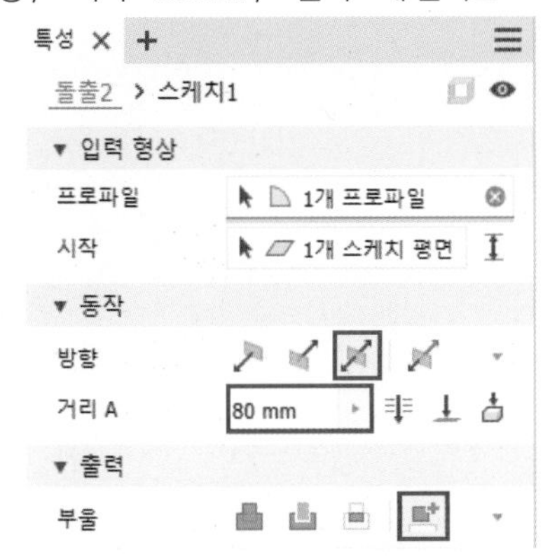


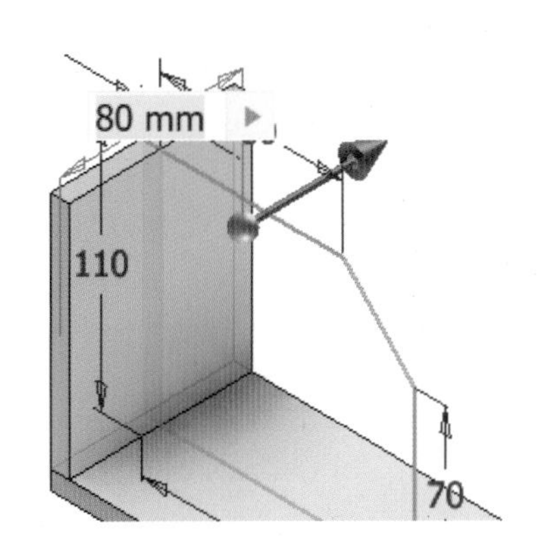


**05** [돌출] 명령을 실행하고 다음과 같이 옵션 및 거리를 입력하여 형상을 작성합니다.

· 방향 : 대칭 / · 거리 : 8mm / · 출력 : 새 솔리드

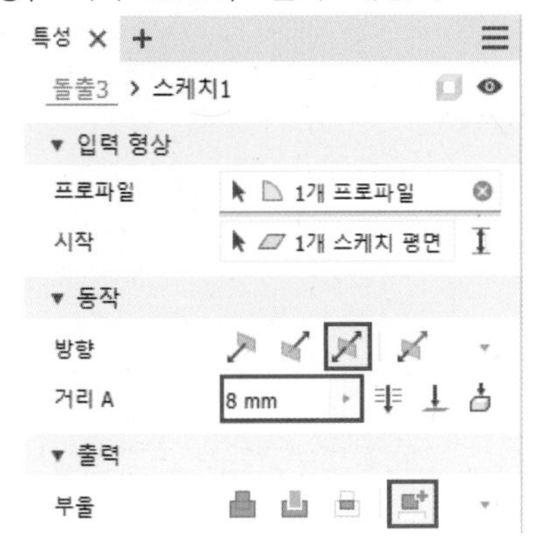


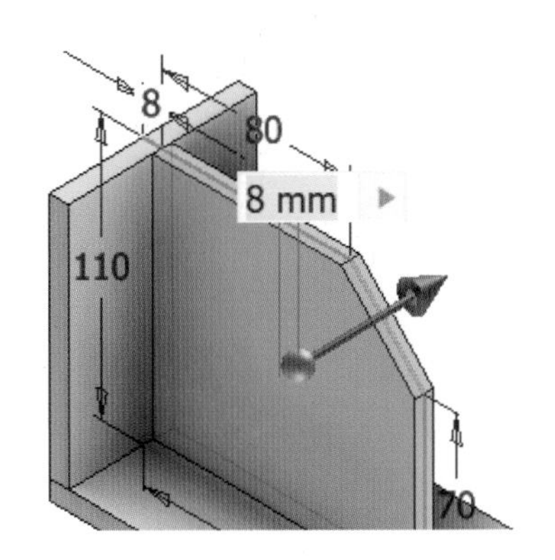

**06** [모따기] 명령을 실행하고 선택한 모서리에 5mm의 모따기를 작성합니다.

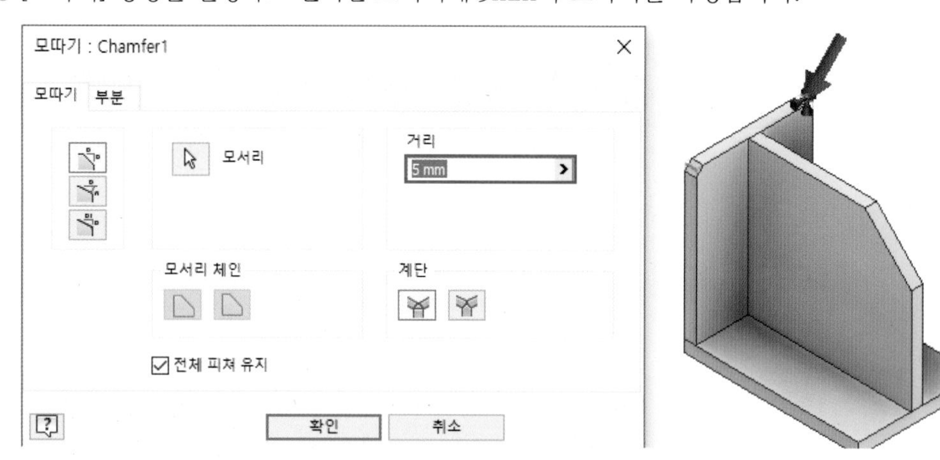


**07** [모따기] 명령을 실행하고 선택한 모서리에 5mm의 모따기를 작성합니다.

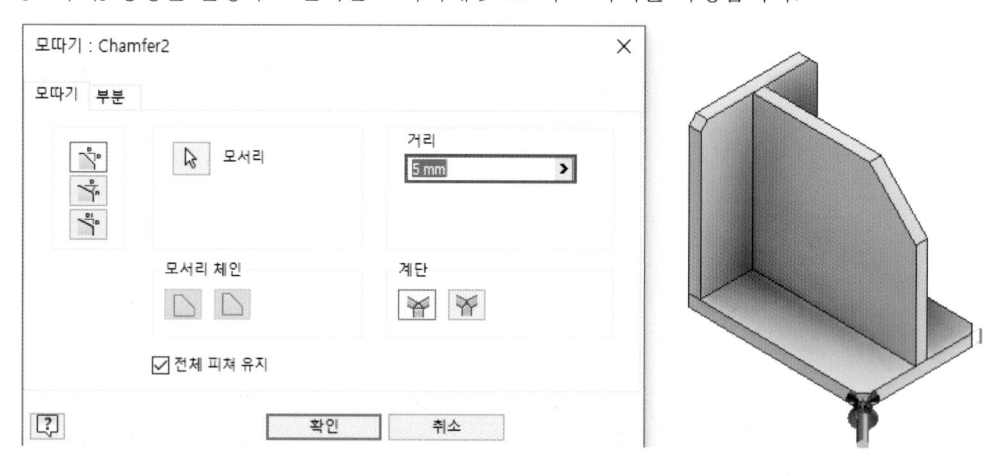


**08** [모따기] 명령을 실행하고 선택한 모서리에 10mm의 모따기를 작성합니다.

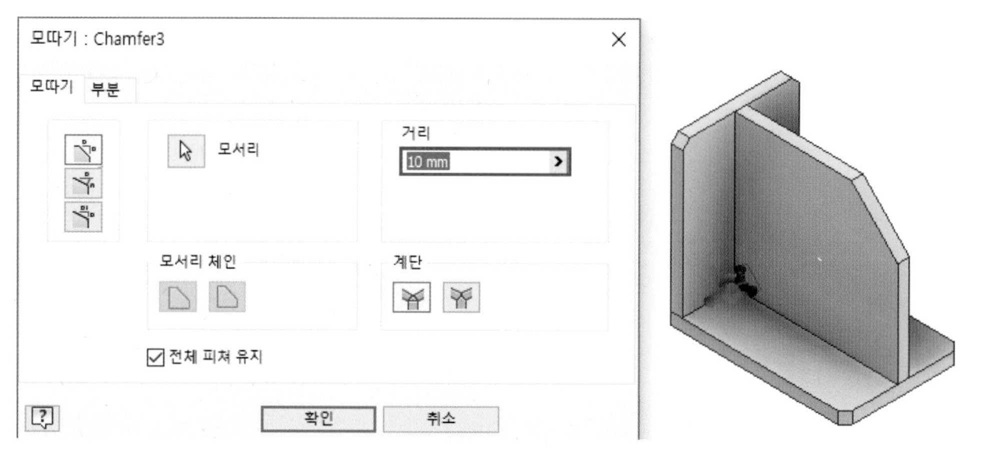

09 선택한 평면에 다음과 같이 스케치를 작성합니다.

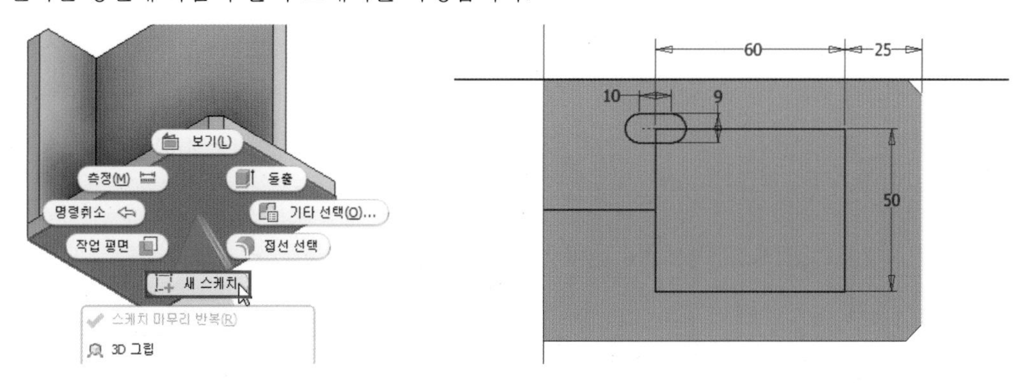


10 [돌출] 명령을 실행하고 다음과 같이 옵션 및 거리를 입력하여 형상을 작성합니다.

· 방향 : 반전 / · 거리 : 전체 관통 / · 출력 : 절단

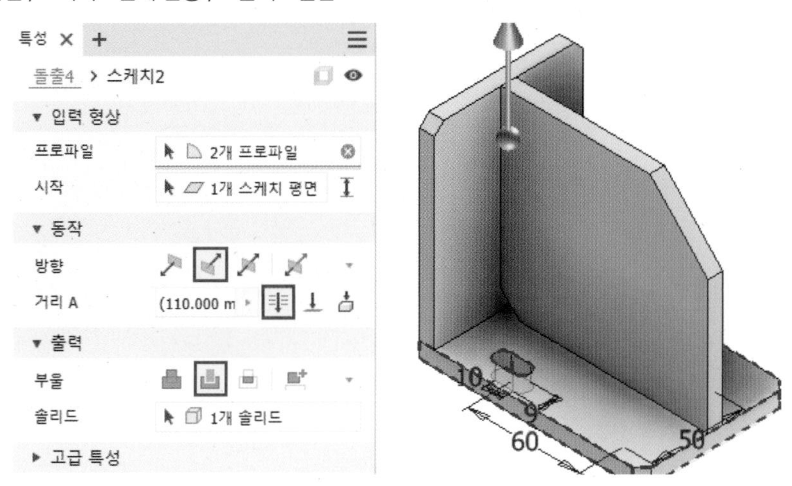


11 [직사각형 패턴] 명령을 실행하고 다음과 같이 옵션 및 거리를 입력하여 형상을 작성합니다.

· 피쳐 유형 : 개별 피쳐 패턴 / · 방향 1 수량 : 2개 / · 거리 : 60mm / · 방향 2 수량 : 2개 / · 거리 : 50mm

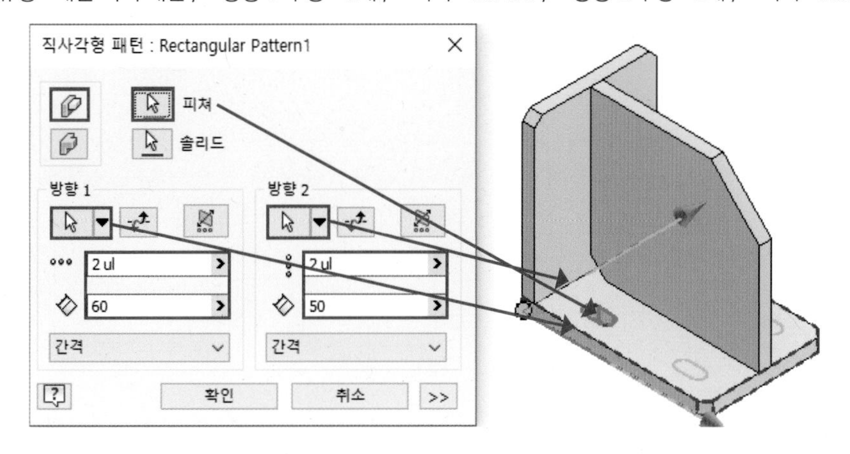

12 선택한 평면에 다음과 같이 스케치를 작성합니다.

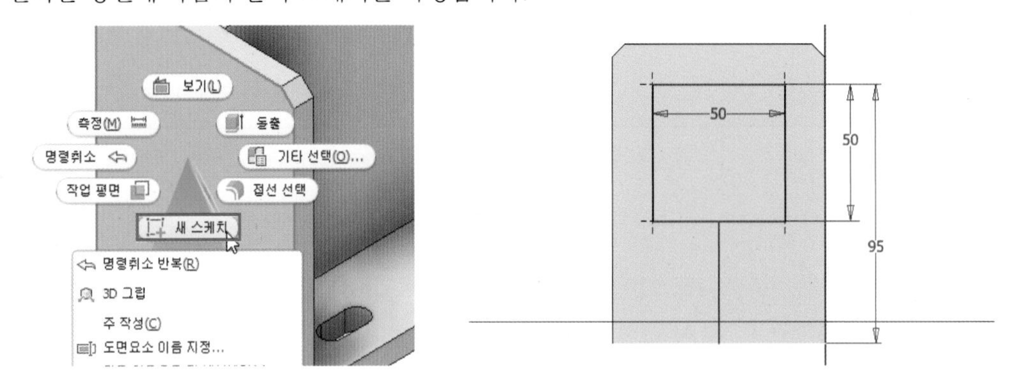


13 [구멍] 명령을 실행하고 다음과 같이 옵션 및 크기를 입력하여 형상을 작성합니다.

· 구멍 유형 : 단순 구멍 / · 시트 : 없음 / · 종료 : 전체 관통 / · 방향 : 기본값 / · 구멍 지름 : 9mm

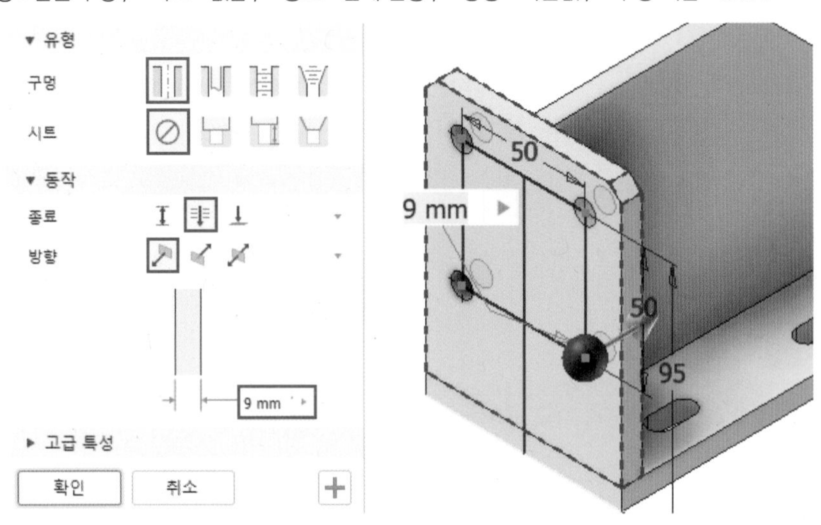


14 브라켓 모델링이 완료되었습니다.

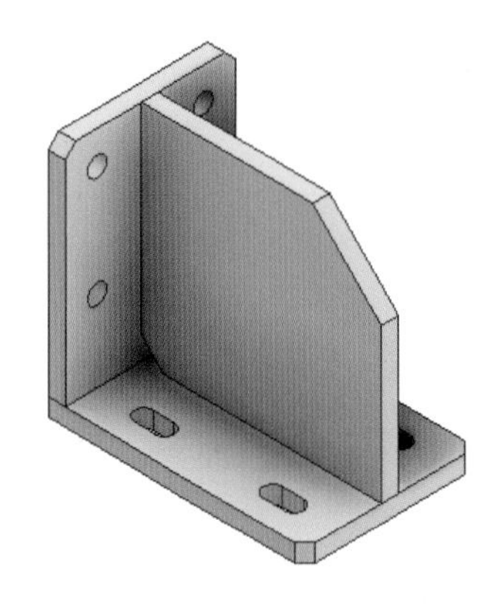

SECTION 06

# 파이프 브라켓

## 01 예제 도면 및 학습 명령어

### 1 예제 도면

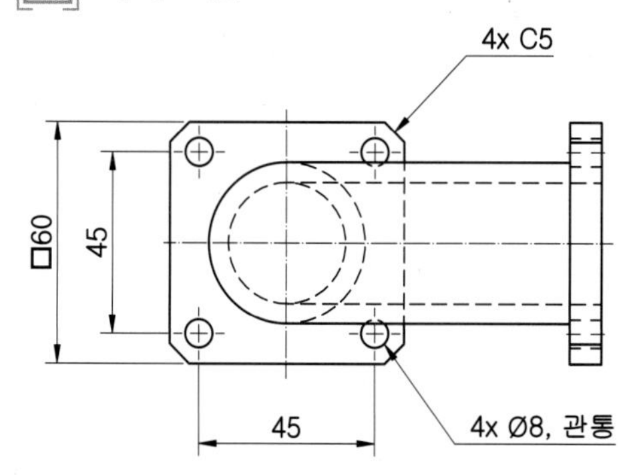


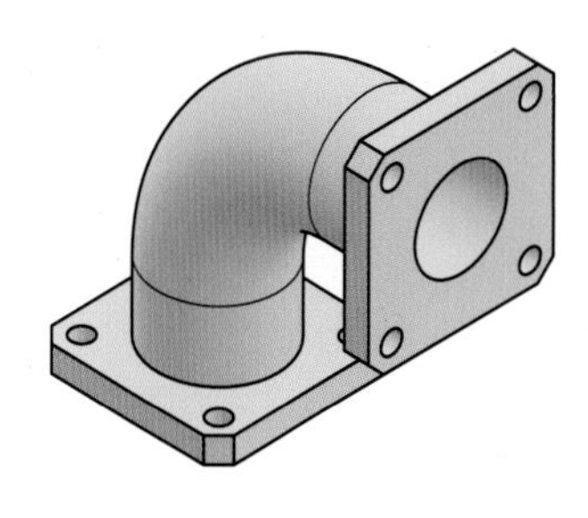

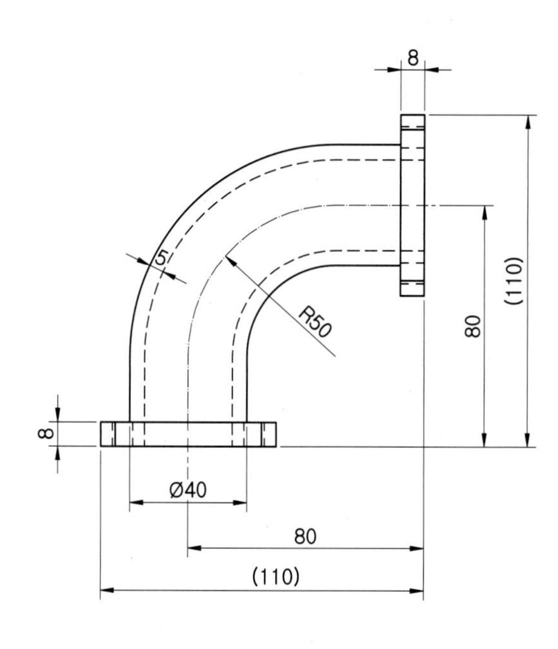


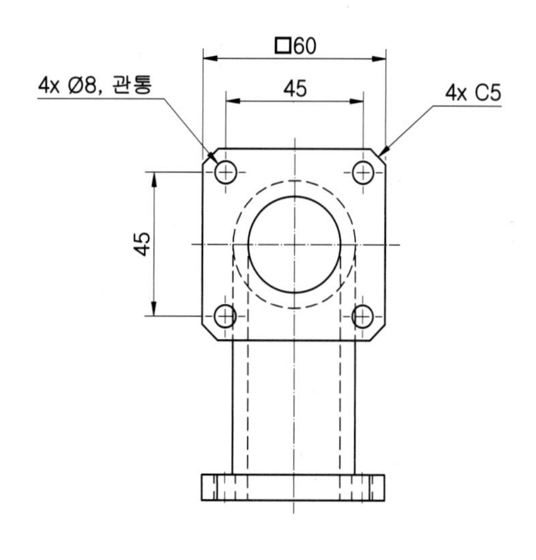

- **스케치 :** 선 / 접선 호 / 중심점 원 / 두 점 중심 직사각형
- **솔리드 :** 스윕 / 돌출 / 구멍 / 모따기 / 미러

### 2 모델링 순서

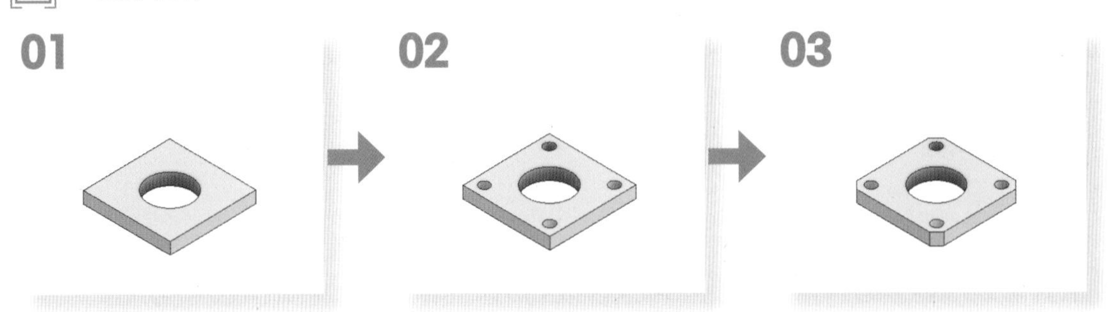


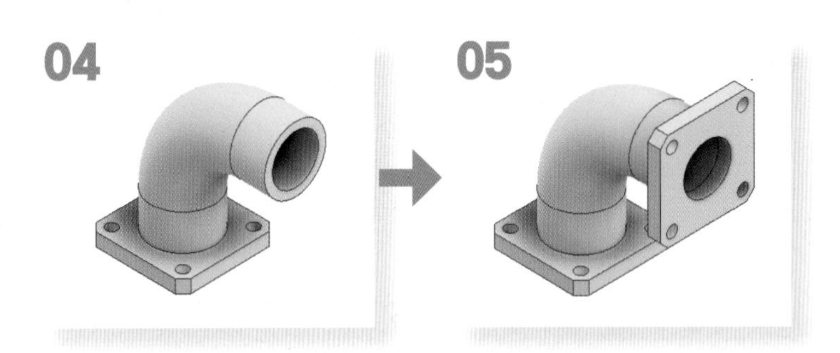


## 02 모델링 실습

01 평면도에 해당하는 XY 평면에 다음과 같은 스케치를 작성합니다. (어느 평면에 작업하셔도 무방합니다.)

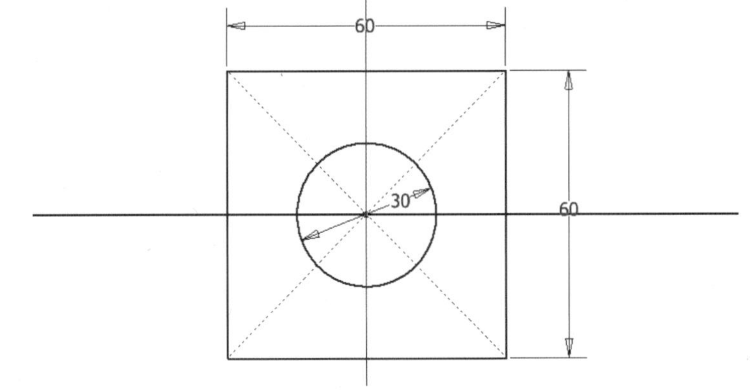

**02** [돌출] 명령을 실행하고 다음과 같이 옵션 및 거리를 입력하여 형상을 작성합니다.

· 방향 : 기본값(기본 방향) / · 거리 : 8mm / · 출력 : 솔리드1

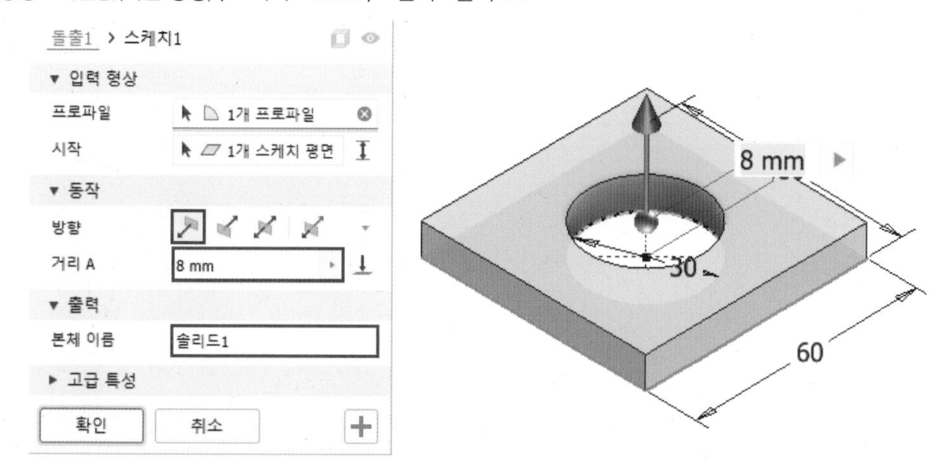


**03** 선택한 평면에 다음과 같이 스케치를 작성합니다.

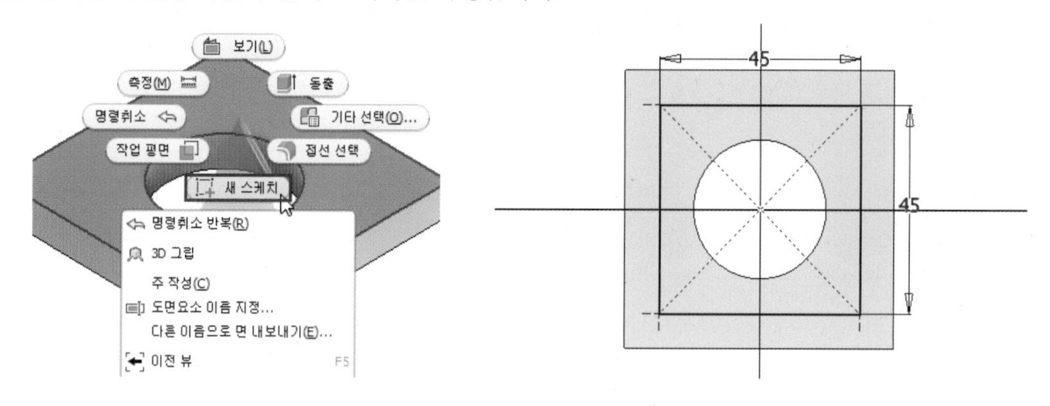


**04** [구멍] 명령을 실행하고 다음과 같이 옵션 및 크기를 입력하여 형상을 작성합니다.

· 구멍 유형 : 단순 구멍 / · 시트 : 없음 / · 종료 : 전체 관통 / · 방향 : 기본값 / · 구멍 지름 : 7mm

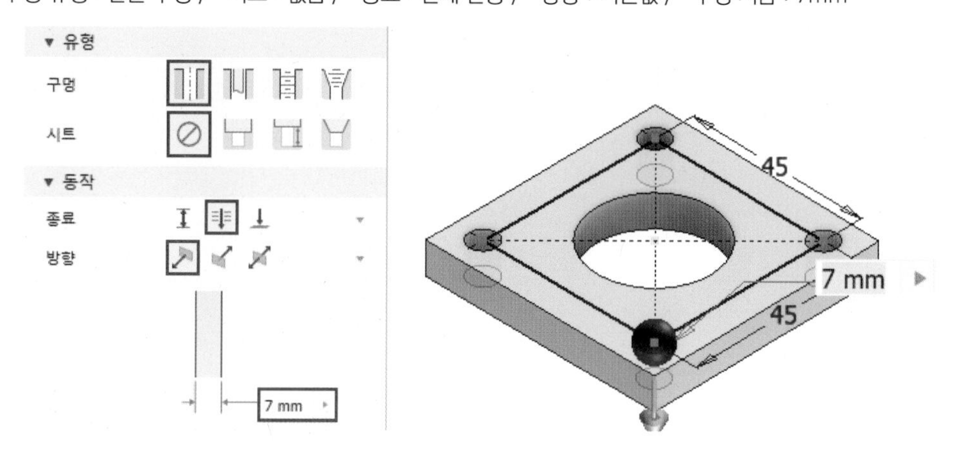

**05** [모따기] 명령을 실행하고 선택한 모서리에 5mm의 모따기를 작성합니다.

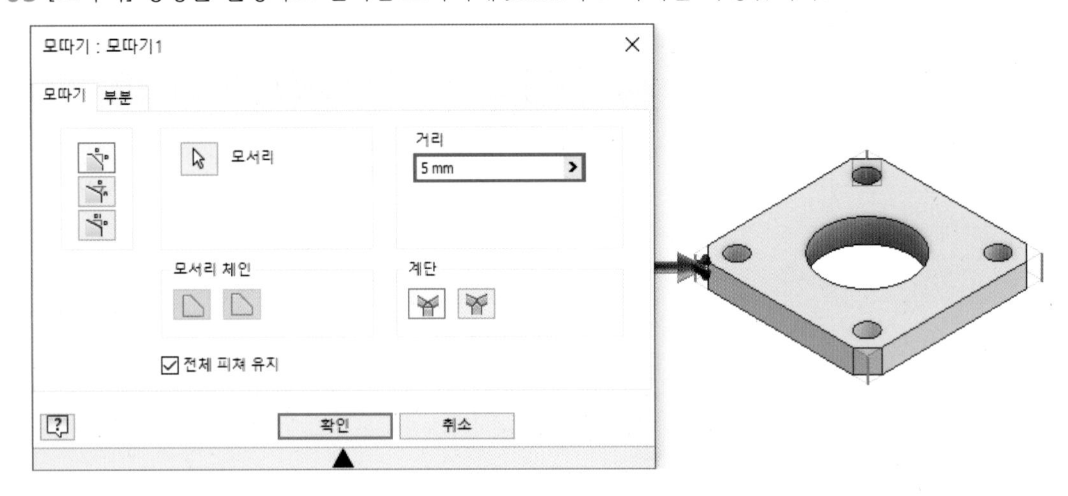


**06** 선택한 평면에 다음과 같이 경로 스케치를 작성합니다.

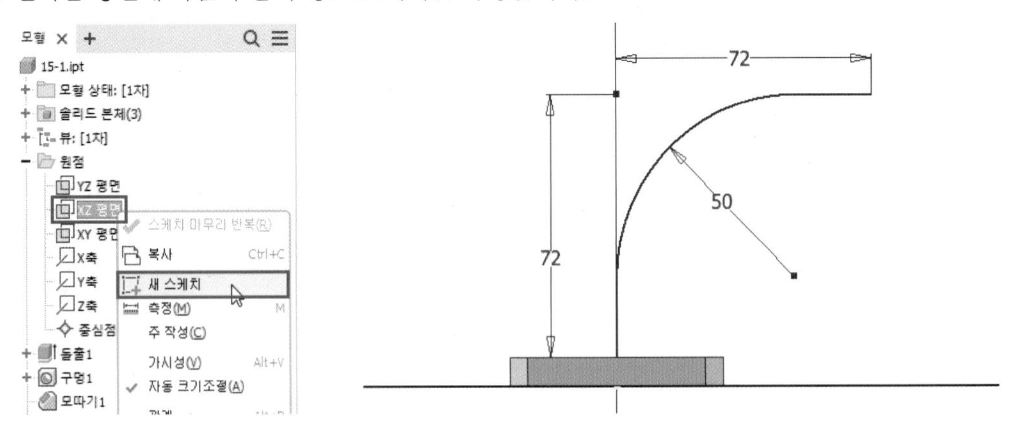


**07** 선택한 평면에 다음과 같이 단면 스케치를 작성합니다.

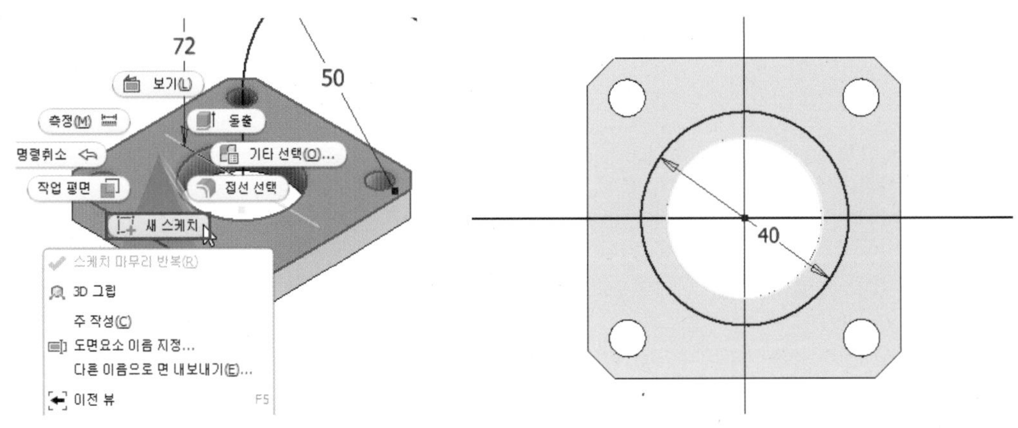

08 [스윕] 명령을 실행하고 다음과 같이 프로파일과 경로를 입력하여 형상을 작성합니다.

· 출력 : 새 솔리드

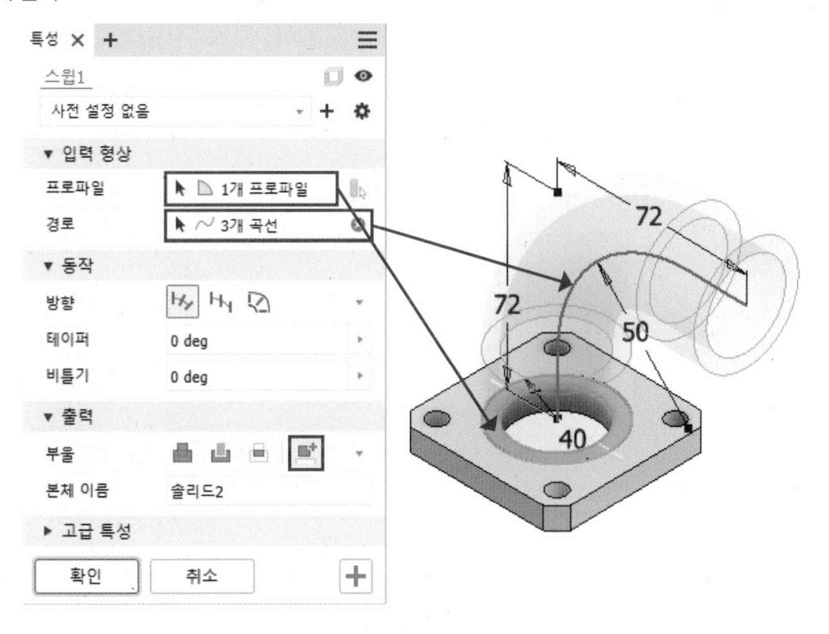


09 [두 평면 사이의 중간평면] 명령을 실행하고 다음과 같이 두 개의 기준 평면을 선택하여 중간 평면을 작성합니다.

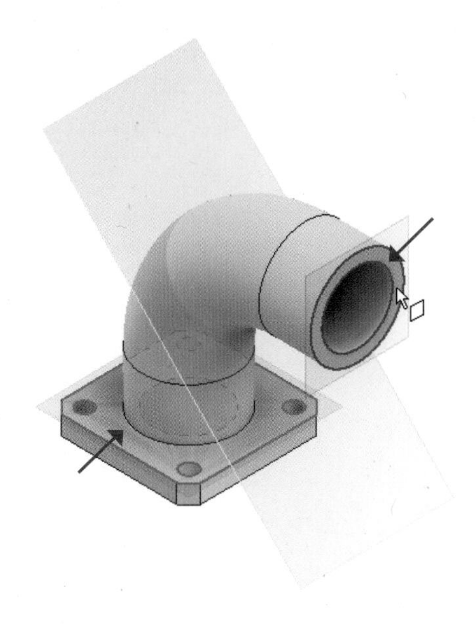

**10** [미러] 명령을 실행하고 다음과 같이 옵션 및 미러 평면을 입력하여 형상을 작성합니다.

· 피쳐 유형 : 솔리드 미러 / · 출력 : 새 솔리드

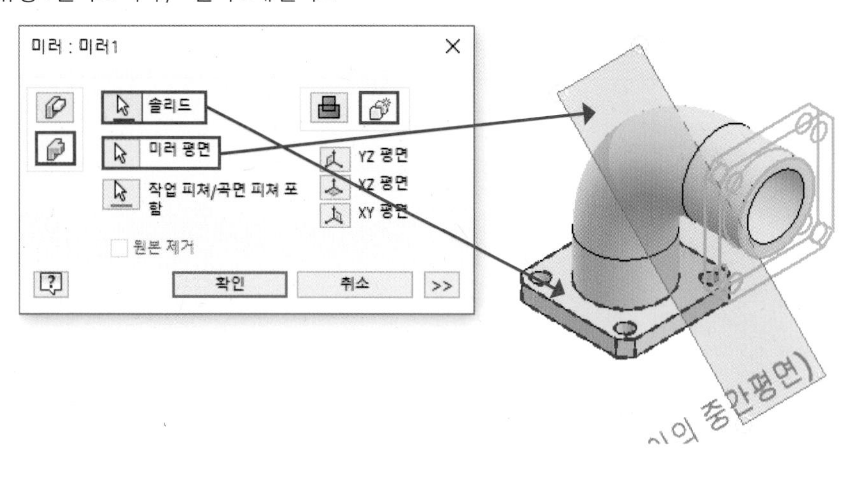


**11** 파이프 브라켓 모델링이 완료되었습니다.

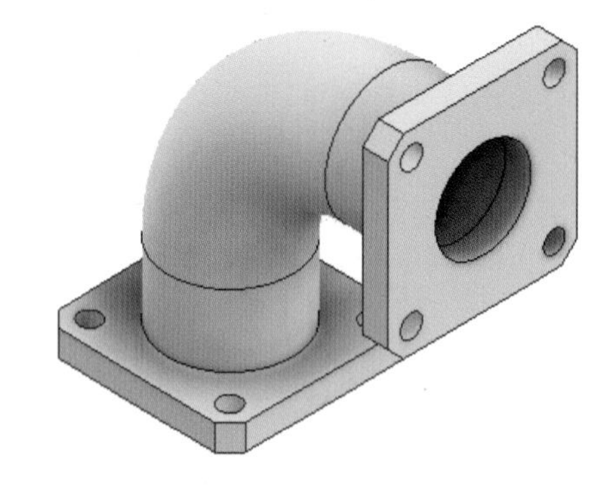

SECTION 07

# 커버

## 01 예제 도면 및 학습 명령어

### 1 예제 도면

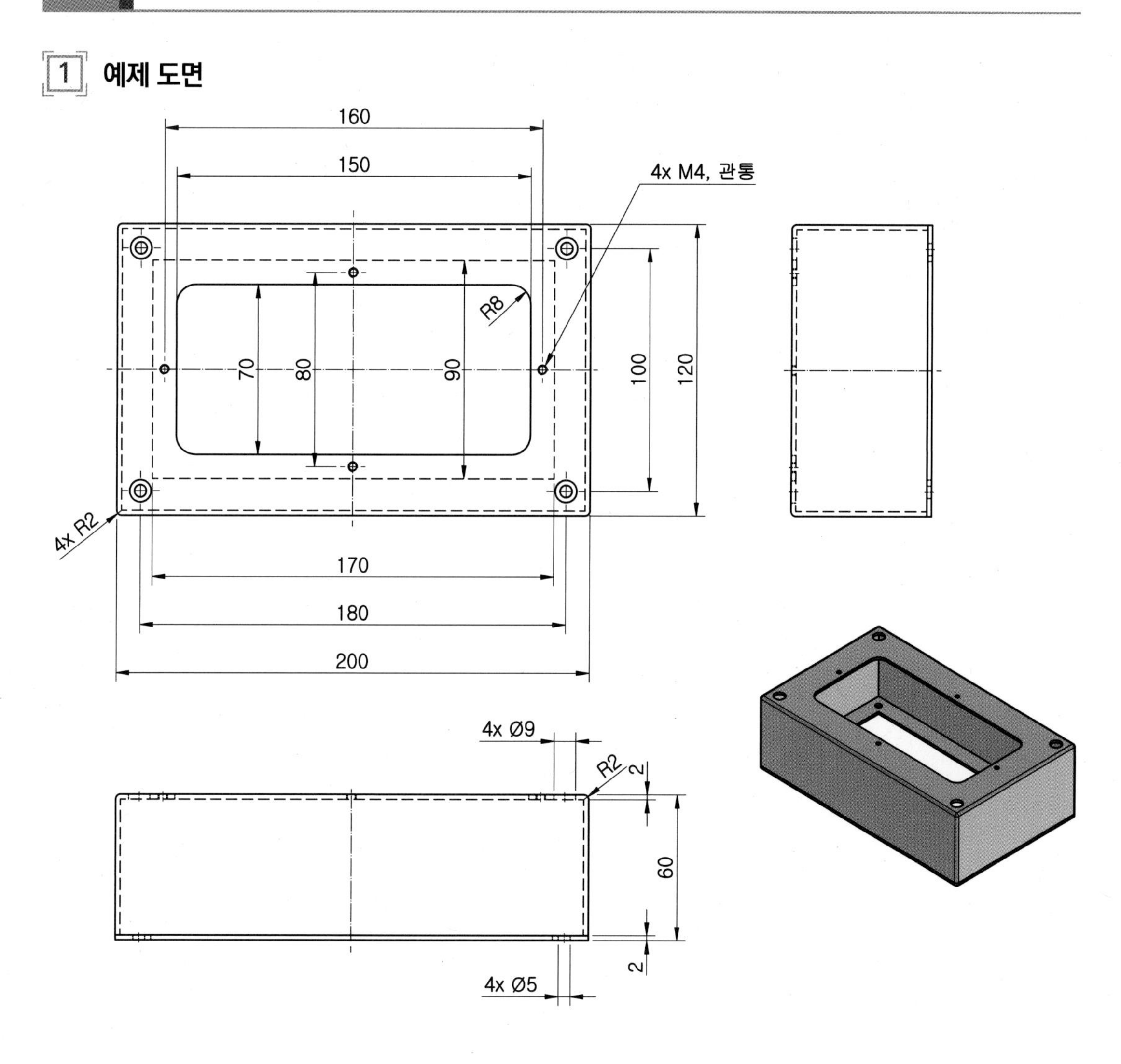

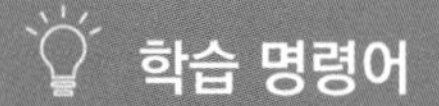


- **스케치 :** 2점 직사각형 두 점 중심 직사각형 점
- **솔리드 :** 돌출 쉘 구멍 모깎기

## 2 모델링 순서

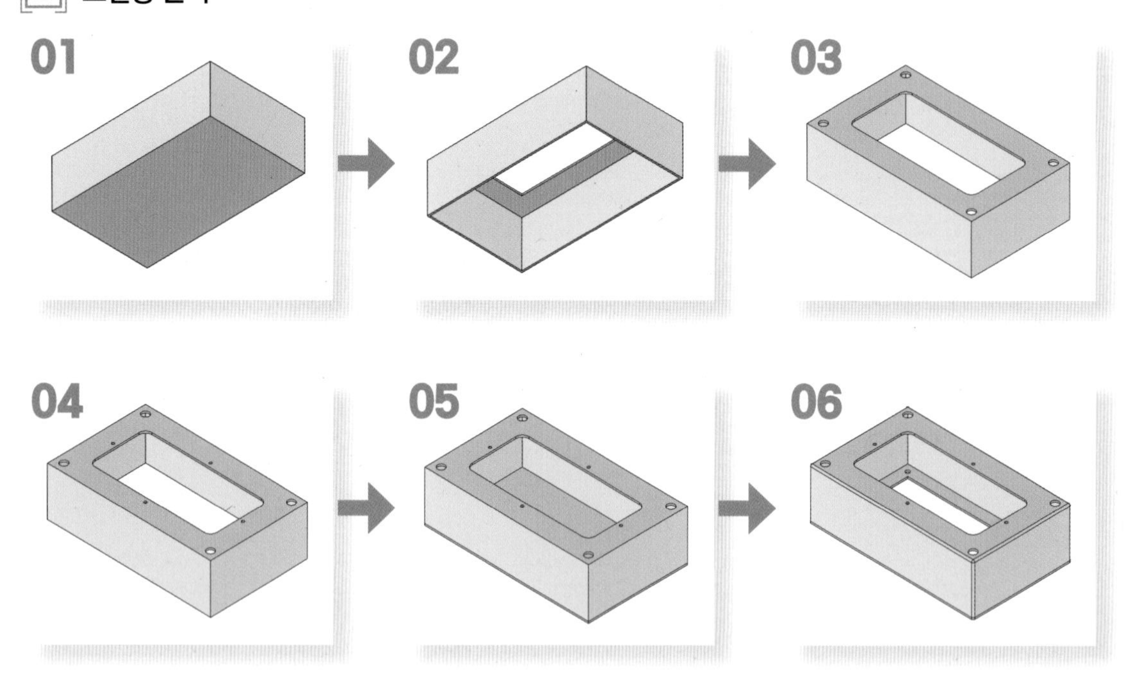


# 02 모델링 실습

**01** 정면도에 해당하는 XZ 평면에 다음과 같은 스케치를 작성합니다. (어느 평면에 작업하셔도 무방합니다.)

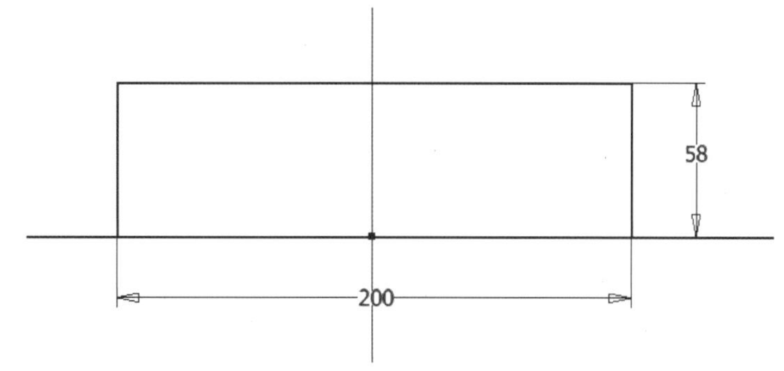

**02** [돌출] 명령을 실행하고 다음과 같이 옵션 및 거리를 입력하여 형상을 작성합니다.

· 방향 : 대칭 / · 거리 : 120mm / · 출력 : 솔리드1

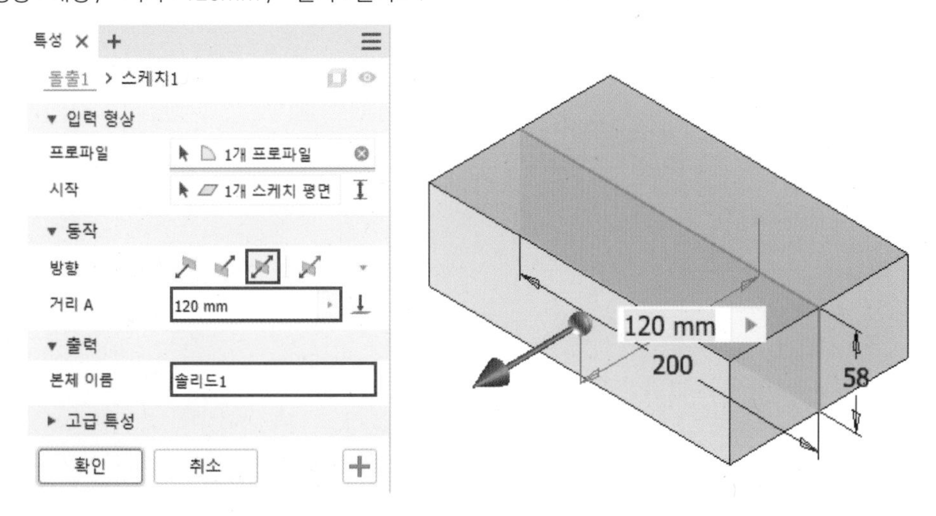


**03** [쉘] 명령을 실행하고 다음과 같이 옵션 및 거리를 입력하여 형상을 작성합니다.

· 면 제거 : 바닥면 / · 두께 : 2mm

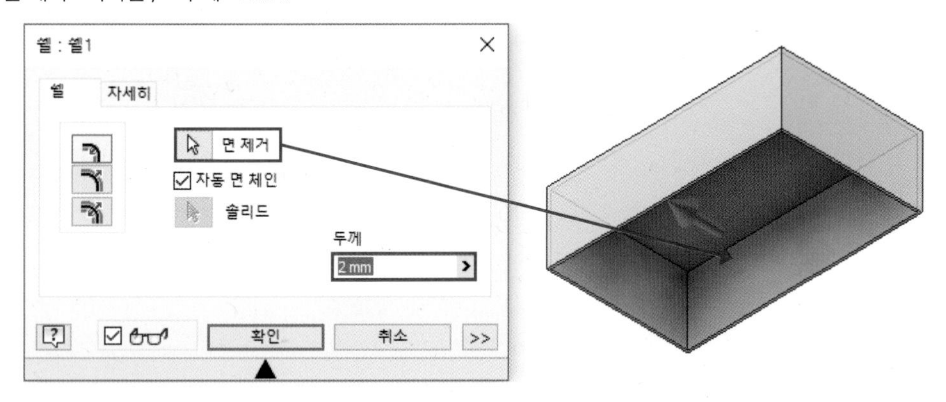


**04** 선택한 평면에 다음과 같이 스케치를 작성합니다.

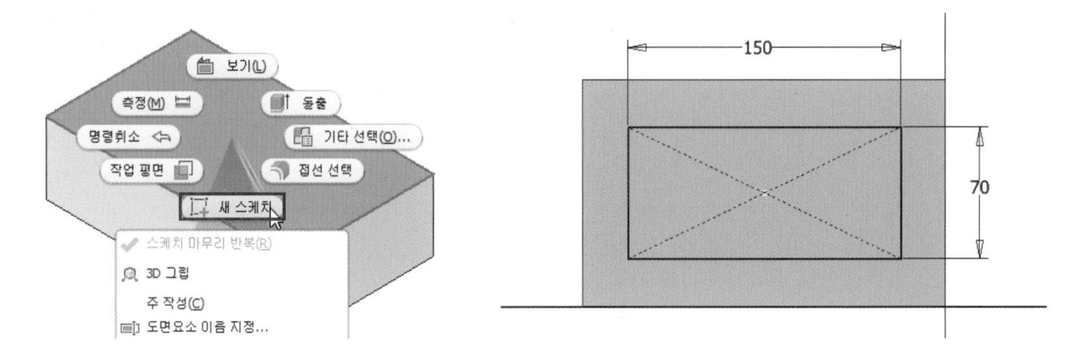

**05** [돌출] 명령을 실행하고 다음과 같이 옵션 및 거리를 입력하여 형상을 작성합니다.

· 방향 : 반전 / · 거리 : 전체 관통 / · 출력 : 절단

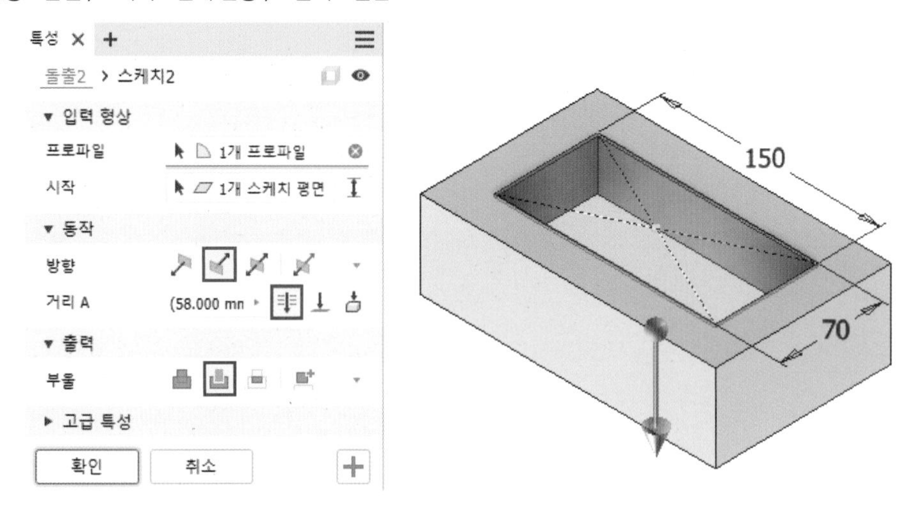


**06** [모깎기] 명령을 실행하고 다음과 같이 선택한 모서리에 8mm의 모깎기를 작성합니다.

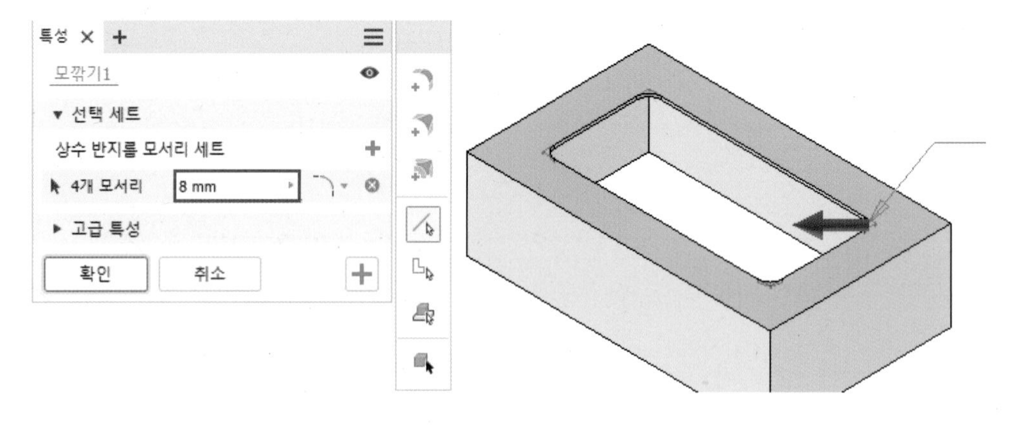


**07** 선택한 평면에 다음과 같이 스케치를 작성합니다.

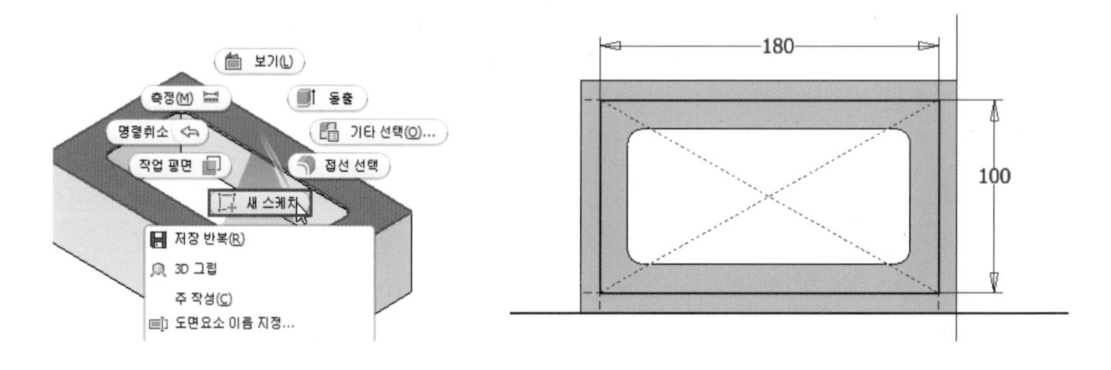

08 [구멍] 명령을 실행하고 다음과 같이 옵션 및 크기를 입력하여 형상을 작성합니다.

· 구멍 유형 : 단순 구멍 / · 시트 : 없음 / · 종료 : 전체 관통 / · 방향 : 기본값 / · 구멍 지름 : 9mm

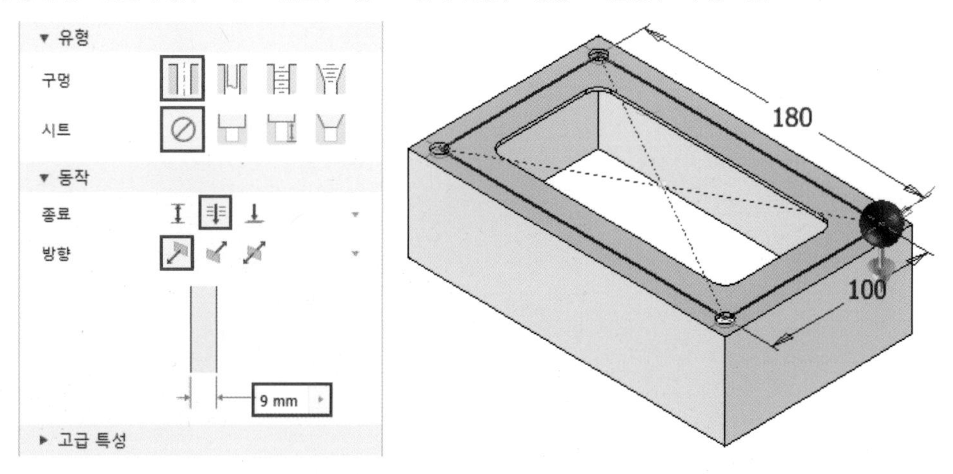


09 선택한 평면에 다음과 같이 스케치를 작성합니다.

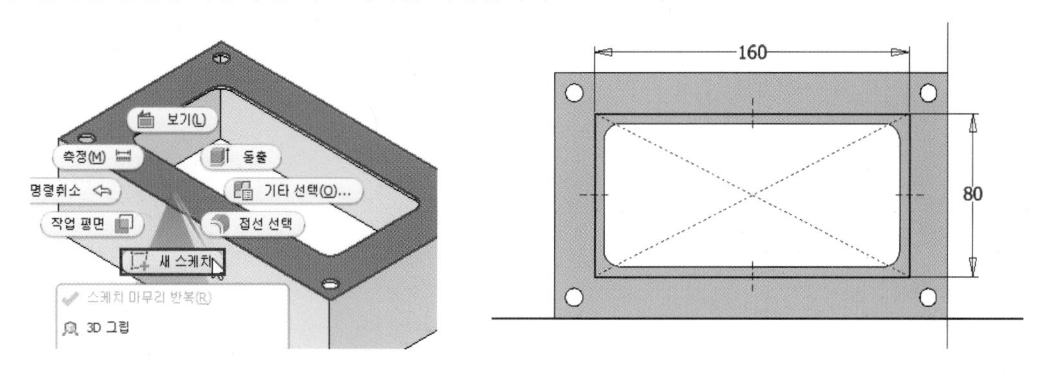

**10** [구멍] 명령을 실행하고 다음과 같이 옵션 및 크기를 입력하여 형상을 작성합니다.

· 구멍 유형 : 탭 구멍 / · 시트 : 없음 / · 유형 : ISO Metric profile / · 크기 : 4 / · 지정 : M4x0.7

· 스레드 깊이 : 전체 깊이 체크 / · 종료 : 전체 관통 / · 방향 : 기본값

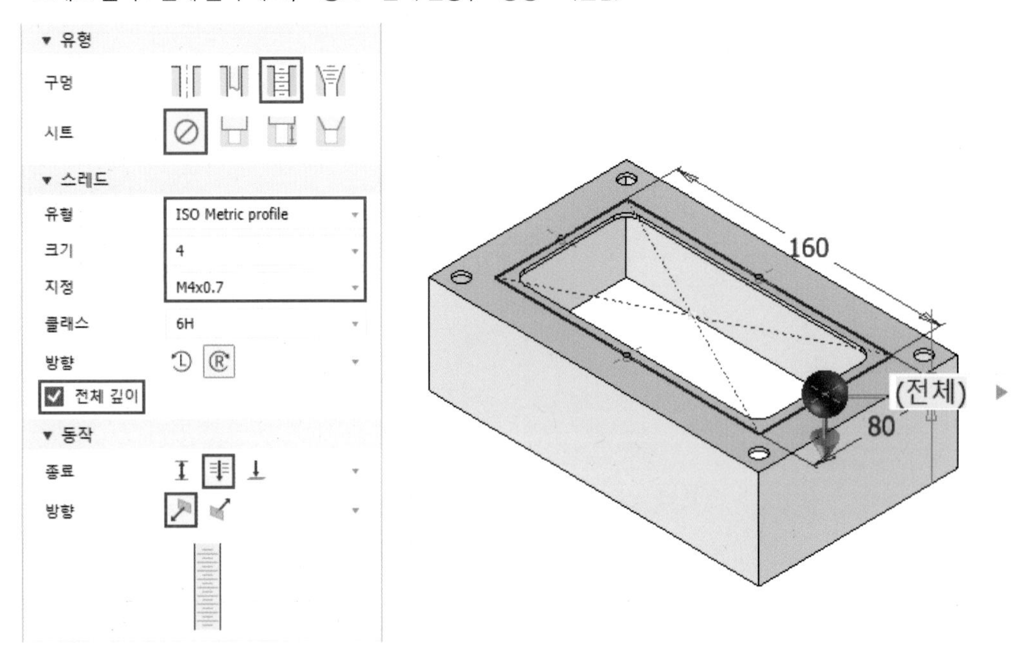


**11** 선택한 평면에 다음과 같이 스케치를 작성합니다.

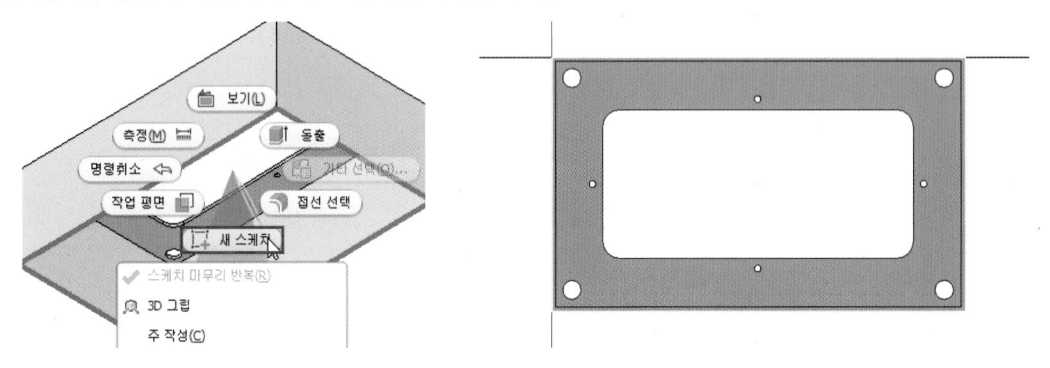

**12** [돌출] 명령을 실행하고 다음과 같이 옵션 및 거리를 입력하여 형상을 작성합니다.

· 방향 : 기본값(기본 방향) / · 거리 : 2mm / · 출력 : 새 솔리드

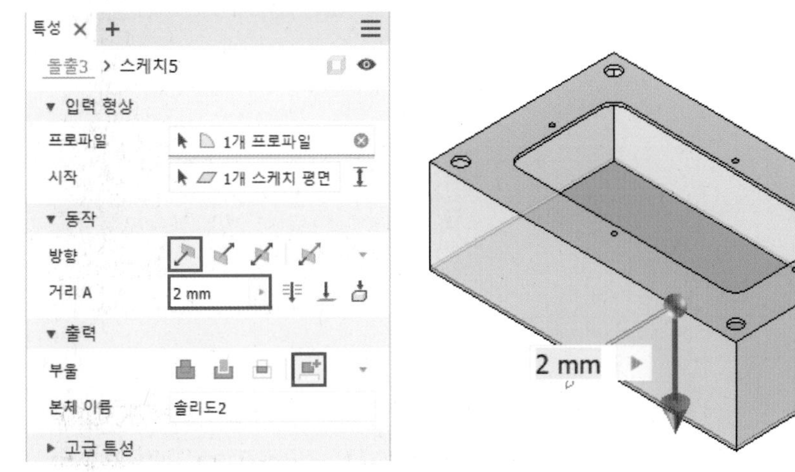


**13** 선택한 평면에 다음과 같이 스케치를 작성합니다.

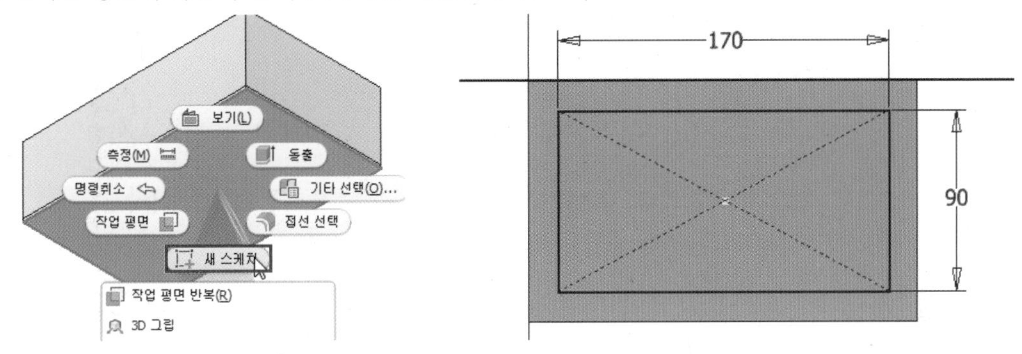


**14** [돌출] 명령을 실행하고 다음과 같이 옵션 및 거리를 입력하여 형상을 작성합니다.

· 방향 : 반전 / · 거리 : 전체 관통 / · 출력 : 절단

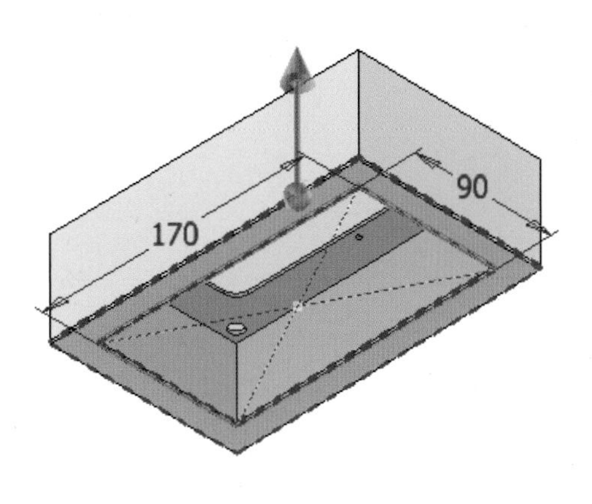

**15** 선택한 평면에 다음과 같이 스케치를 작성합니다.

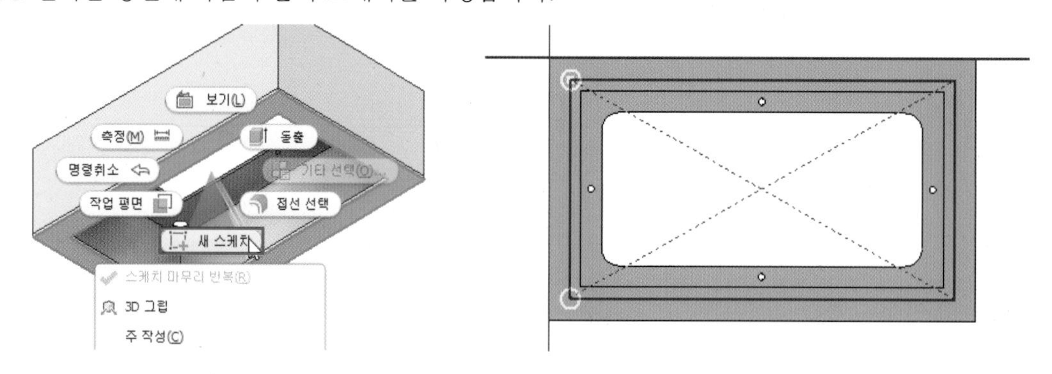


**16** [구멍] 명령을 실행하고 다음과 같이 옵션 및 크기를 입력하여 형상을 작성합니다.

· 구멍 유형 : 단순 구멍 / · 시트 : 없음 / · 종료 : 전체 관통 / · 방향 : 기본값 / · 구멍 지름 : 5mm

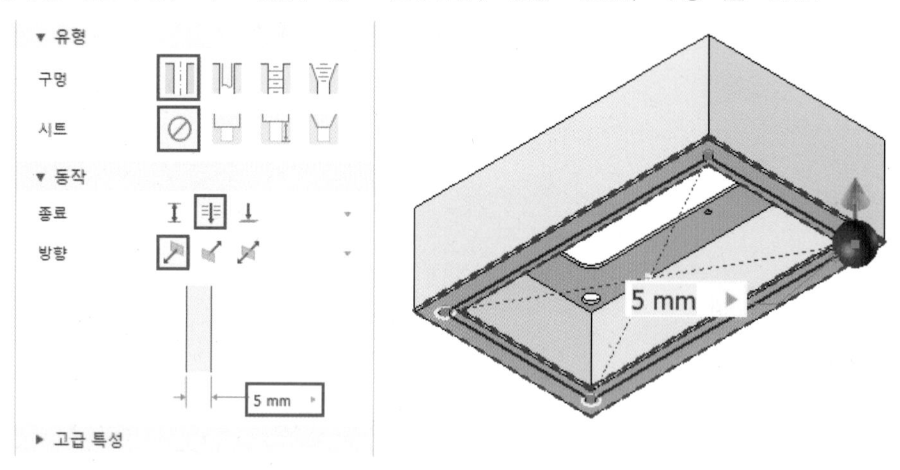


**17** [모깎기] 명령을 실행하고 다음과 같이 선택한 모서리에 2mm의 모깎기를 작성합니다.

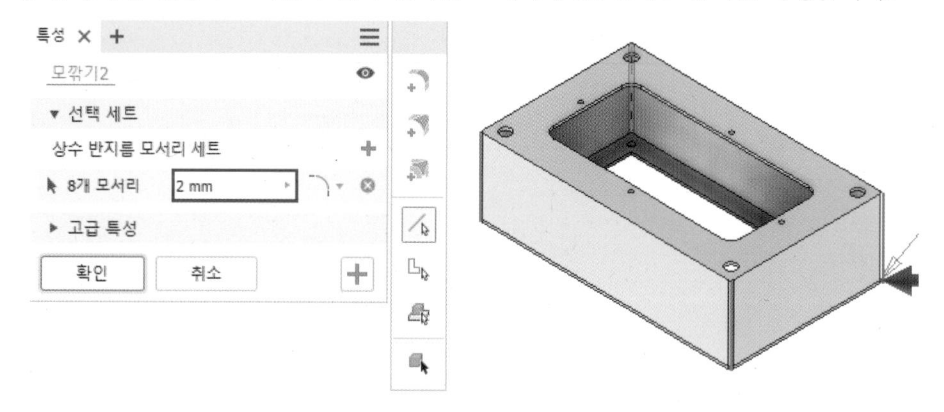

**18** [모깎기] 명령을 실행하고 다음과 같이 선택한 모서리에 2mm의 모깎기를 작성합니다.

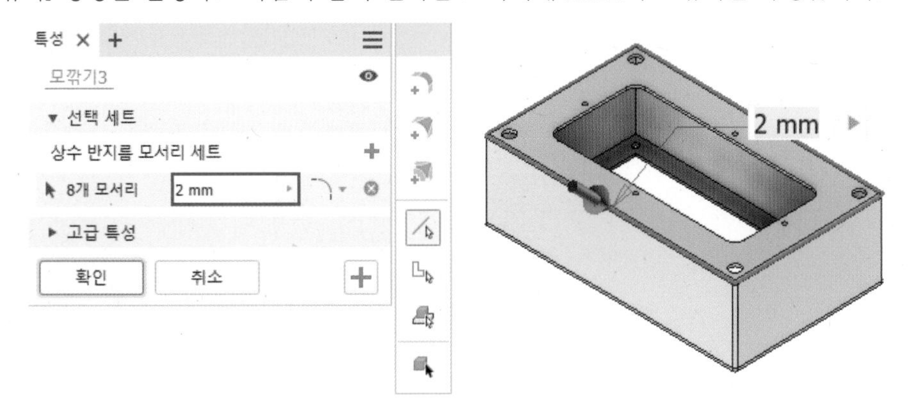


**19** 커버 모델링이 완료되었습니다.

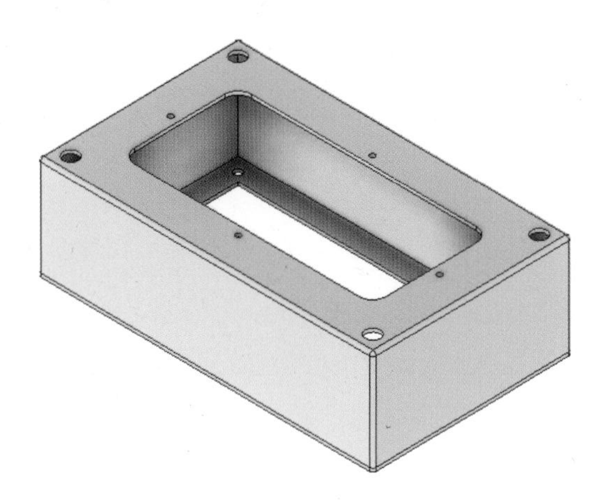

SECTION

08

# 하우징

## 01 예제 도면 및 학습 명령어

### 1 예제 도면

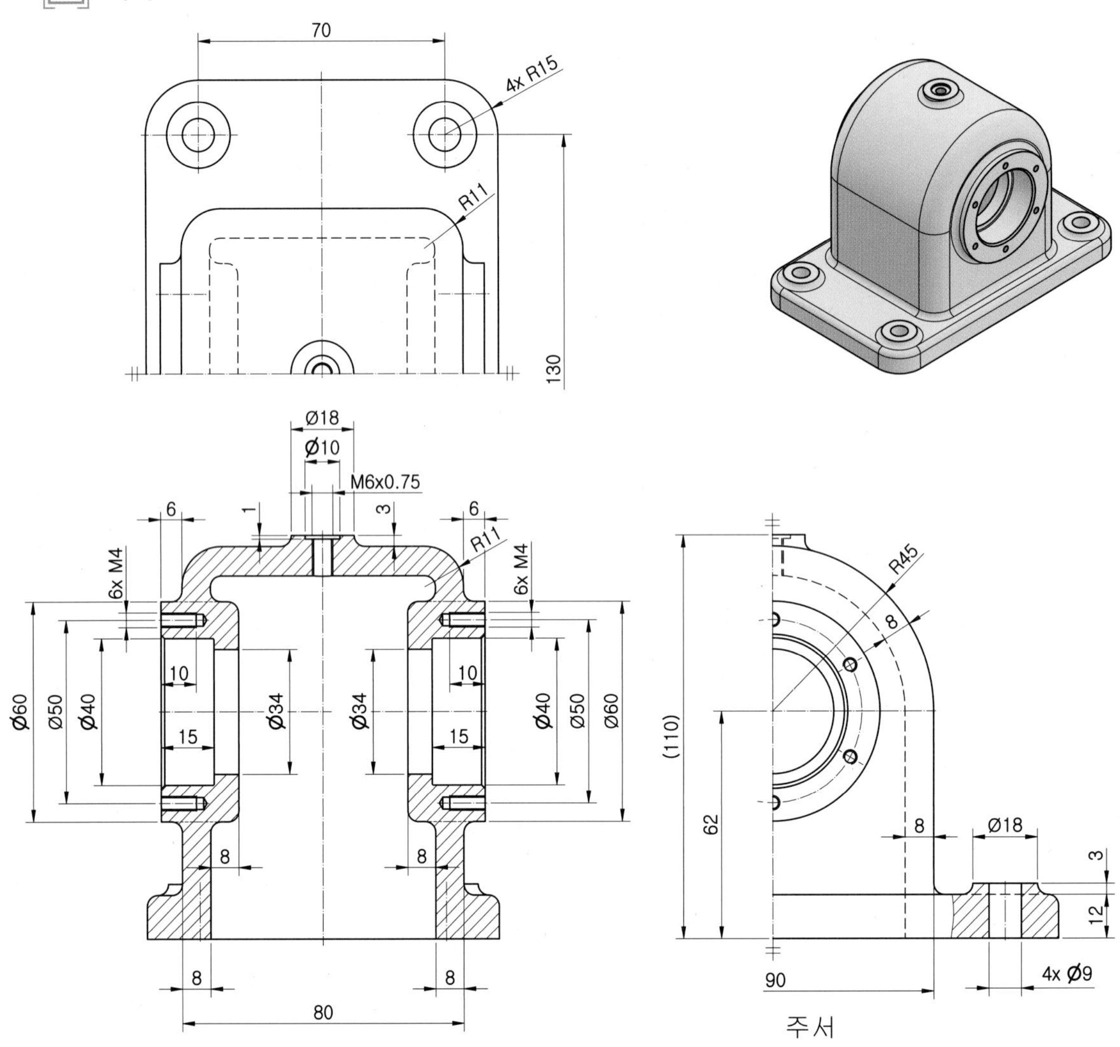


주서

도시되고 지시없는 모따기 C1,

필렛 및 라운드 R3

## 학습 명령어

- **스케치 :** 2점 직사각형 / 두 점 중심 직사각형 / 중심점 원
- **솔리드 :** 돌출 / 회전 / 쉘 / 구멍 / 모깎기

## 2 모델링 순서

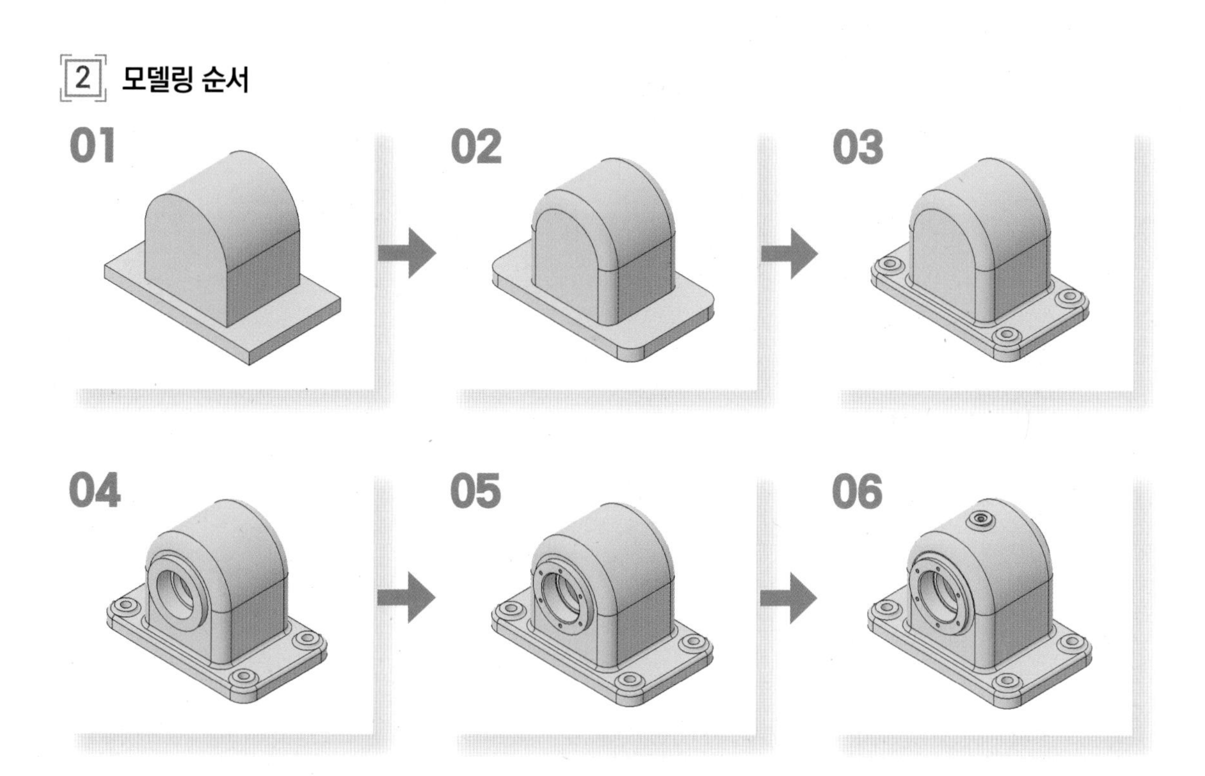

## 02 모델링 실습

**01** 측면도에 해당하는 YZ 평면에 다음과 같은 스케치를 작성합니다. (어느 평면에 작업하셔도 무방합니다.)

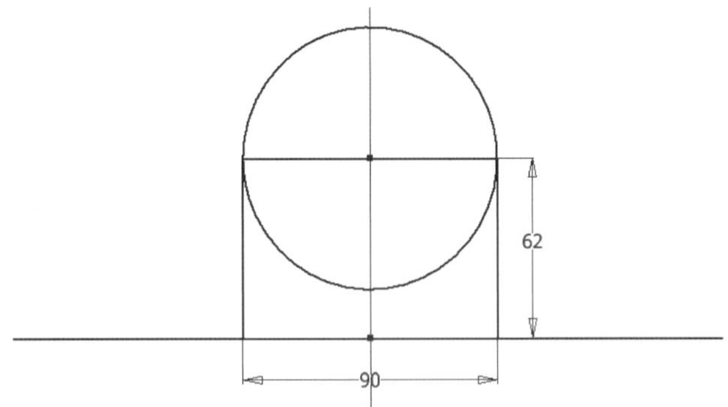


**02** [돌출] 명령을 실행하고 다음과 같이 옵션 및 거리를 입력하여 형상을 작성합니다.

· 방향 : 대칭 / · 거리 : 80mm / · 출력 : 솔리드1

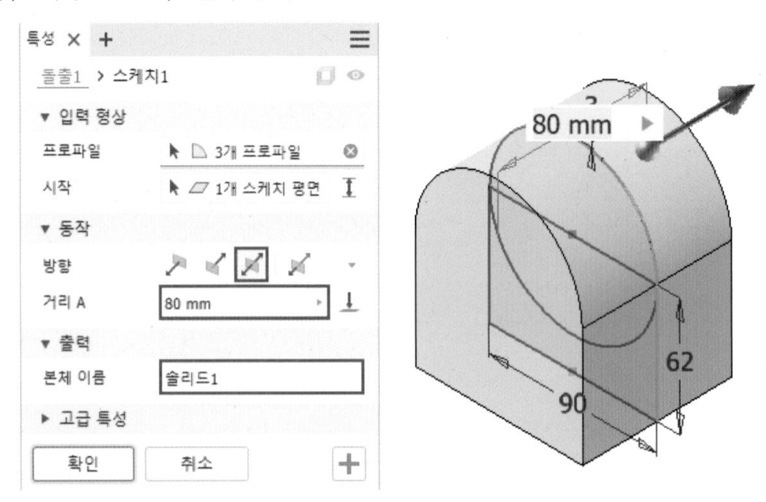


**03** 선택한 평면에 다음과 같이 스케치를 작성합니다.

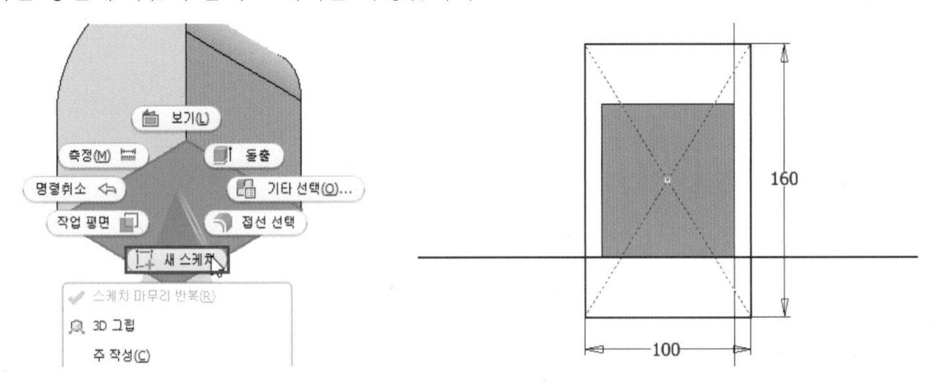

**04** [돌출] 명령을 실행하고 다음과 같이 옵션 및 거리를 입력하여 형상을 작성합니다.

· 방향 : 반전 / · 거리 : 12mm / · 출력 : 접합

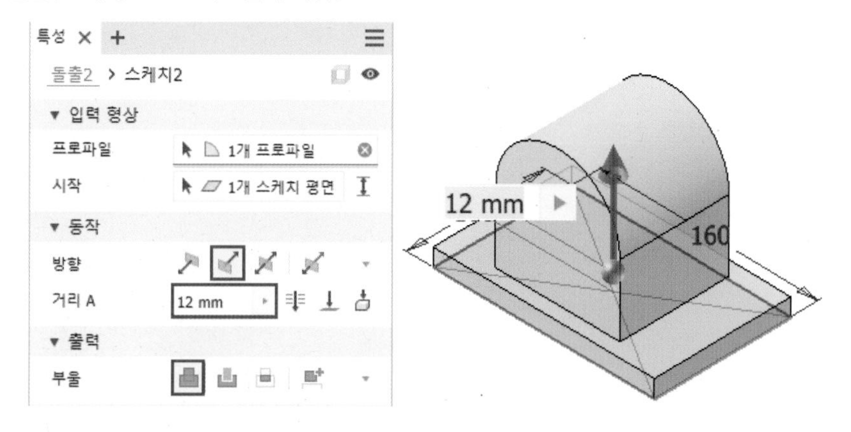


**05** [모깎기] 명령을 실행하고 다음과 같이 선택한 모서리에 11mm의 모깎기를 작성합니다.

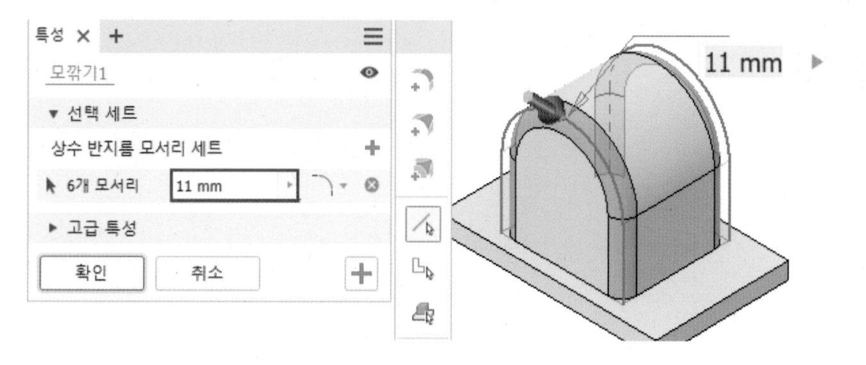


**06** [쉘] 명령을 실행하고 다음과 같이 옵션 및 거리를 입력하여 형상을 작성합니다.

· 면 제거 : 바닥면 / · 두께 : 8mm / · 고유 면 선택 : 윗면 / · 고유 면 두께 : 12mm

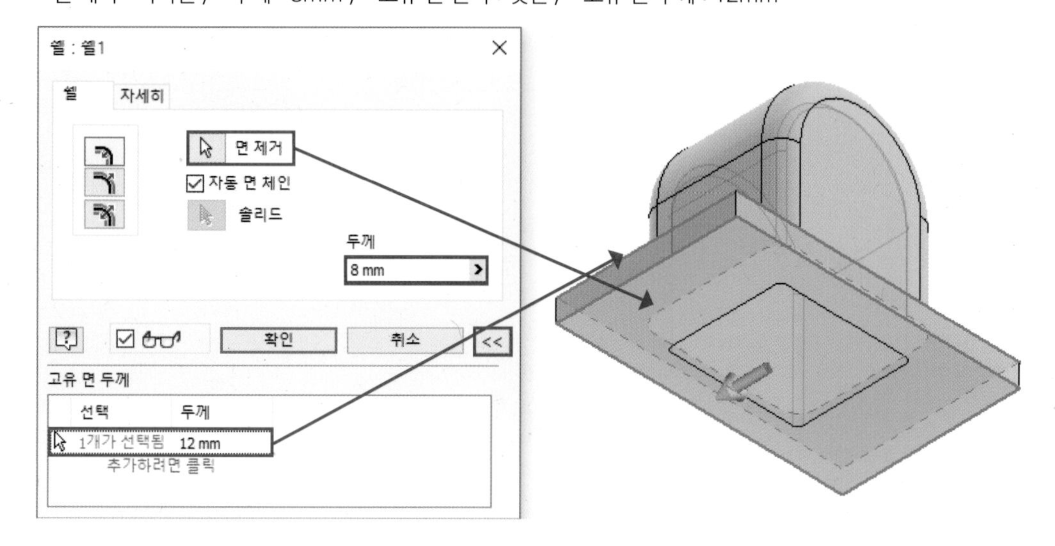

**07** [모깎기] 명령을 실행하고 다음과 같이 선택한 모서리에 15mm의 모깎기를 작성합니다.

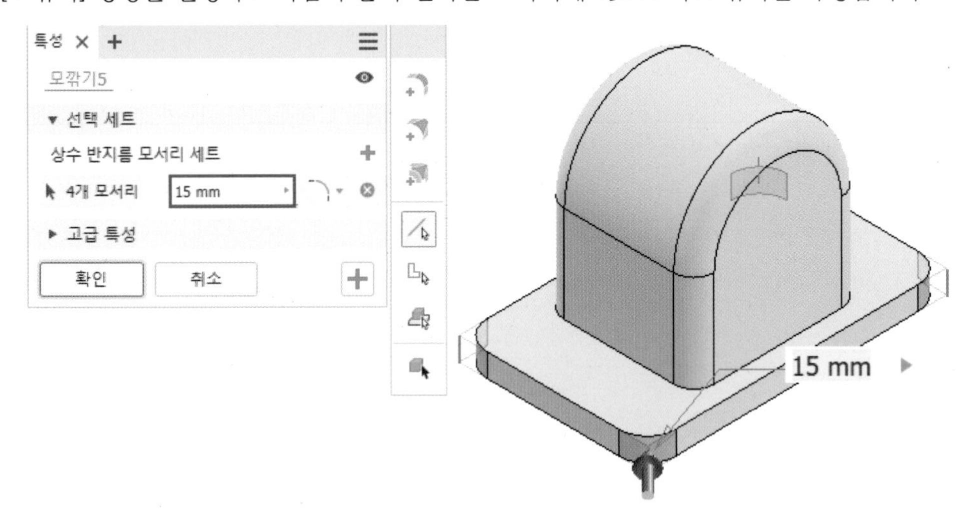


**08** 선택한 평면에 다음과 같이 스케치를 작성합니다.

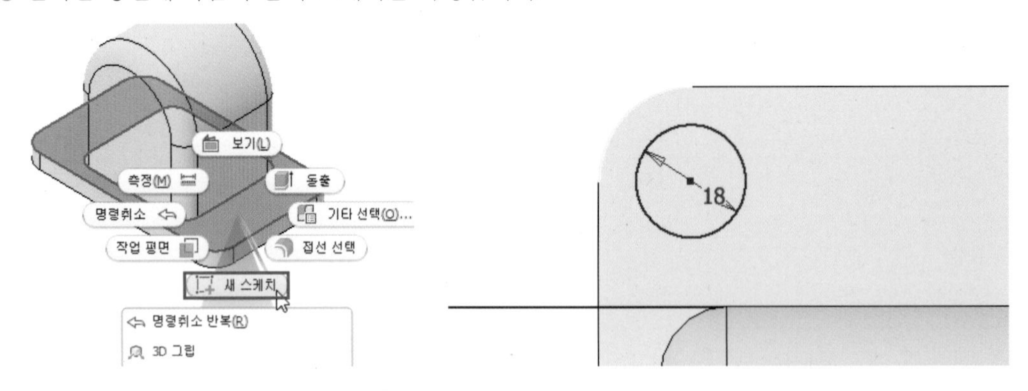


**09** [돌출] 명령을 실행하고 다음과 같이 옵션 및 거리를 입력하여 형상을 작성합니다.

· 방향 : 기본값(기본 방향) / · 거리 : 3mm / · 출력 : 접합

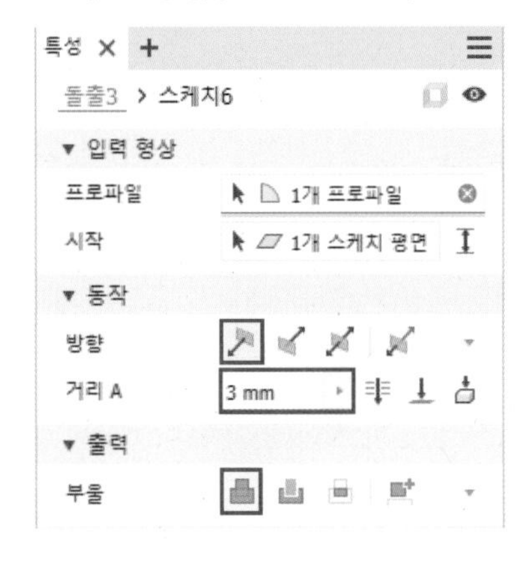


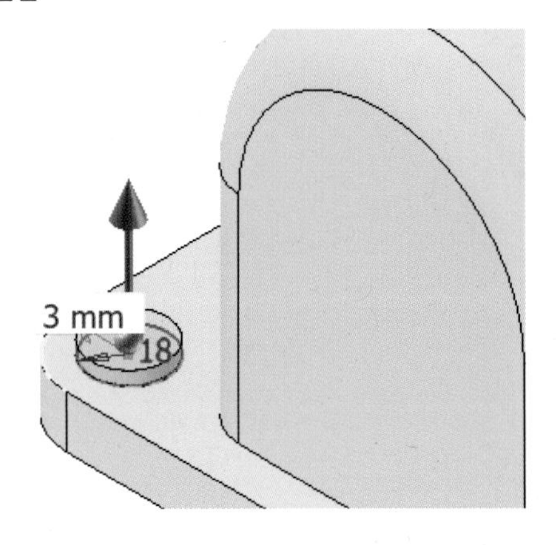

**10** 선택한 평면에 다음과 같이 스케치를 작성합니다.

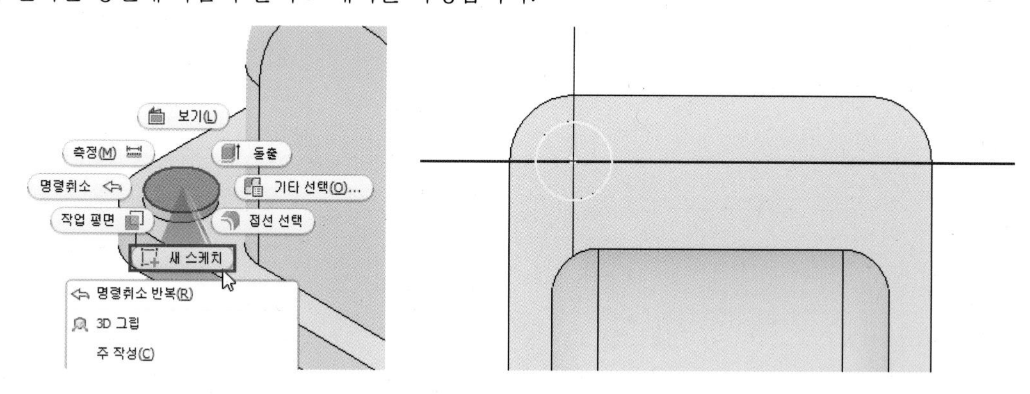


**11** [구멍] 명령을 실행하고 다음과 같이 옵션 및 크기를 입력하여 형상을 작성합니다.

· 구멍 유형 : 단순 구멍 / · 시트 : 없음 / · 종료 : 전체 관통 / · 방향 : 기본값 / · 구멍 지름 : 9mm

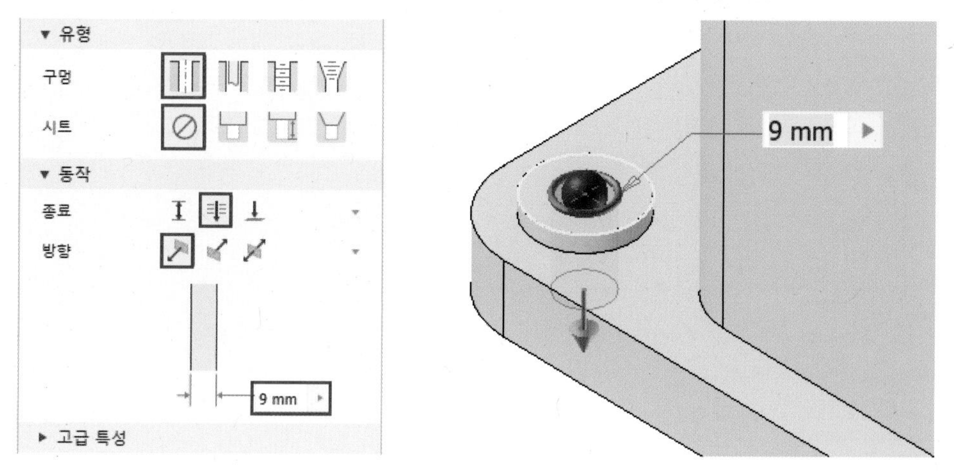


**12** [직사각형 패턴] 명령을 실행하고 다음과 같이 옵션 및 거리를 입력하여 형상을 작성합니다.

· 피쳐 유형 : 개별 피쳐 패턴 / · 방향 1 수량 : 2개 / · 거리 : 130mm / · 방향 2 수량 : 2개 / · 거리 : 70mm

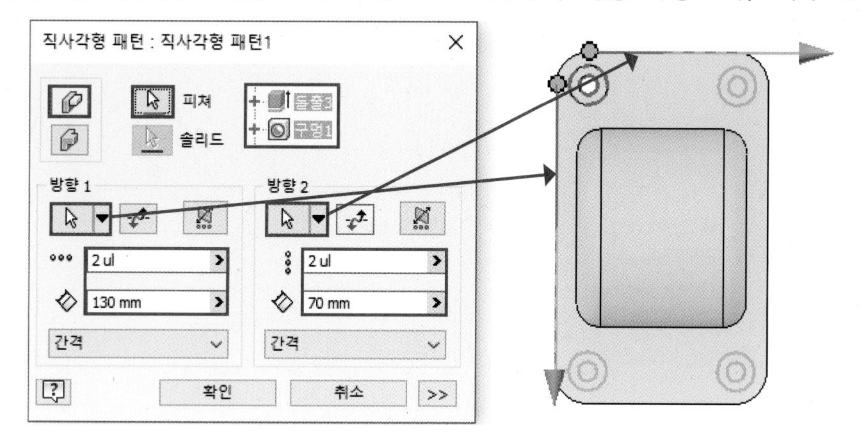

13 [모깎기] 명령을 실행하고 다음과 같이 선택한 모서리에 3mm의 모깎기를 작성합니다.

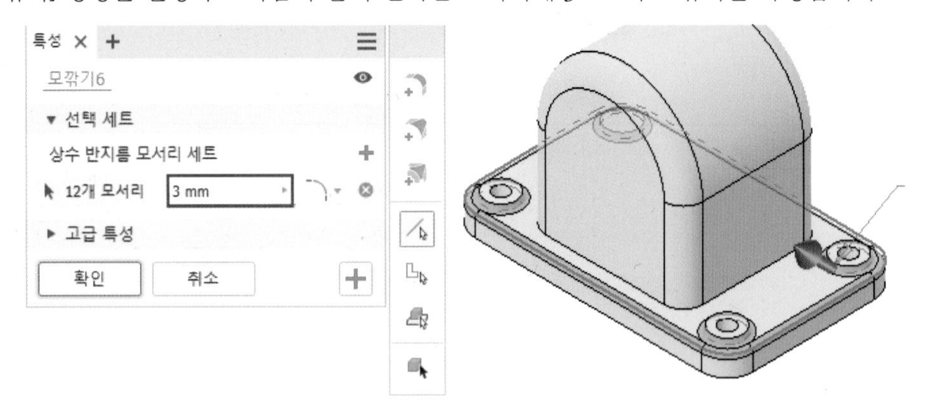


14 [모깎기] 명령을 실행하고 다음과 같이 선택한 모서리에 3mm의 모깎기를 작성합니다.

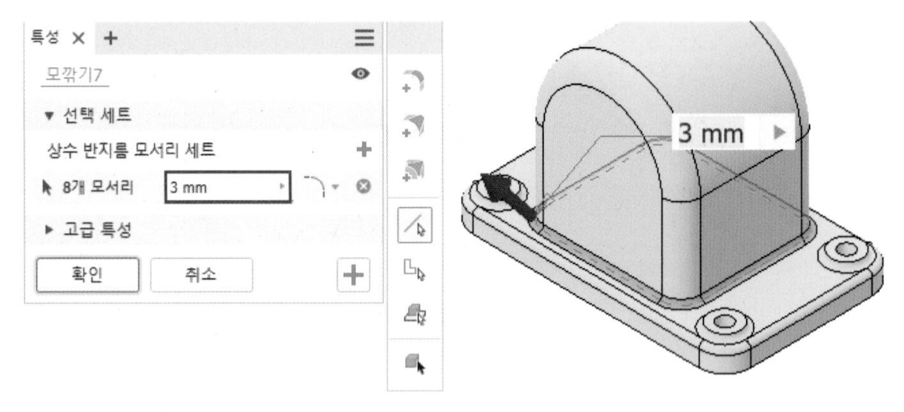


15 선택한 평면에 다음과 같이 경로 스케치를 작성합니다.

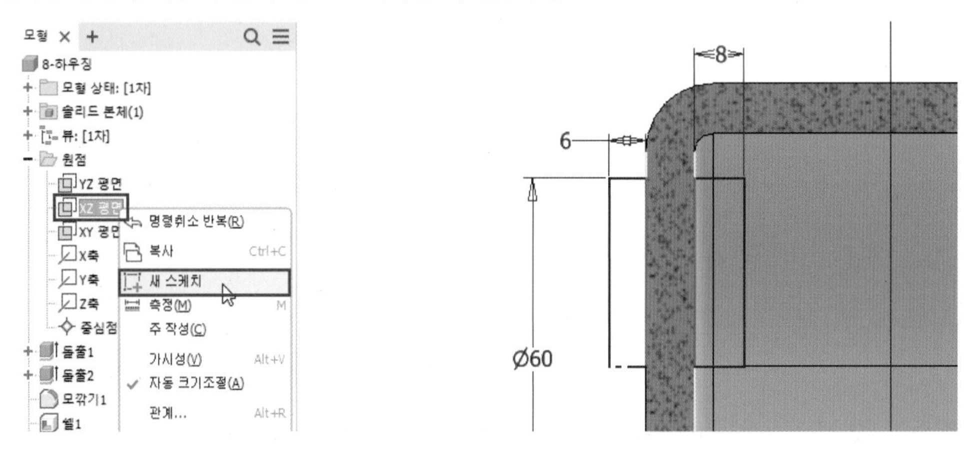

**16** [회전] 명령을 실행하고 다음과 같이 옵션 및 거리를 입력하여 형상을 작성합니다.

· 방향 : 기본값(기본 방향) / · 각도 : 전체 / · 출력 : 접합

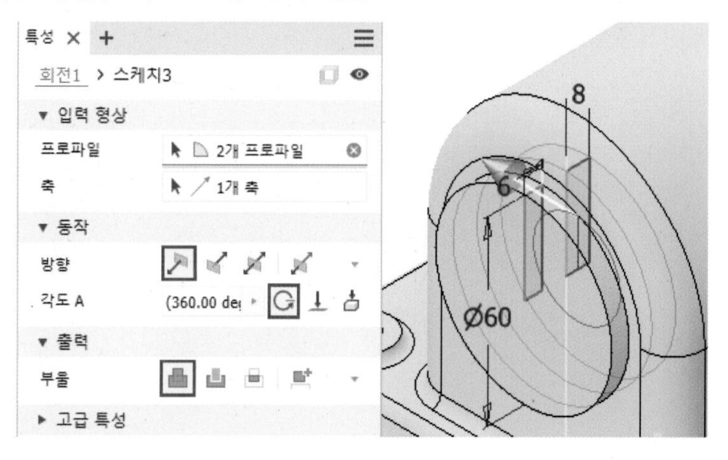


**17** 선택한 평면에 다음과 같이 경로 스케치를 작성합니다.

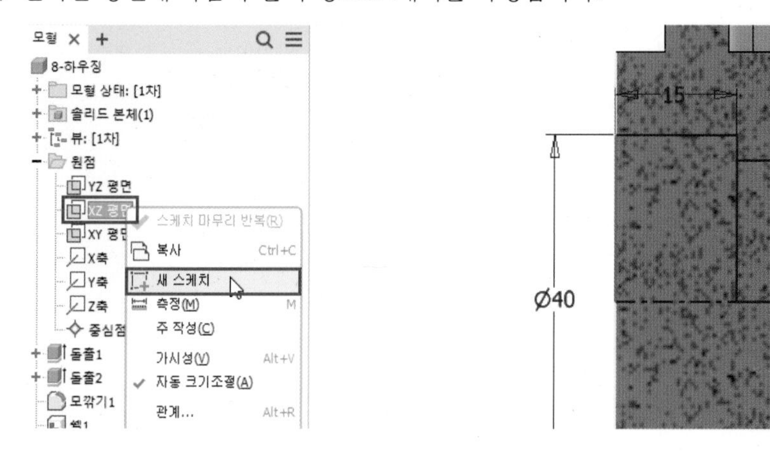


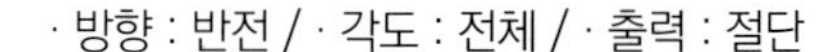

**18** [회전] 명령을 실행하고 다음과 같이 옵션 및 거리를 입력하여 형상을 작성합니다.

· 방향 : 반전 / · 각도 : 전체 / · 출력 : 절단

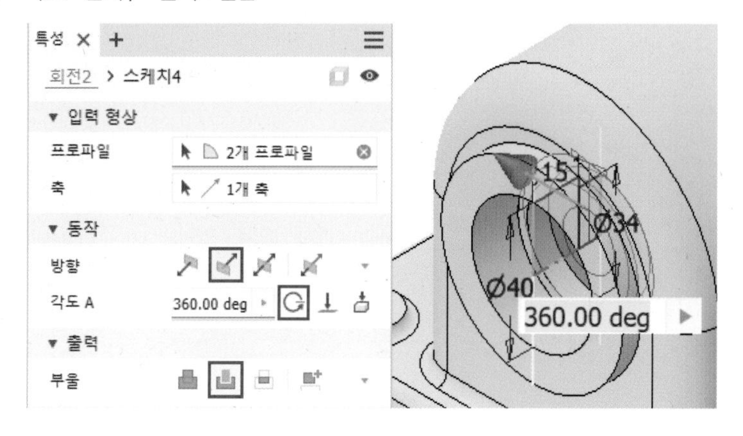

## 19 선택한 평면에 다음과 같이 스케치를 작성합니다.

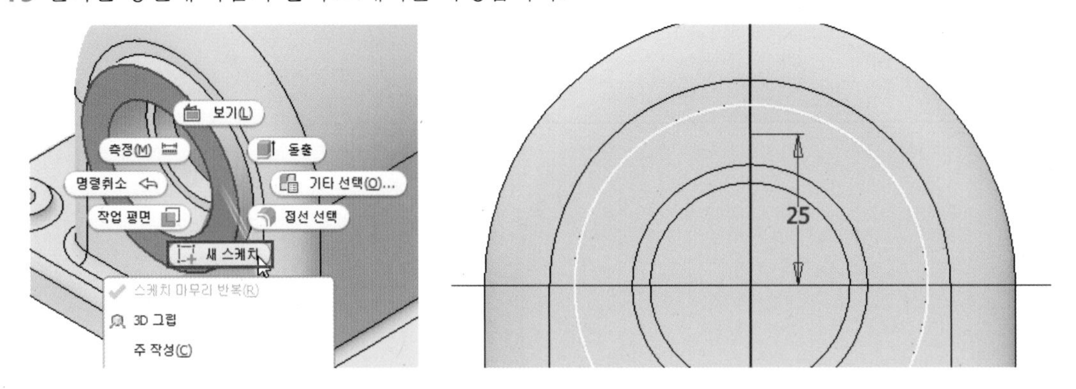


## 20 [구멍] 명령을 실행하고 다음과 같이 옵션 및 크기를 입력하여 형상을 작성합니다.

· 구멍 유형 : 탭 구멍 / · 시트 : 없음 / · 유형 : ISO Metric profile / · 크기 : 4 / · 지정 : M4x0.7

· 종료 : 거리 / · 방향 : 기본값 / · 스레드 깊이 : 10mm / · 구멍 깊이 : 12mm

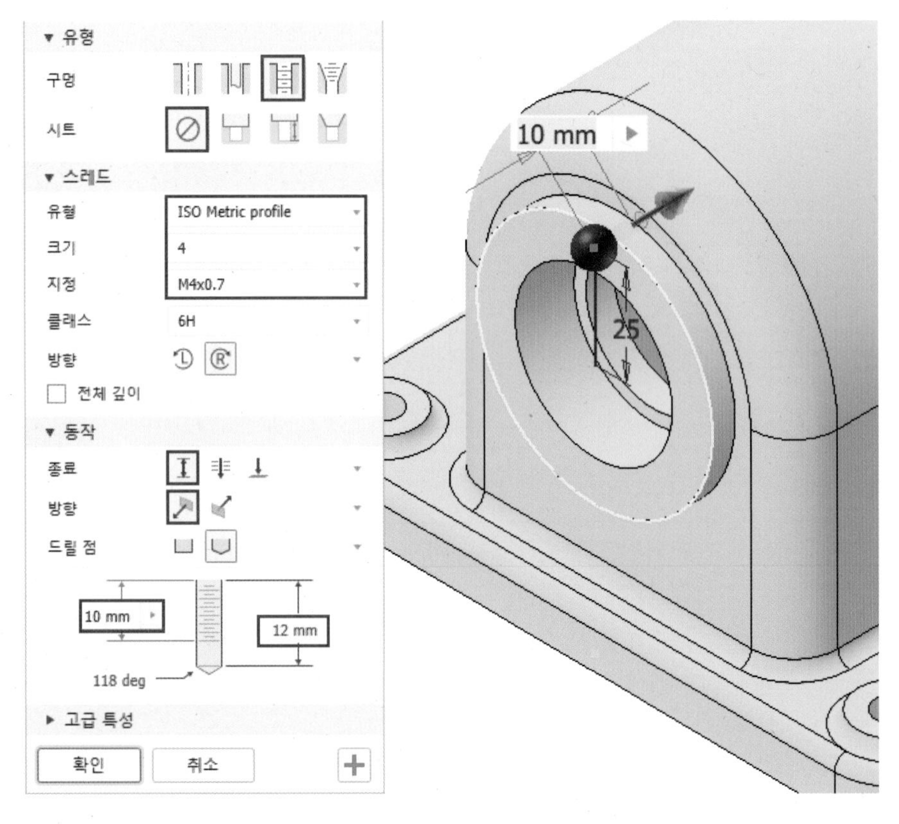

**21** [원형 패턴] 명령을 실행하고 다음과 같이 옵션 및 거리를 입력하여 형상을 작성합니다.

· 피쳐 유형 : 개별 피쳐 패턴 / · 수량 : 6개 / · 각도 : 360도

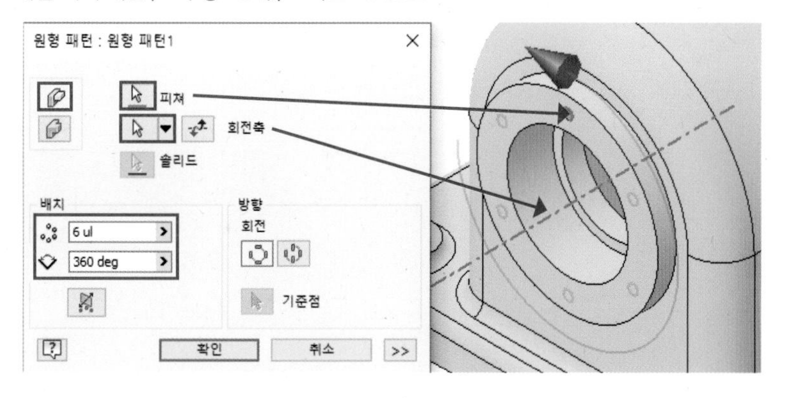


**22** [모따기] 명령을 실행하고 선택한 모서리에 1mm의 모따기를 작성합니다.

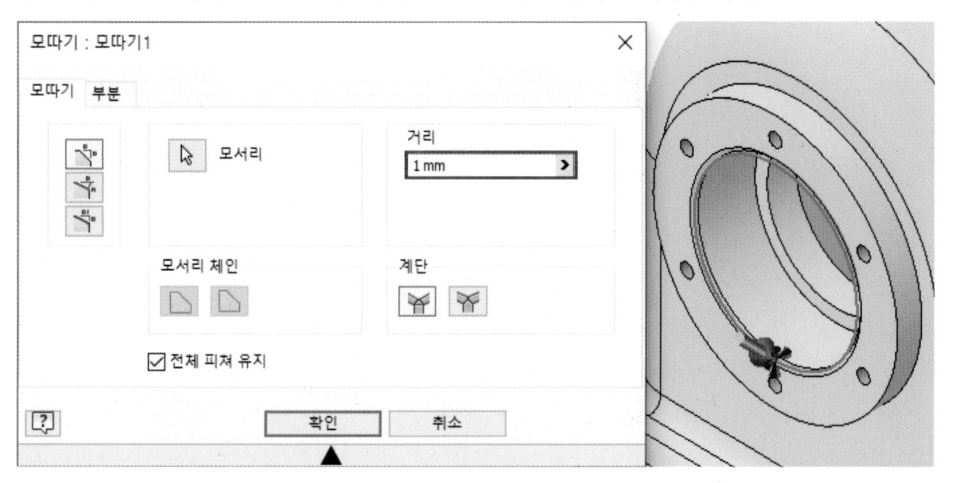


**23** [모깎기] 명령을 실행하고 다음과 같이 선택한 모서리에 0.5mm의 모깎기를 작성합니다.

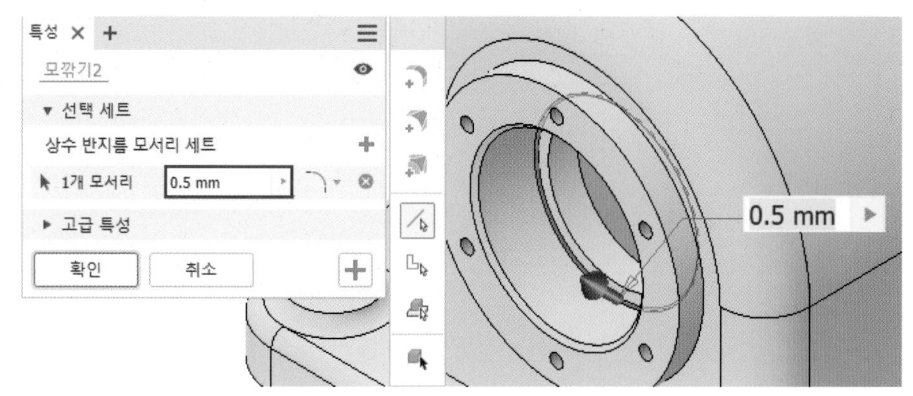

**24** [미러] 명령을 실행하고 다음과 같이 옵션 및 미러 평면을 입력하여 형상을 작성합니다.

· 피쳐 유형 : 개별 피쳐 미러 / · 미러 평면 : YZ 평면

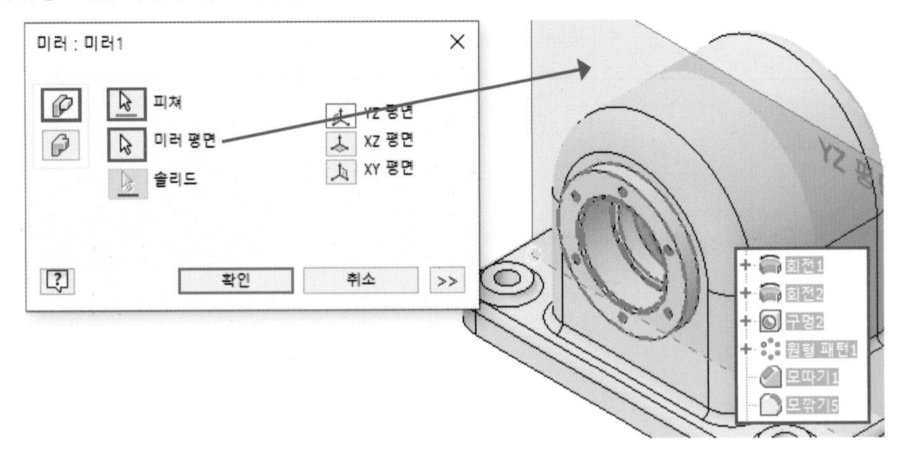


**25** [모깎기] 명령을 실행하고 다음과 같이 선택한 모서리에 3mm의 모깎기를 작성합니다.

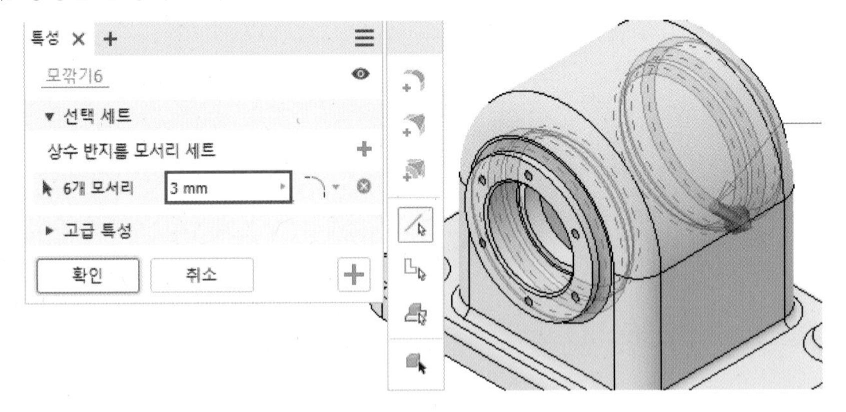


**26** [스케치1]을 마우스 우측 버튼으로 클릭하여 다음과 같이 스케치를 편집합니다.

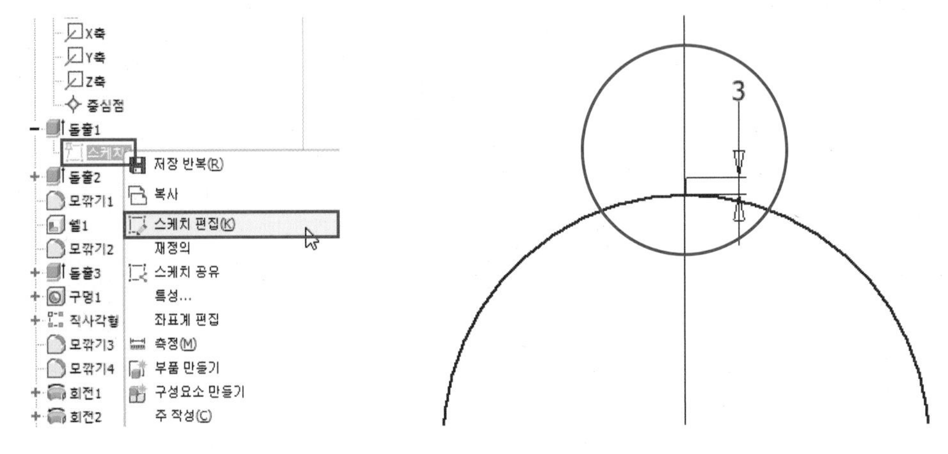

**27** [스케치1]의 가시성을 켠 후 [점을 통과하여 축에 수직] 명령으로 다음과 같이 작업 평면을 작성합니다.

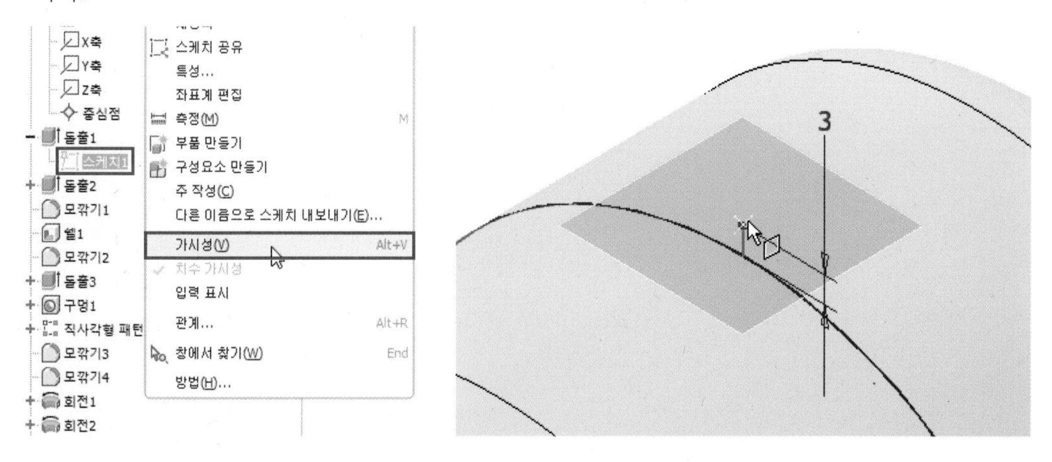


**28** 선택한 평면에 다음과 같이 스케치를 작성합니다.

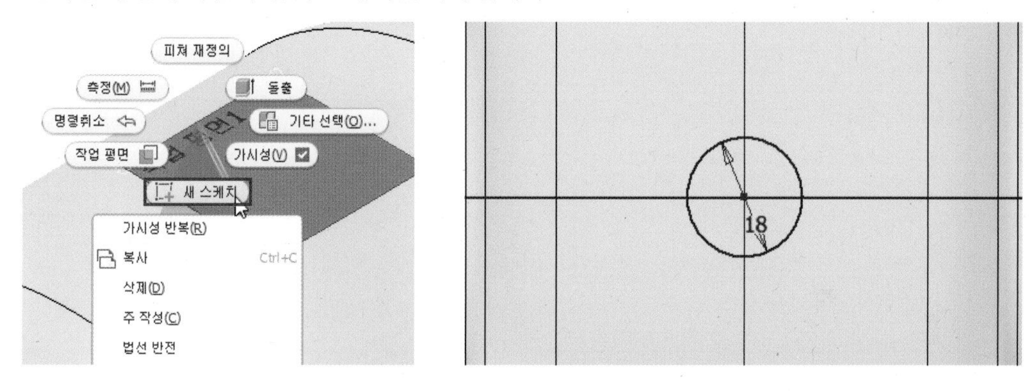


**29** [돌출] 명령을 실행하고 다음과 같이 옵션 및 거리를 입력하여 형상을 작성합니다.

· 방향 : 반전 / · 거리 : 끝 / · 출력 : 접합

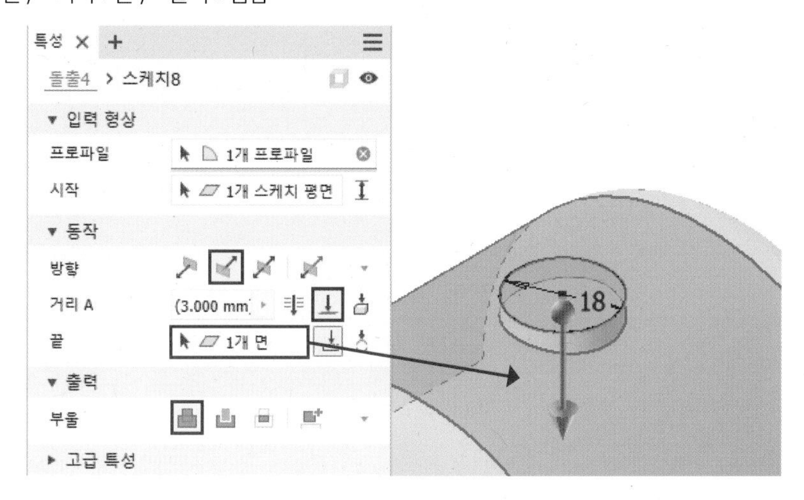

**30** 선택한 평면에 다음과 같이 스케치를 작성합니다.

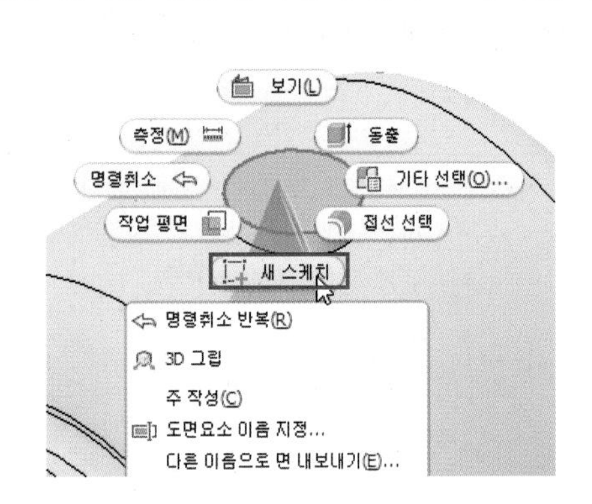


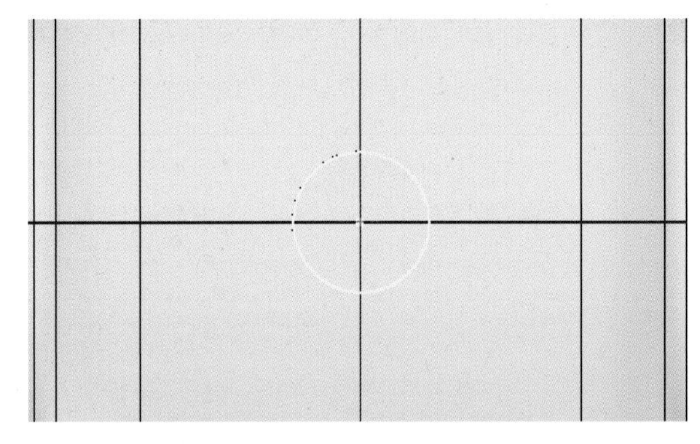

**31** [구멍] 명령을 실행하고 다음과 같이 옵션 및 크기를 입력하여 형상을 작성합니다.

· 구멍 유형 : 탭 구멍 / · 시트 : 접촉 공간 / · 유형 : ISO Metric profile / · 크기 : 6 / · 지정 : M6x0.75

· 종료 : 전체 관통 / · 방향 : 기본값 / · 접촉 공간 지름 : 10mm / · 접촉 공간 깊이 : 1mm

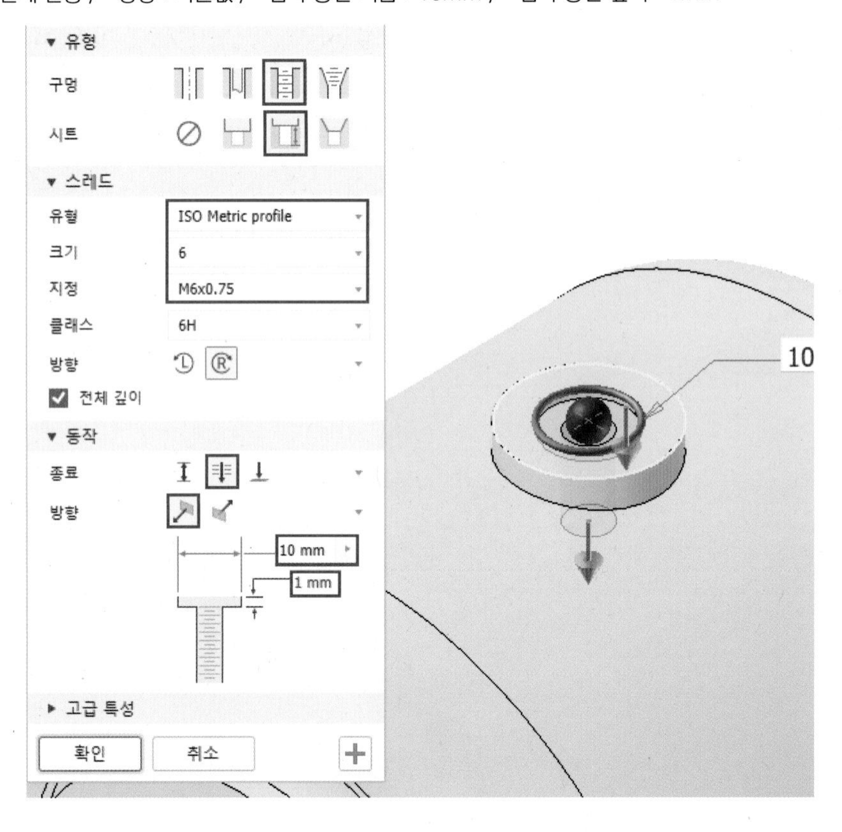

**32** [모깎기] 명령을 실행하고 다음과 같이 선택한 모서리에 3mm의 모깎기를 작성합니다.

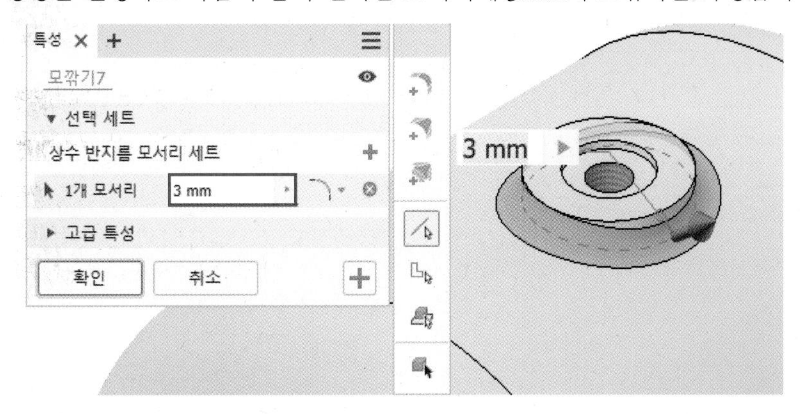


**33** 하우징 모델링이 완료되었습니다.

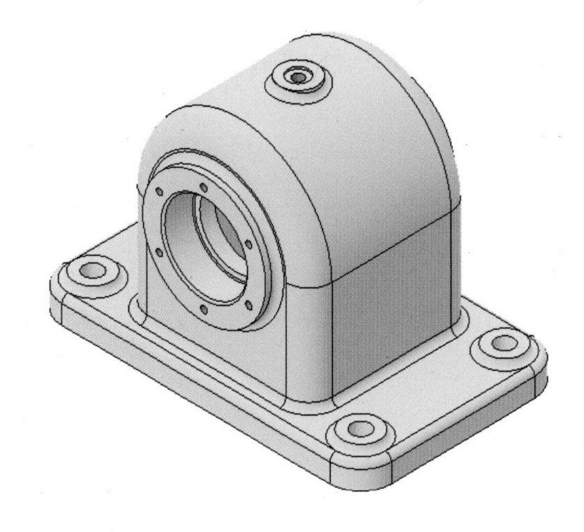

1

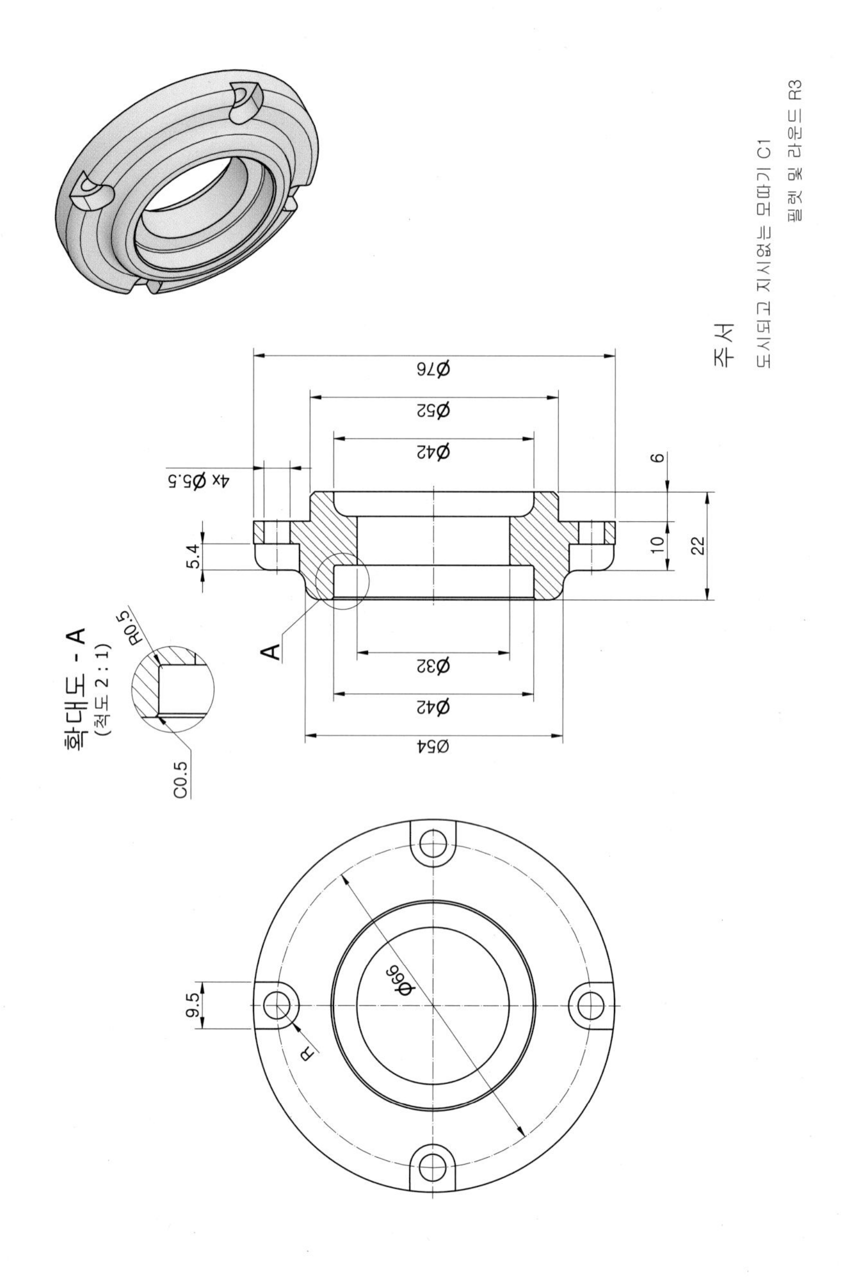
주서
도시되고 지시없는 모따기 C1
필렛 및 라운드 R3
확대도 - A
(척도 2 : 1)
R0.5
C0.5
A
Ø76
Ø52
Ø42
4x Ø5.5
5.4
6
10
22
Ø32
Ø42
Ø54
9.5
R
Ø66

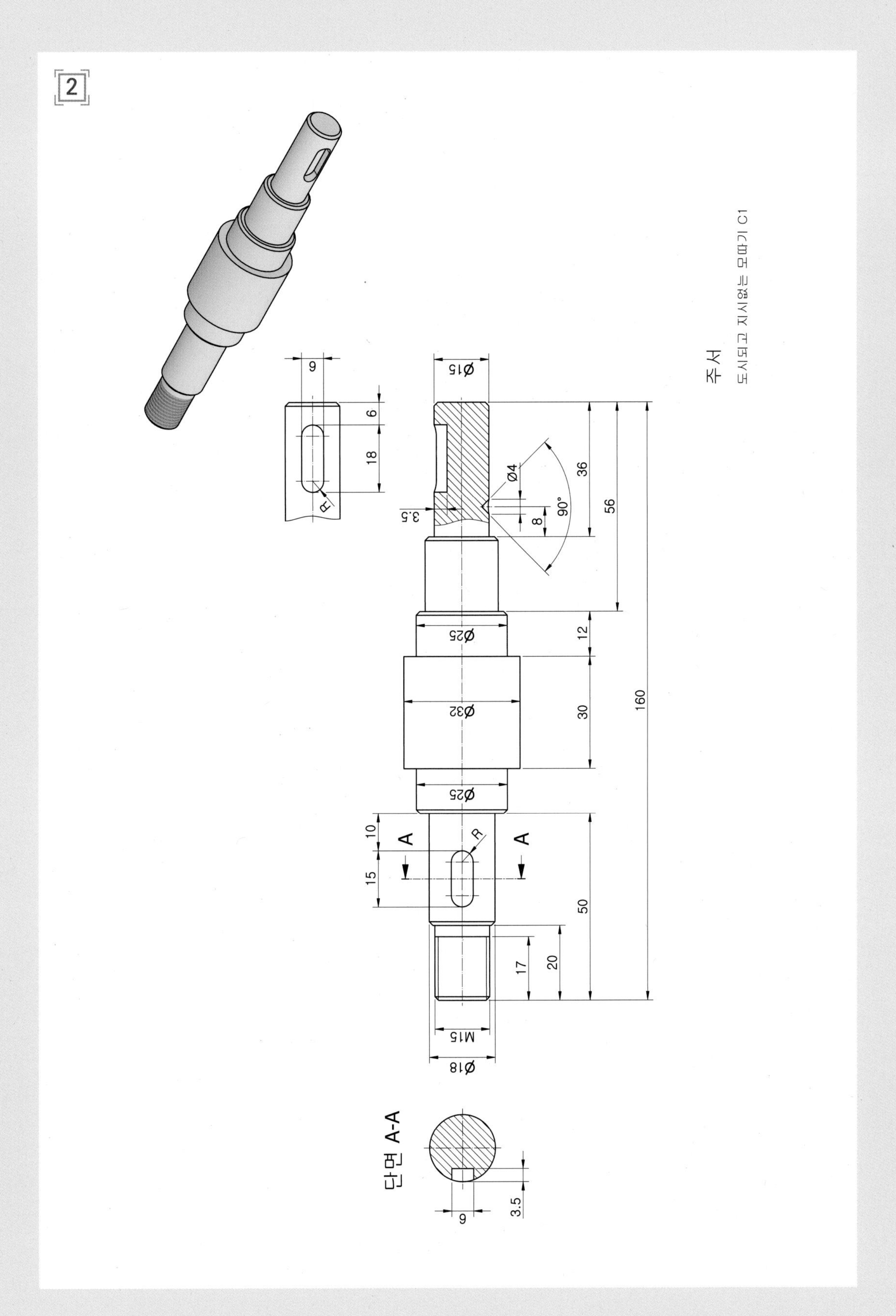
2
주서
도시되고 지시없는 모따기 C1
단면 A-A
A
A
Ø15
Ø25
Ø32
Ø25
Ø18
M15
Ø4
90°
R
R
36
56
12
30
160
50
20
17
15
10
6
18
9
8
3.5
3.5
9

3

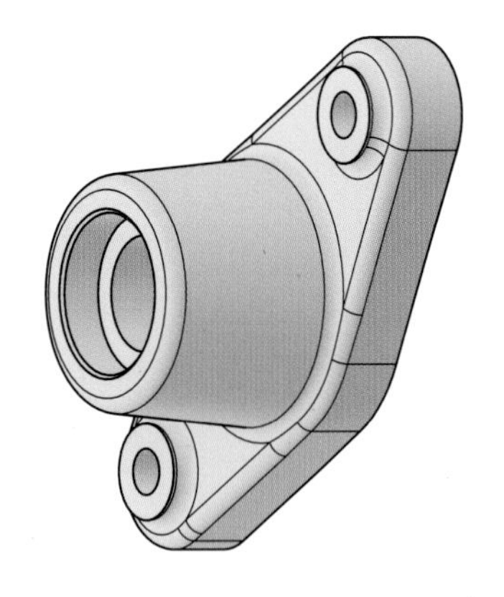

주서
도시되고 지시없는 모따기 C1
필렛 및 라운드 R4

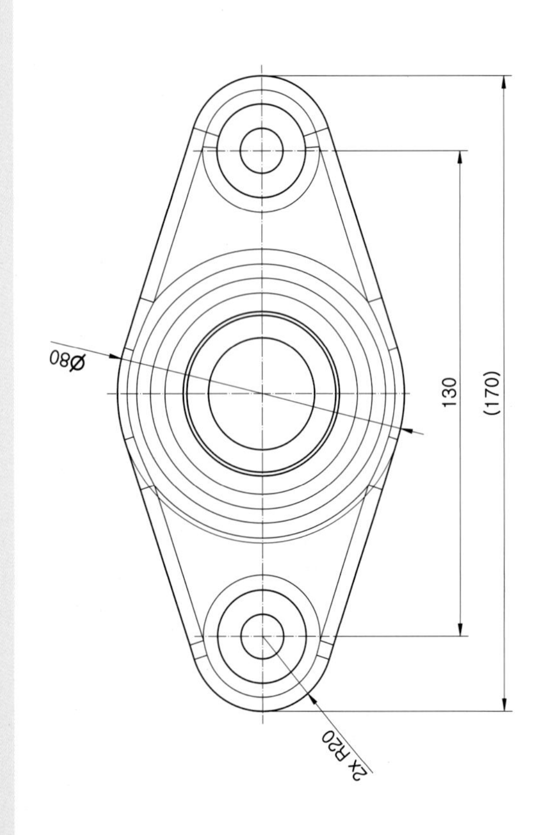


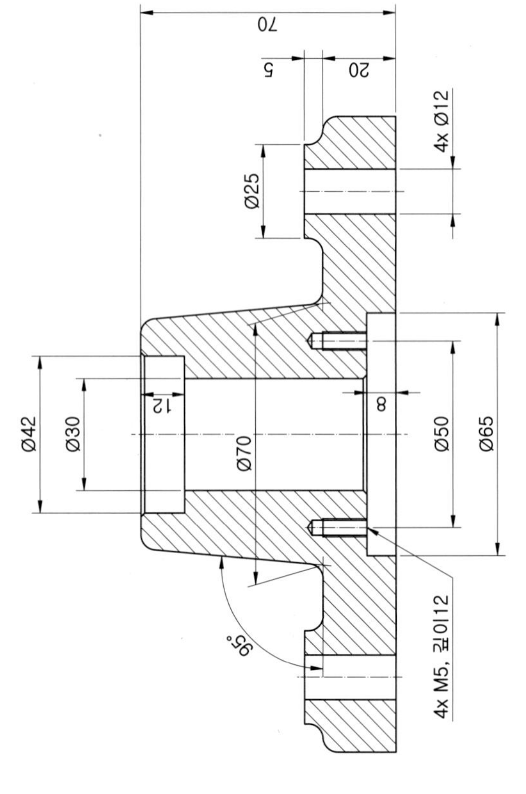

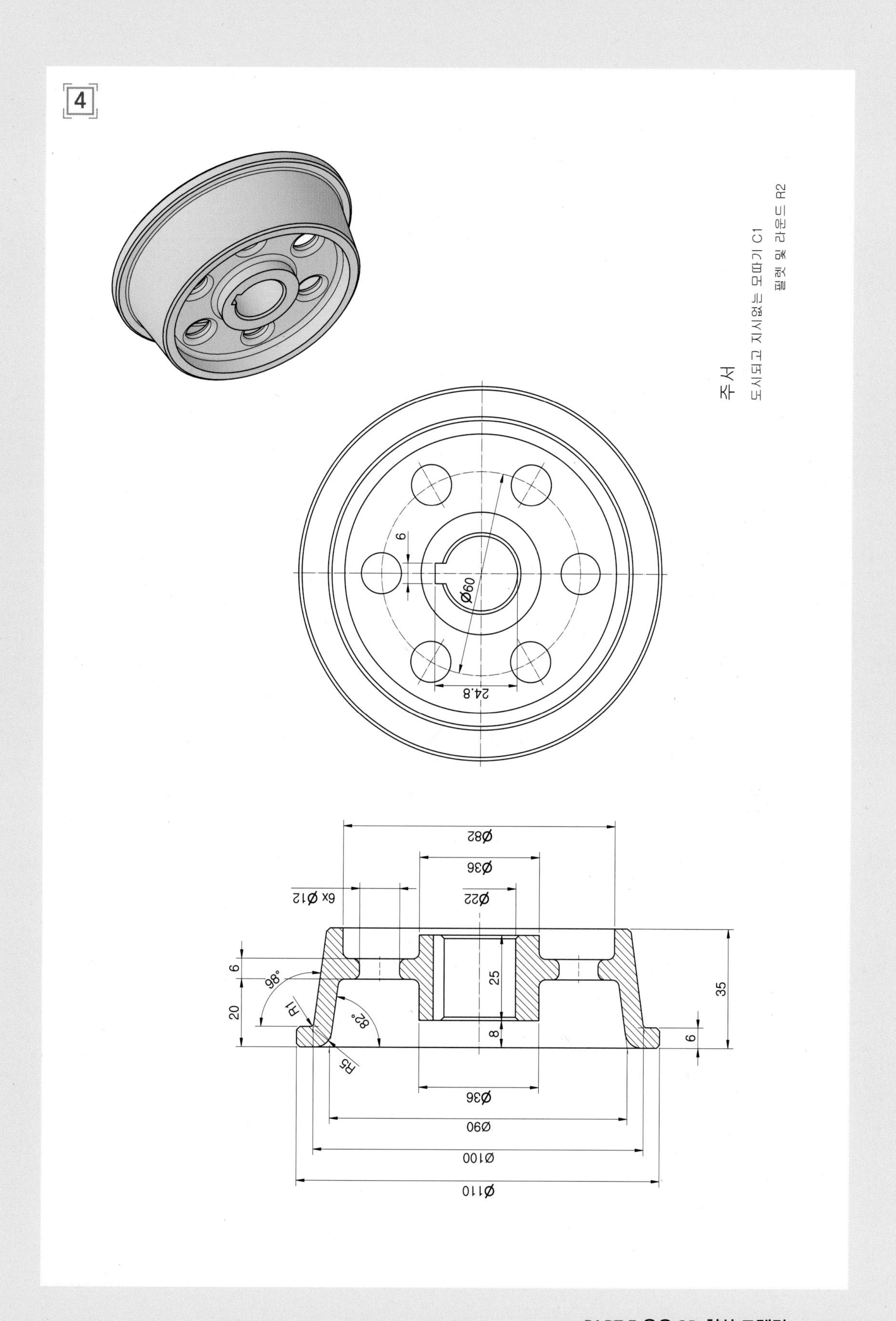
4
주서
도시되고 지시없는 모따기 C1
필렛 및 라운드 R2
6
Ø60
24.8
Ø82
Ø36
6x Ø12
Ø22
6
98°
20
R1
82°
R5
25
8
35
6
Ø36
Ø90
Ø100
Ø110

5

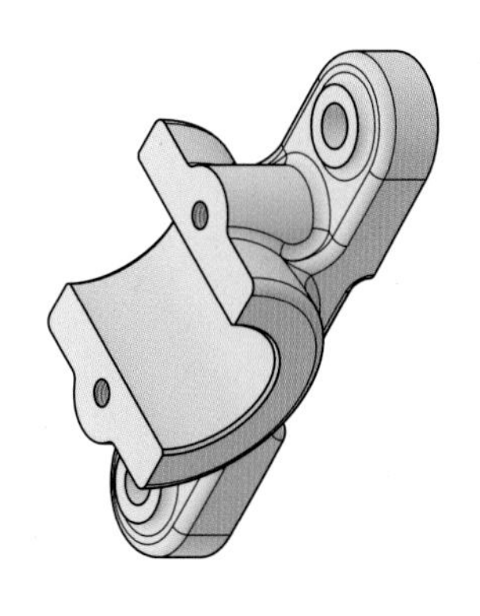

주서

도시되고 지시없는 모따기 C1

필렛 및 라운드 R3

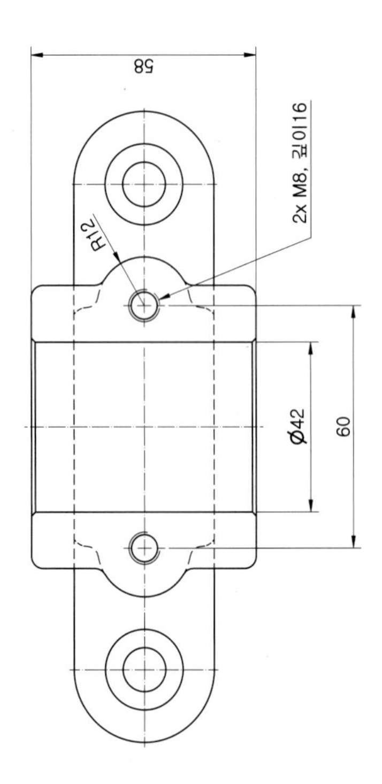


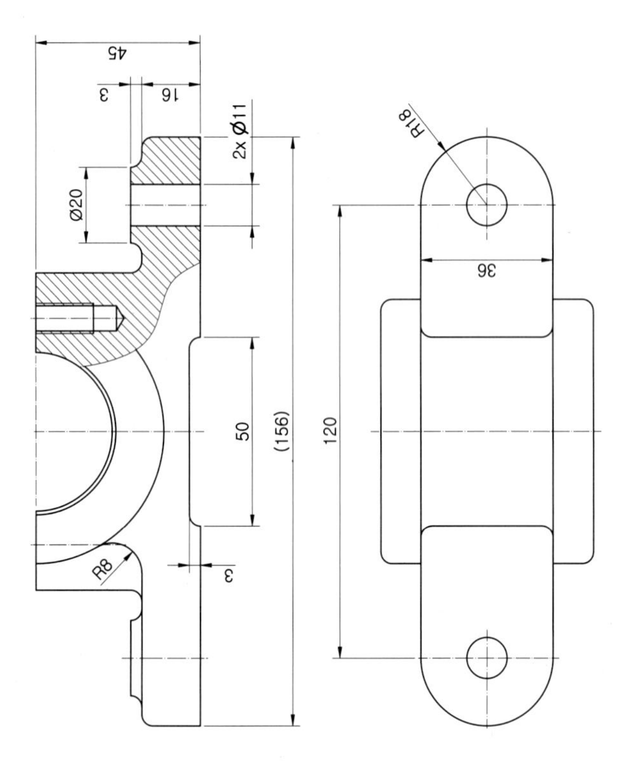

6

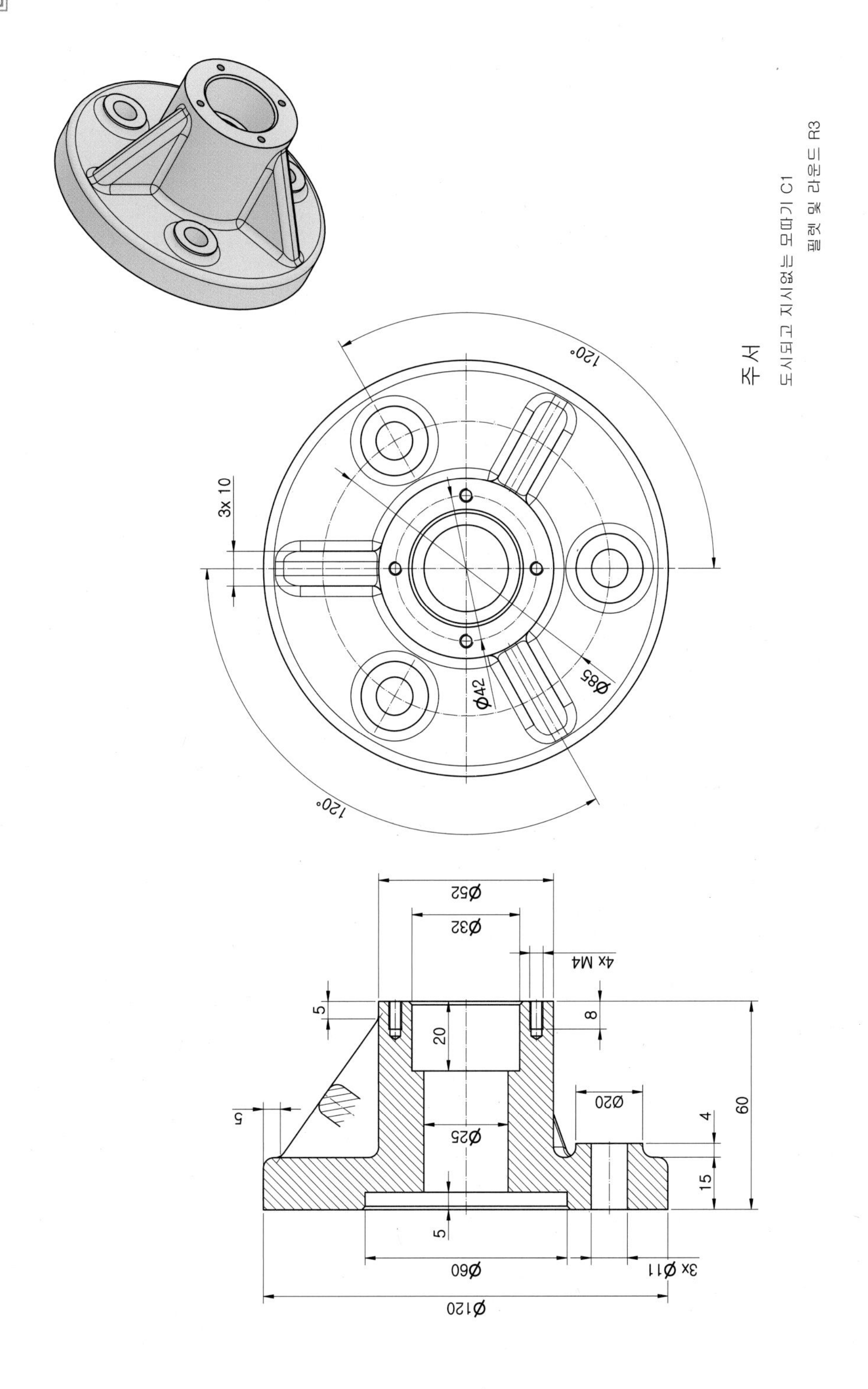
주서
도시되고 지시없는 모따기 C1
필렛 및 라운드 R3
120°
120°
3x 10
Ø42
Ø85
Ø52
Ø32
4x M4
5
20
8
5
Ø20
Ø25
4
60
15
5
Ø60
3x Ø11
Ø120

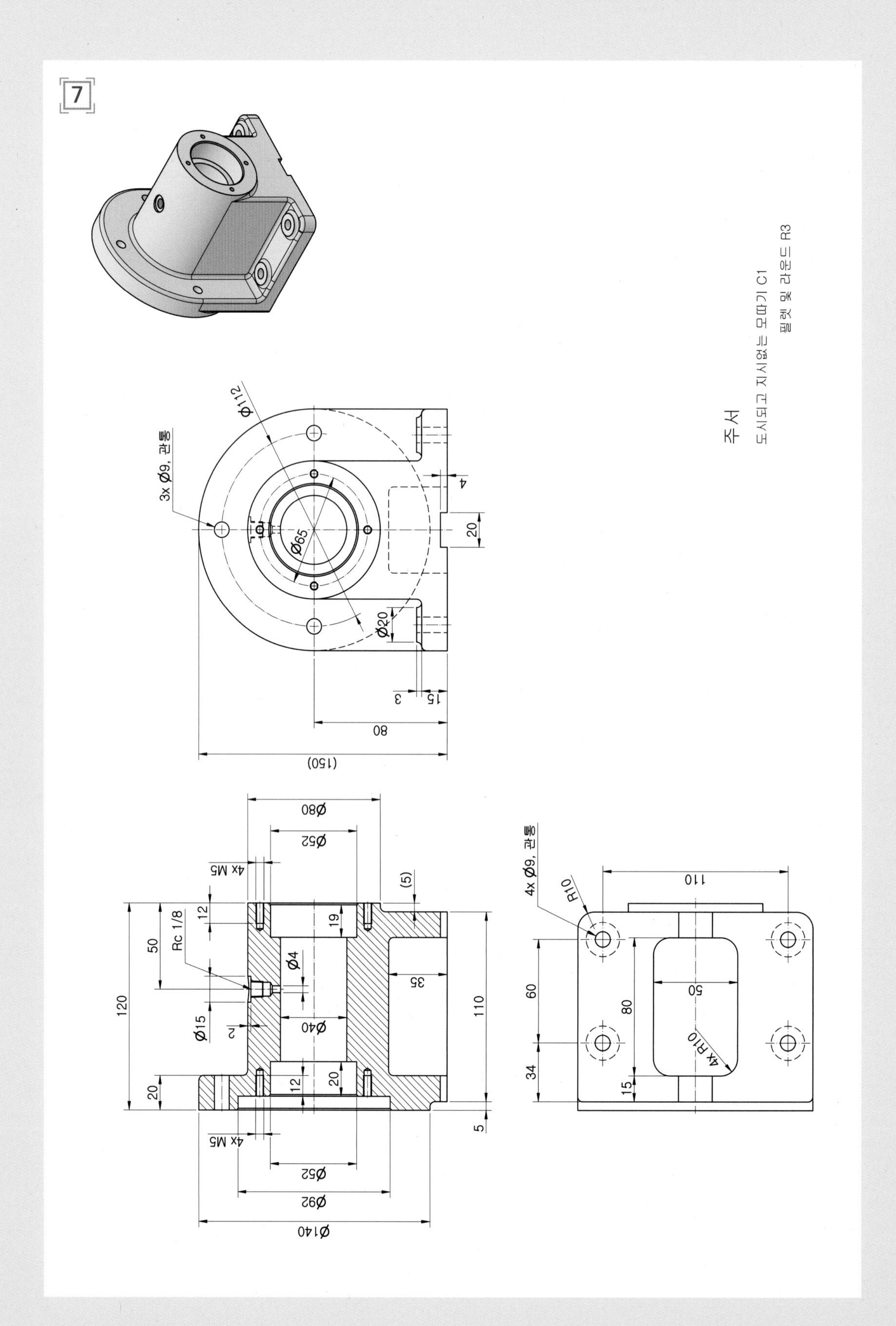
7
주서
도시되고 지시없는 모따기 C1
필렛 및 라운드 R3

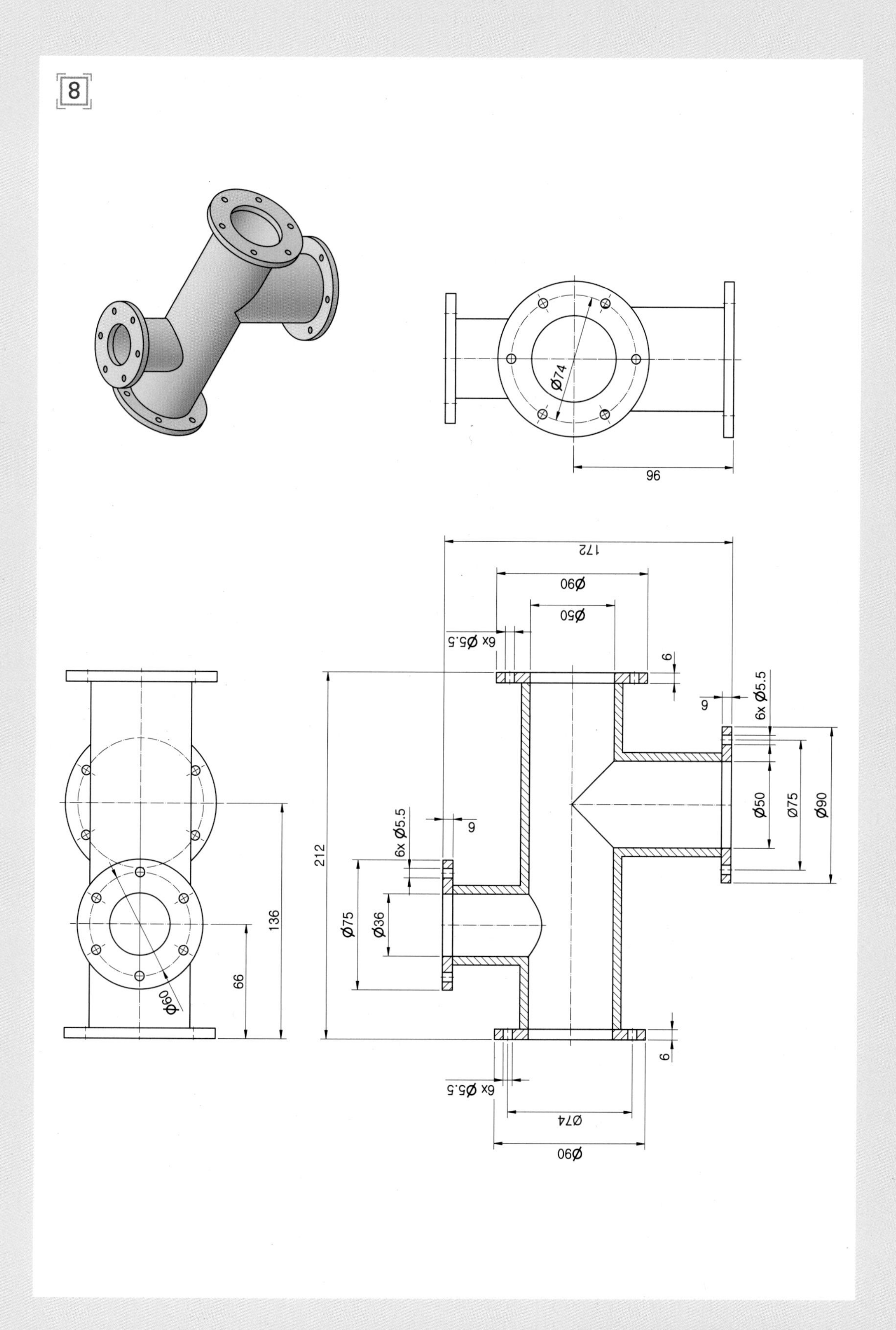
8
Ø74
96
172
Ø90
Ø50
6x Ø5.5
6
212
Ø75
Ø36
136
66
Ø60
Ø74
Ø90

# CHAPTER. 06

# 3D 형상 모델링 검토 및 매개변수

SECTION 01

# 3D 형상 모델링 검토

## 01 측정

측정은 부품, 조립품, 도면 환경에서 점, 모서리, 면 등을 선택하여 형상의 크기나 형상 또는 부품 간의 거리 등의 값을 확인할 수 있는 명령이며, 여러 측정 값도 합산하여 확인할 수 있습니다.

- **모서리를 선택하여 길이 확인**

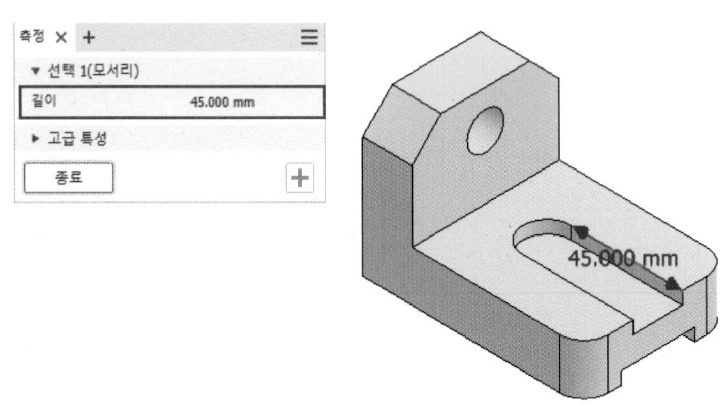

- **면을 선택하여 둘레와 면적 확인**

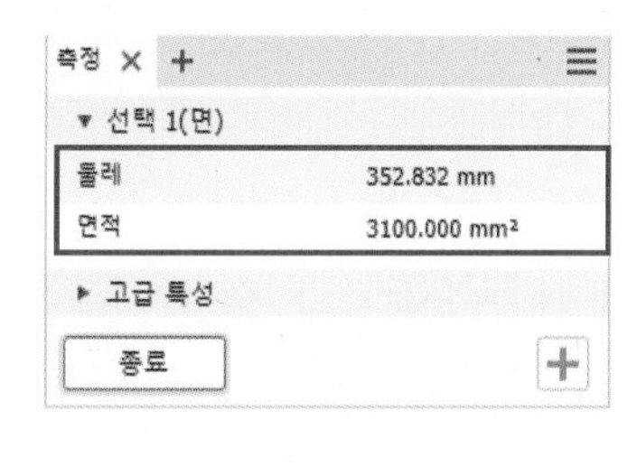


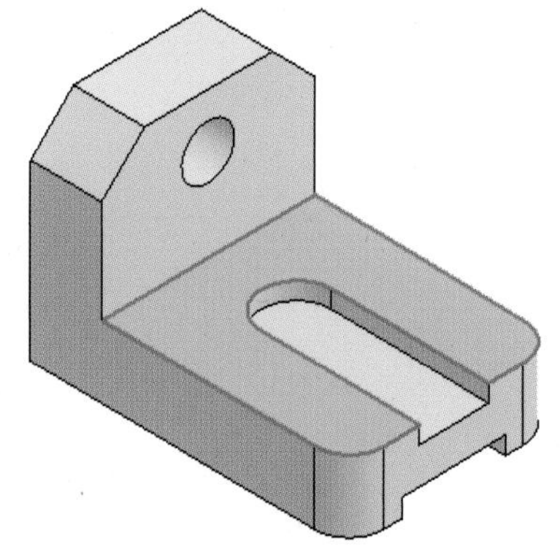

- **면과 면을 선택하여 거리 확인**

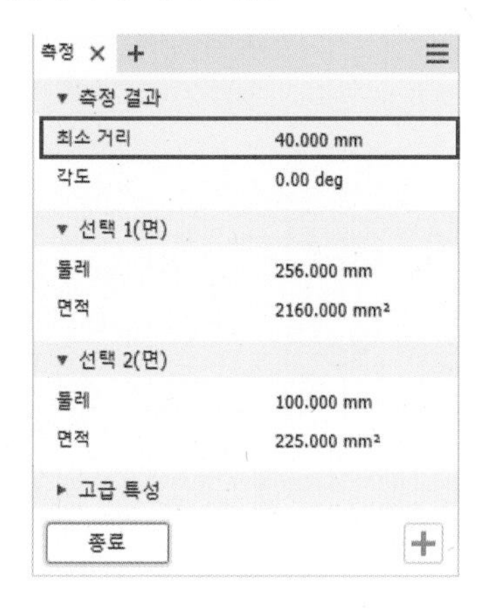


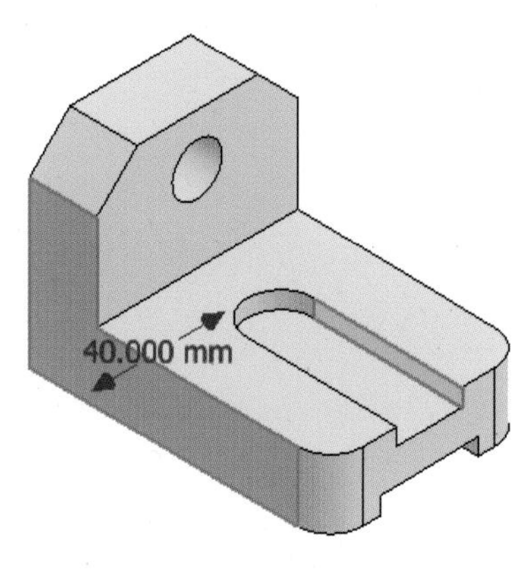


- **면과 면을 선택하여 각도 확인**

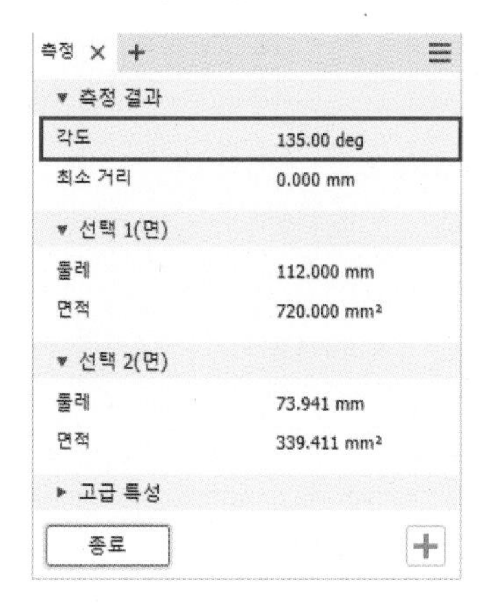


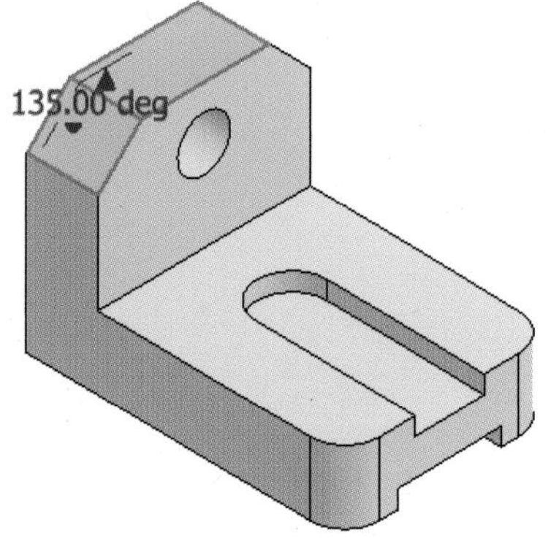

- **점과 점을 선택하여 거리 확인**

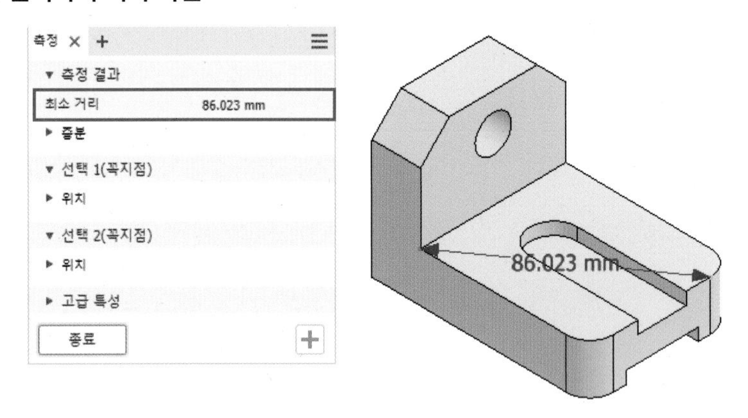


- **호를 선택하여 반지름 확인**

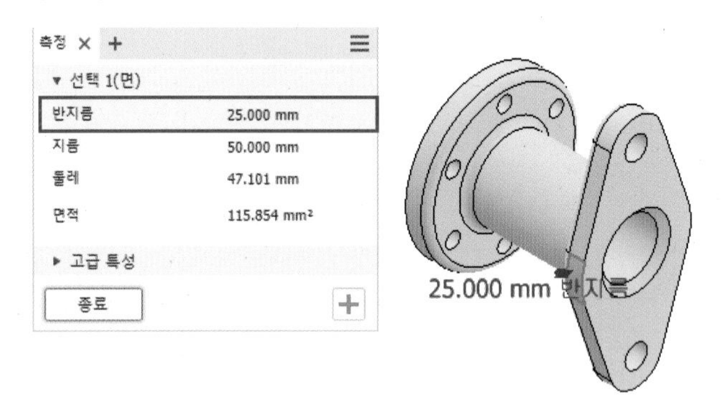


- **원을 선택하여 지름 확인**

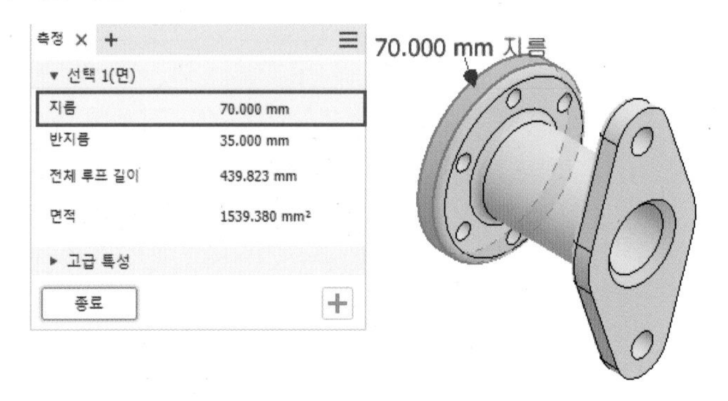

- **원통과 원통을 선택하여 중심 거리 확인**

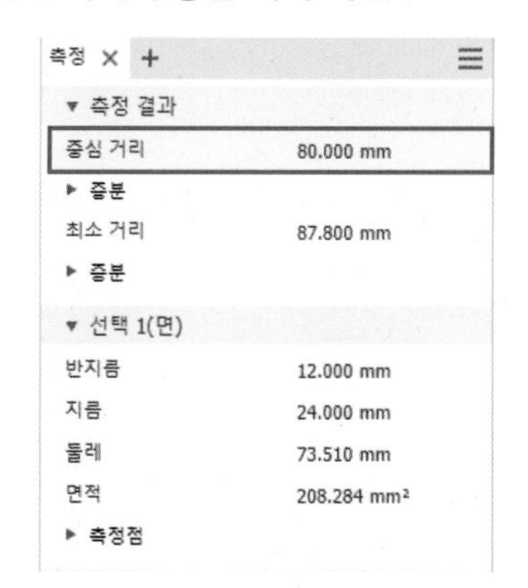


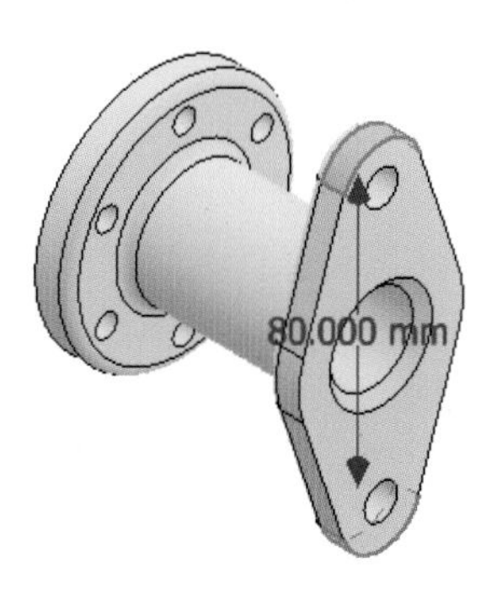


## TIP

부품이나 조립품을 측정할 때 원하는 요소 선택이 어려운 경우 [기타 선택]을 활용해 원하는 요소를 선택할 수 있습니다.

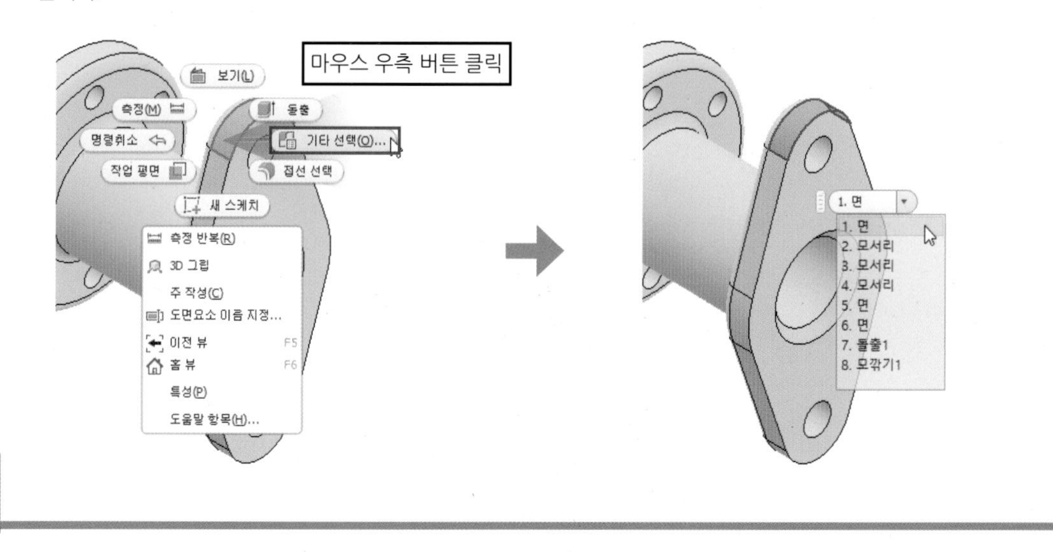

## 02 iProperties

iProperties에서는 부품 또는 조립품 환경에서 작성한 부품의 질량, 면적, 체적 등의 물리적 특성을 확인할 수 있으며, 응용프로그램 메뉴 또는 검색기의 부품 이름에서 마우스 오른쪽 버튼을 클릭해 실행할 수 있습니다.

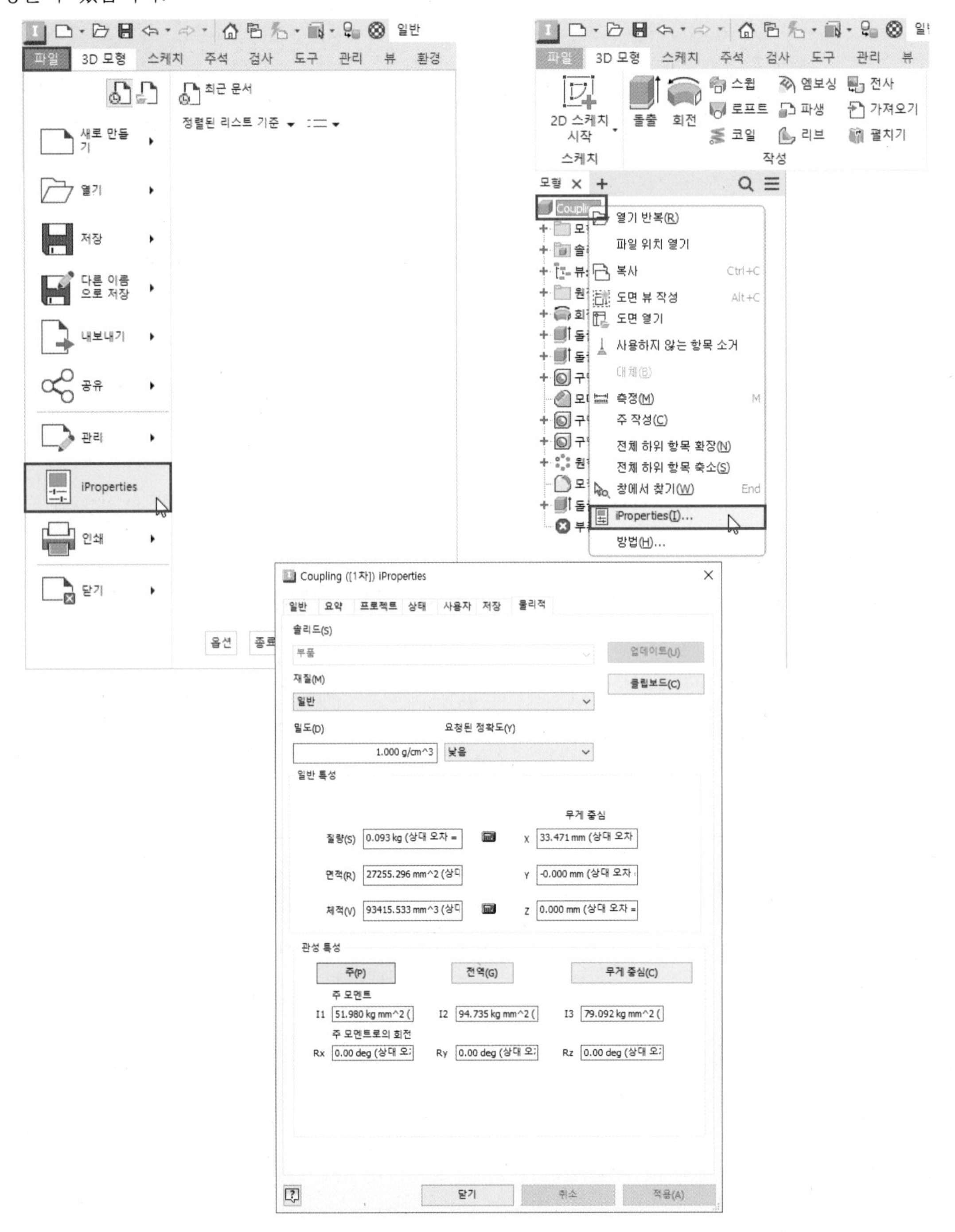

[물리적] 탭에서 재질을 선택하면 밀도가 적용되어 설계한 부품의 질량을 확인할 수 있습니다.

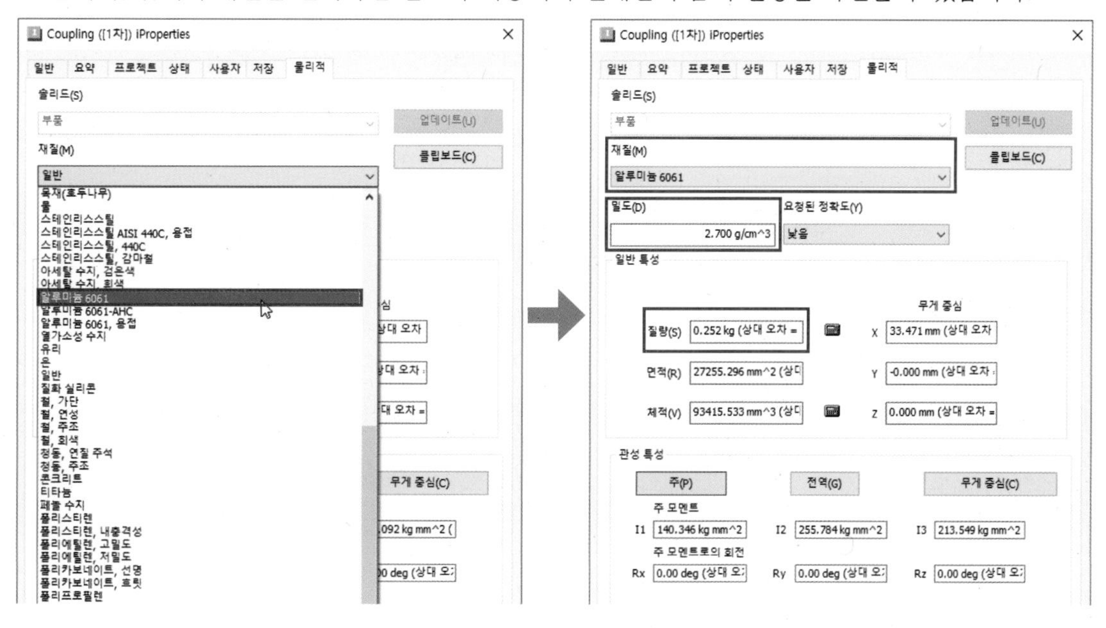

질량, 길이 등 iProperties 대화상자에서 표시되는 단위는 [도구] 탭 - 문서 설정 도구 [단위] 탭에서 변경할 수 있습니다. (예 : 킬로그램 kg 〉 그램 g)

이 단위는 부품 환경에 적용되어 길이 단위를 변경하면 스케치하거나 피쳐를 생성할 때도 적용되니 주의해서 변경하기 바랍니다.

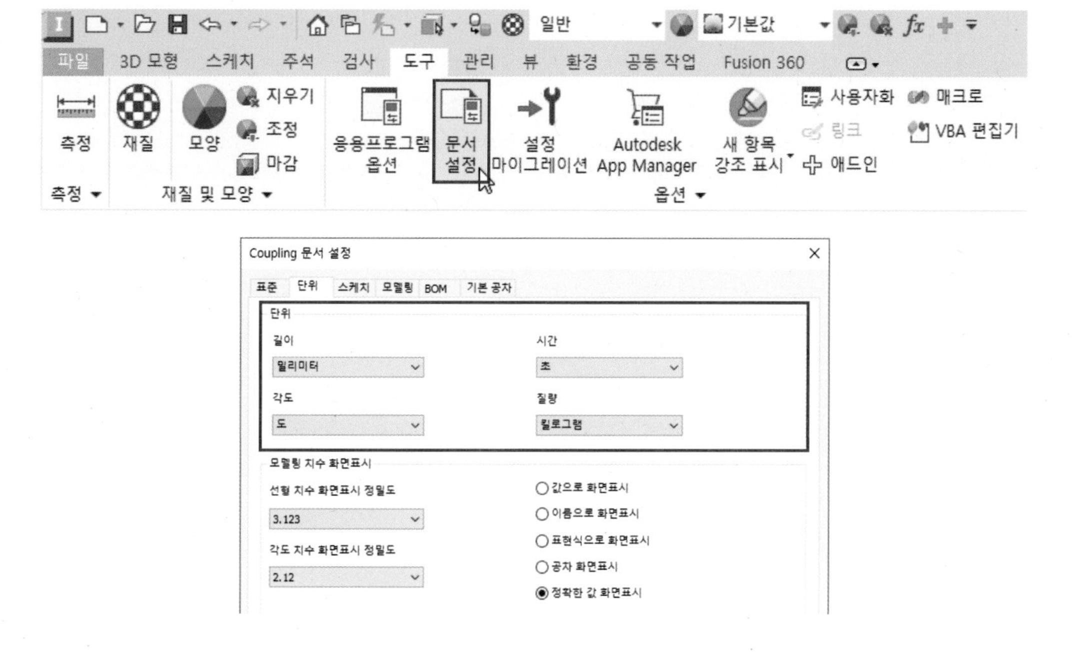

## 03 피쳐 편집

작성된 피쳐를 편집하기 위해서는 검색기에서 편집할 피쳐를 더블 클릭하거나, 마우스 오른쪽 버튼으로 클릭한 다음 [피쳐 편집]을 선택합니다.

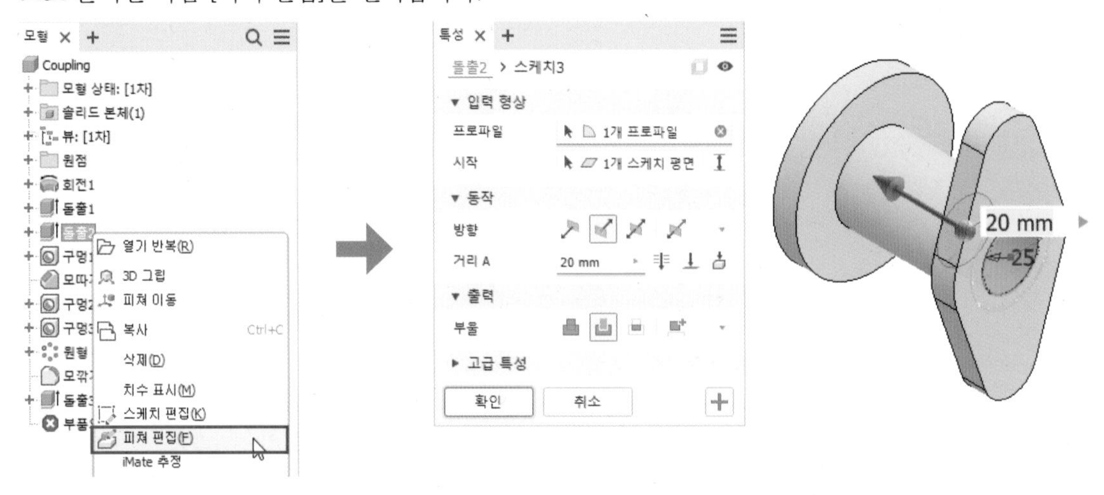


## 04 피쳐 삭제

작성한 피쳐를 사용하지 않는 경우 해당 피쳐를 선택해 삭제할 수 있으며, 피쳐 삭제 대화상자에서 사용된 스케치 삭제 여부를 선택할 수 있습니다.

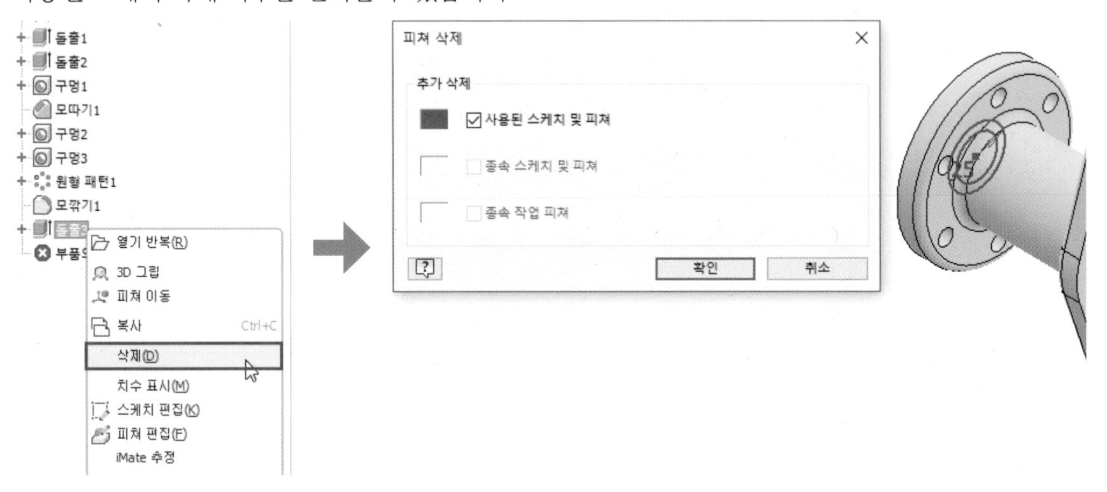

## TIP

피쳐를 삭제할 때 종속된 피쳐가 있을 경우 검색기와 그래픽 디스플레이에 종속된 피쳐들이 함께 표시되며, 삭제할 피쳐와 종속된 피쳐의 관계를 확인하여 피쳐 삭제 대화상자에서 종속된 피쳐도 함께 삭제할지 여부를 선택합니다.

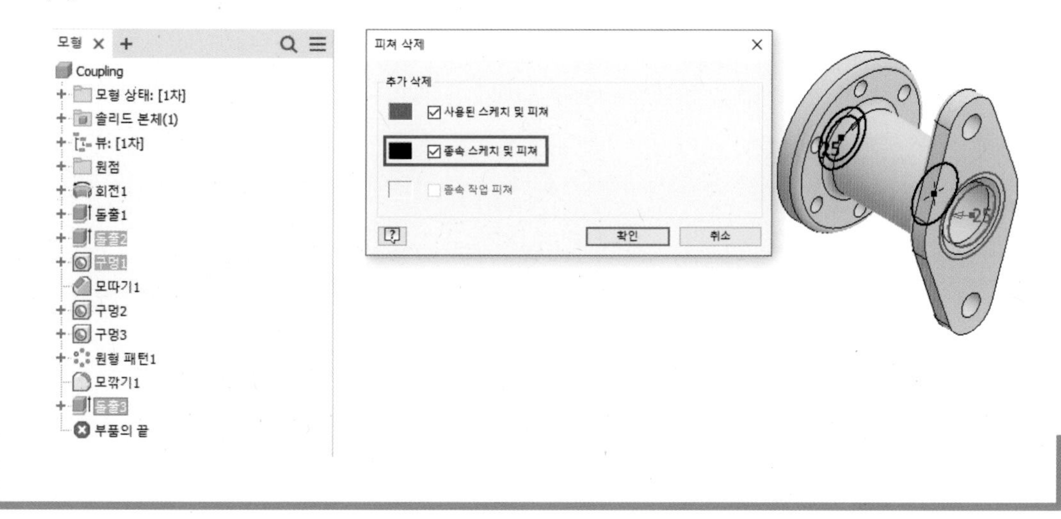


## 05 피쳐 억제

일시적으로 피쳐를 사용하지 않는 경우 피쳐 억제를 사용할 수 있습니다. 억제된 피쳐는 설계에 적용되지 않으며 검색기에서 취소선이 추가됩니다.

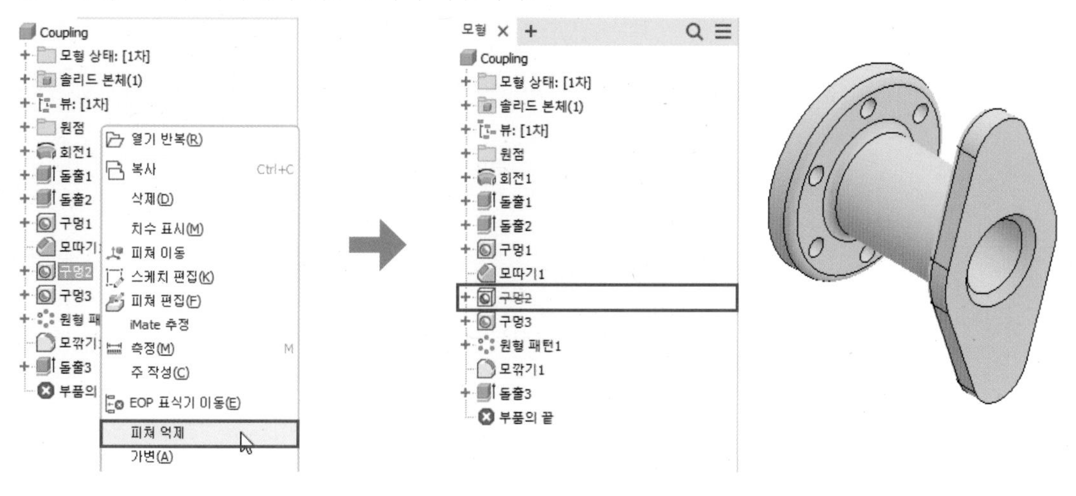

억제된 피쳐를 다시 사용해야 할 경우 검색기에서 피쳐를 마우스 오른쪽 버튼을 클릭하고 피쳐 억제해제를 선택합니다. 억제 해제된 피쳐는 다시 설계에 적용됩니다.

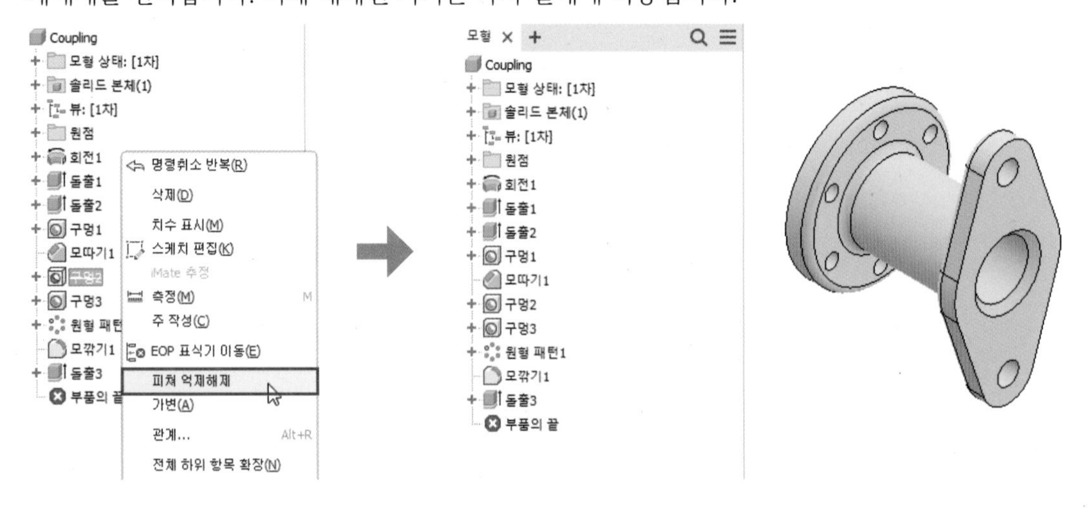


## TIP

피쳐를 억제할 때 종속된 피쳐가 있을 경우 이 피쳐도 함께 억제됩니다.

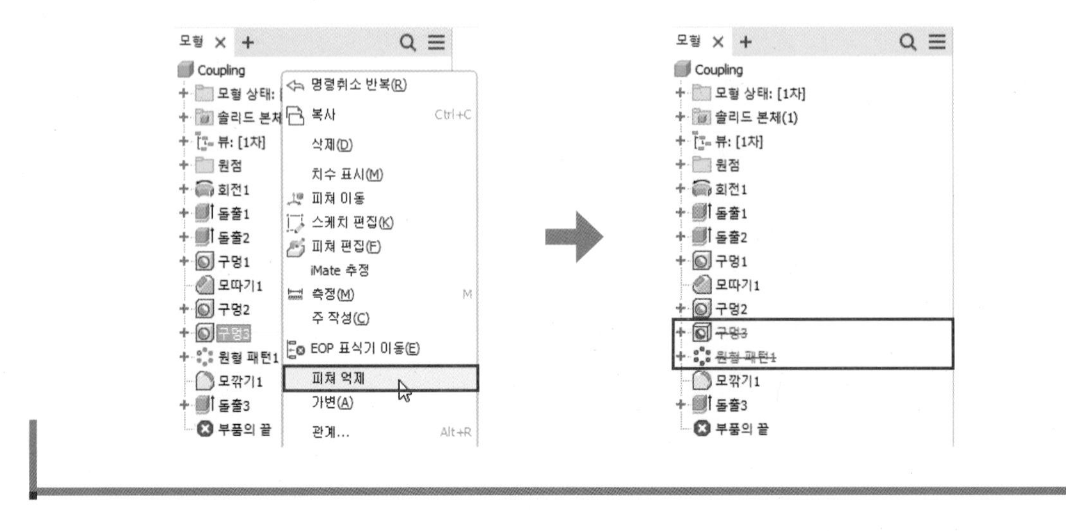

## 06 부품의 끝 (EOP, End of Part)

부품 환경에서 모델링할 때 생성하는 피쳐는 검색기의 부품의 끝 위에 생성되는 것을 알 수 있습니다. 부품의 끝은 사용자가 드래그 하여 위치를 조정할 수 있으며 부품의 끝 아래에 있는 피쳐는 억제됩니다.

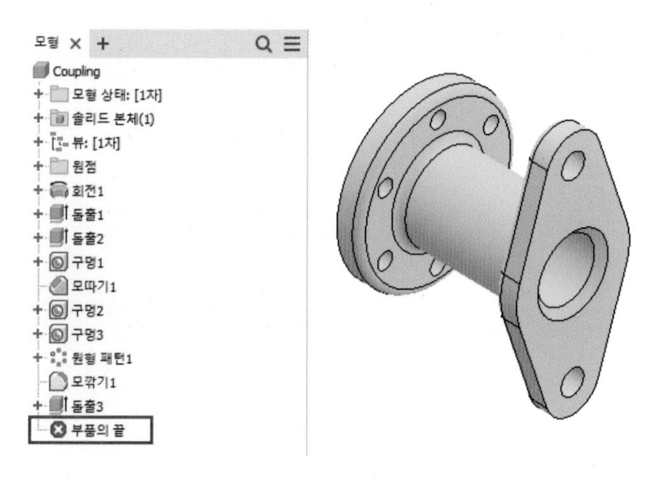


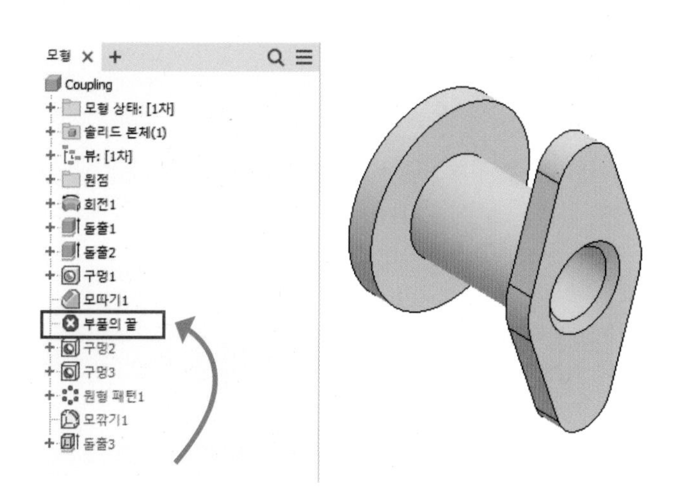


부품의 끝 아래 피쳐는 억제된 상태

부품 모델링을 작성하는 도중 오류가 발생했을 때 피쳐가 많은 경우 오류를 찾기 어렵지만 부품의 끝을 활용하면 오류가 발생한 위치를 찾는데 도움이 될 수 있습니다.

사용자는 부품의 끝을 위로 끌어올려 처음으로 모형을 되돌린 다음 오류가 발생한 피쳐를 찾을 때까지 부품의 끝을 한 피쳐씩 아래로 이동하여 피쳐에 오류가 발생했는지 확인합니다.

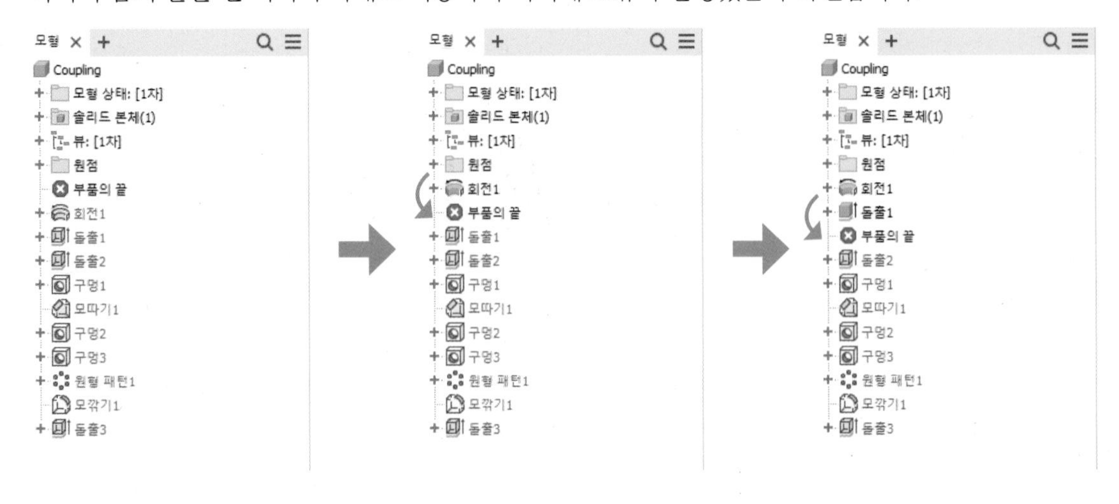


부품의 끝 아래의 모든 피쳐를 삭제할 경우 검색기 부품의 끝 기호에서 마우스 오른쪽 버튼을 클릭하여 [EOP 아래의 모든 피쳐 삭제]를 선택합니다.

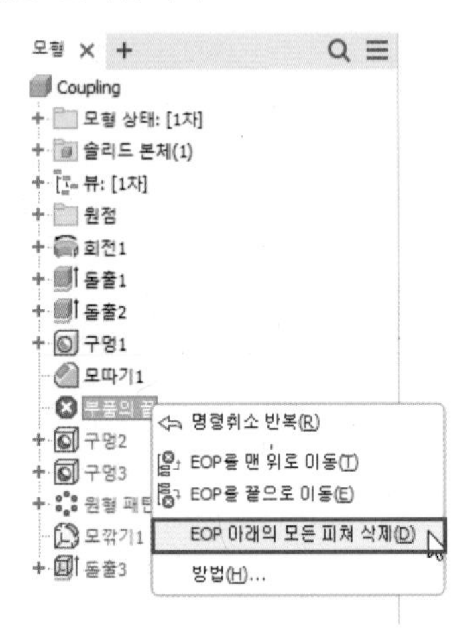

# 매개변수

SECTION 02

## 01 매개변수에 대해서

매개변수(파라미터)란 부품 환경에서 형상의 크기와 모양을 정의하고 조립품 환경에서 부품 간의 위치나 거리를 제어할 수 있는 기능입니다.

Inventor에서는 부품 환경에서 스케치의 치수를 정의하거나 피쳐를 생성할 때 조립품 환경에서 구속조건을 추가할 때 모형 매개변수가 자동으로 정의되며, 이 매개변수에는 기본적으로 d0, d1, d2로 이름이 지정되지만 사용자가 매개변수를 쉽게 알아볼 수 있도록 이름을 재지정할 수 있습니다.

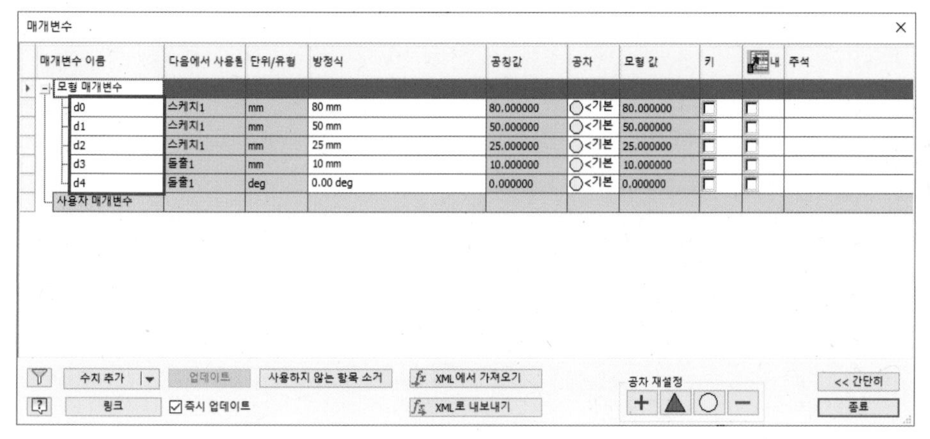

매개변수 대화상자

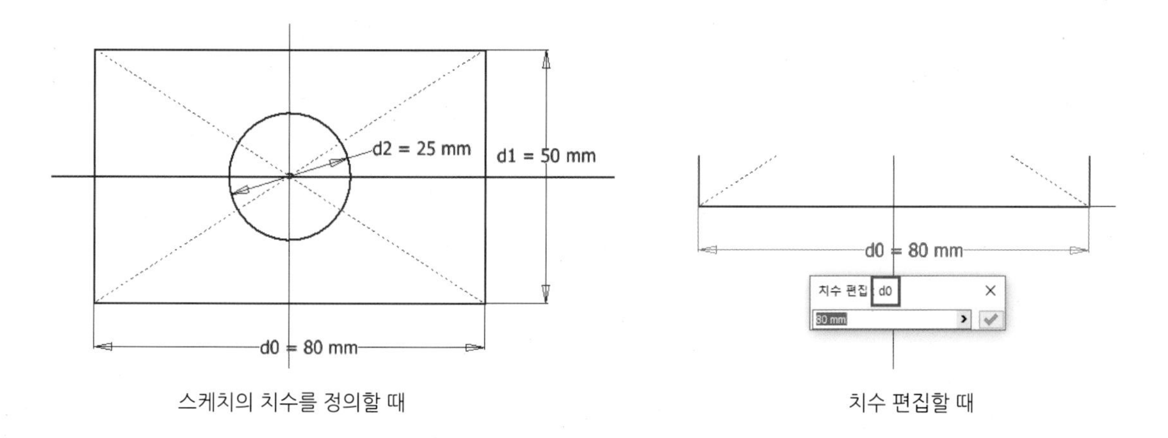

스케치의 치수를 정의할 때

치수 편집할 때

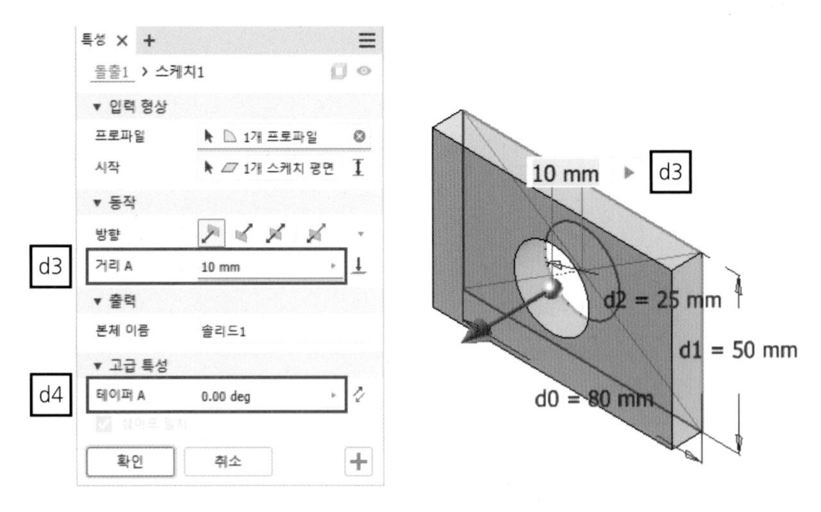


피쳐를 생성할 때

## TIP

스케치 환경에서 정의한 치수에 매개변수 이름을 표시하는 방법입니다.

**1) 마우스 우측 버튼 클릭 → 치수 화면 표시 → 표현식**

**2) 상태 막대 → 치수 화면 표시 → 표현식**

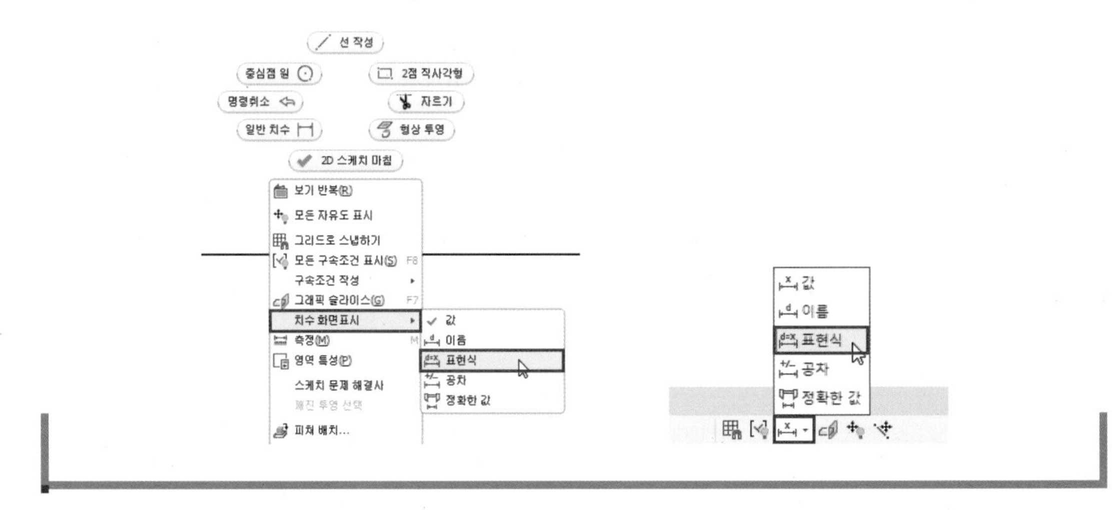

## 02 모형 매개변수 이름 지정

모형 매개변수의 이름은 매개변수 대화상자에서 지정할 수 있지만 〈매개변수 이름=값〉 형식을 사용하여 스케치의 치수를 입력하거나 피쳐 대화상자에서 값을 입력할 때도 지정할 수 있습니다.

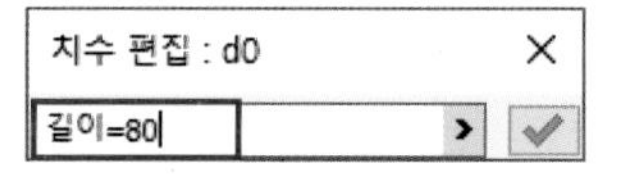


치수 편집 대화상자

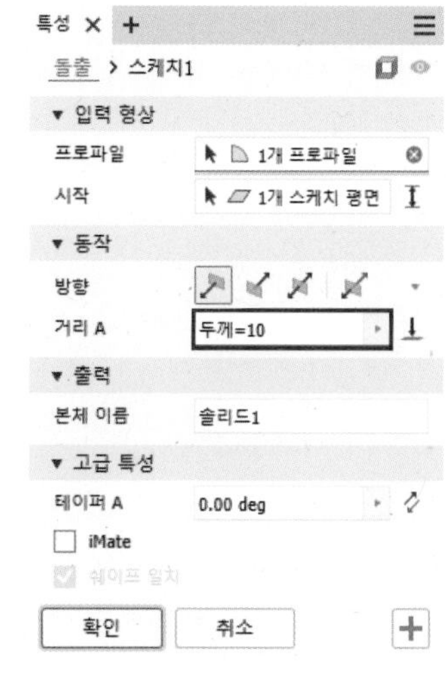


피쳐 생성 대화상자

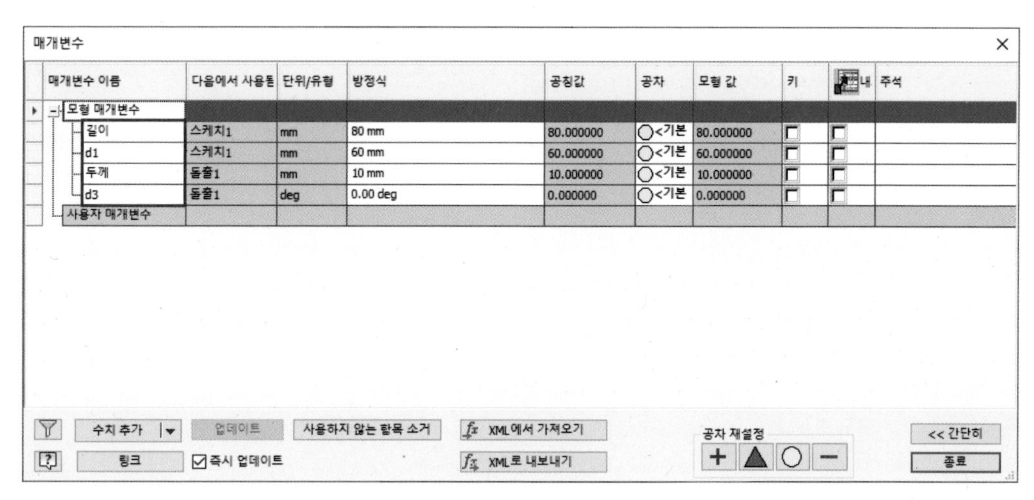


매개변수 대화상자

## 03 사용자 매개변수 추가

사용자 매개변수는 스케치에 치수를 입력하거나 피쳐를 생성할 때 추가되지 않으며, 매개변수 대화상자에서 추가할 수 있습니다.

매개변수 대화상자에서 [수치 추가]를 클릭한 다음 사용자 매개변수에 추가된 행에 매개변수의 이름과 방정식을 입력합니다.

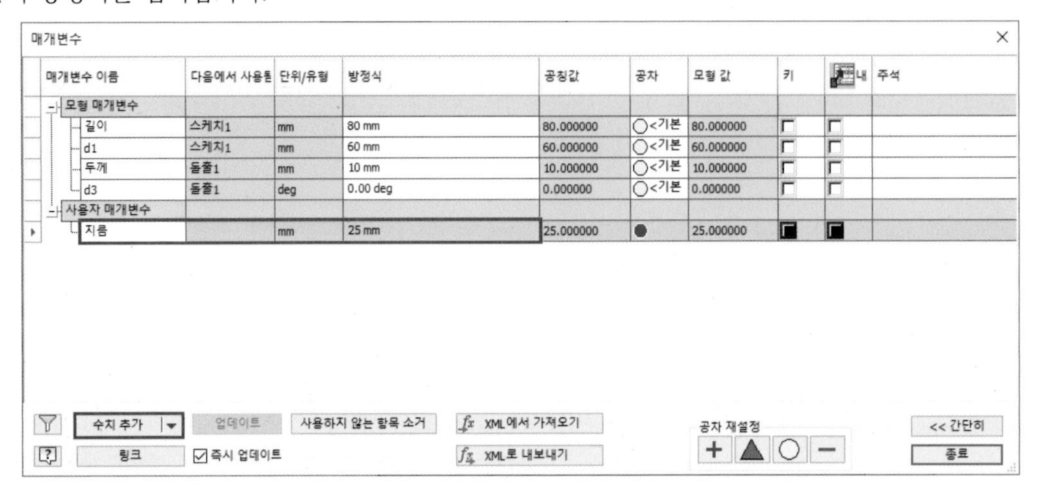


## 04 매개변수 사용

스케치 작업 중 치수를 입력할 때 작성된 치수를 선택하면 선택한 치수의 매개변수 이름이 사용됩니다.

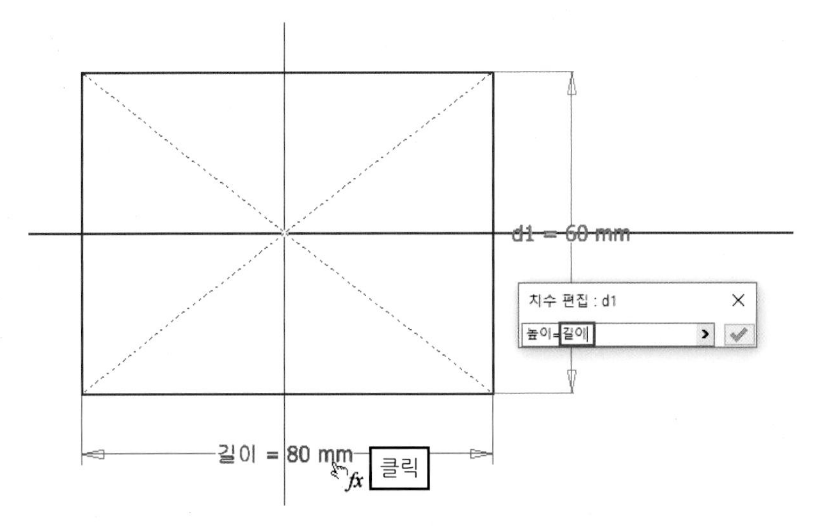

이름이 지정된 모형 매개변수와 사용자 매개변수는 치수 편집 대화상자나 피쳐 대화상자에서 값을 입력하는 필드에 매개변수 이름을 입력하거나 화살표를 클릭해 '매개변수 나열'을 선택하여 사용할 매개변수를 선택할 수 있습니다.

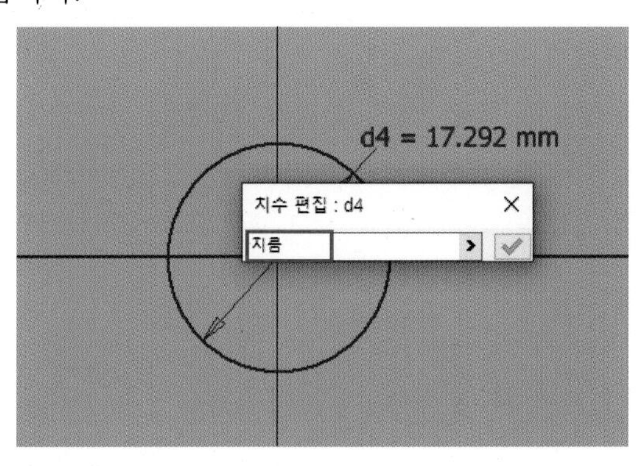


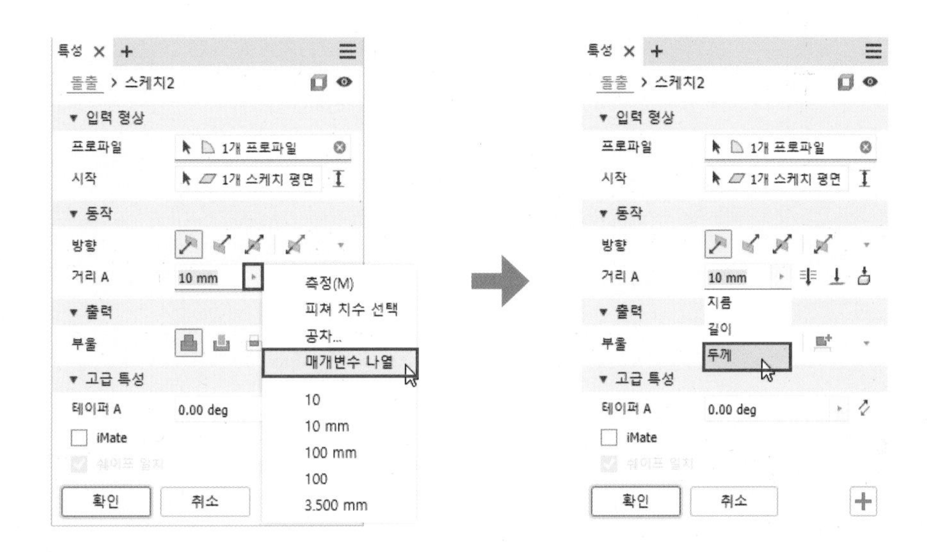


매개변수가 사용된 치수 앞에는 **fx** 기호가 추가됩니다.

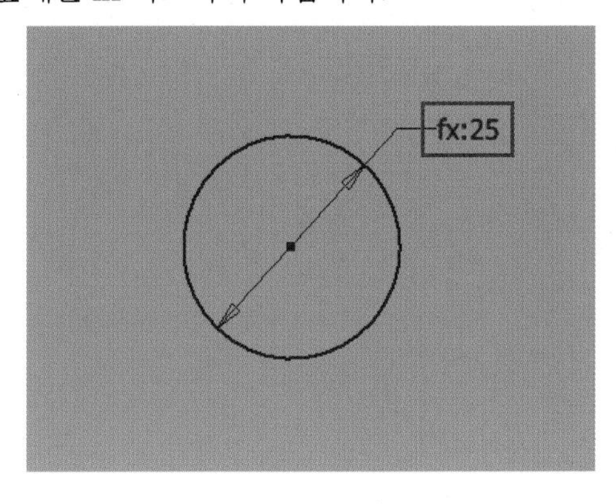

## 05 매개변수 제어

스케치를 작성하거나 피쳐를 생성할 때 방정식(equation)을 사용해 매개변수를 제어할 수 있습니다.

다음은 방정식을 사용한 간단한 예로 아래 형상의 직사각형의 높이를 길이의 -30으로 원의 지름을 높이의 1/2 크기로 지정하려고 합니다.

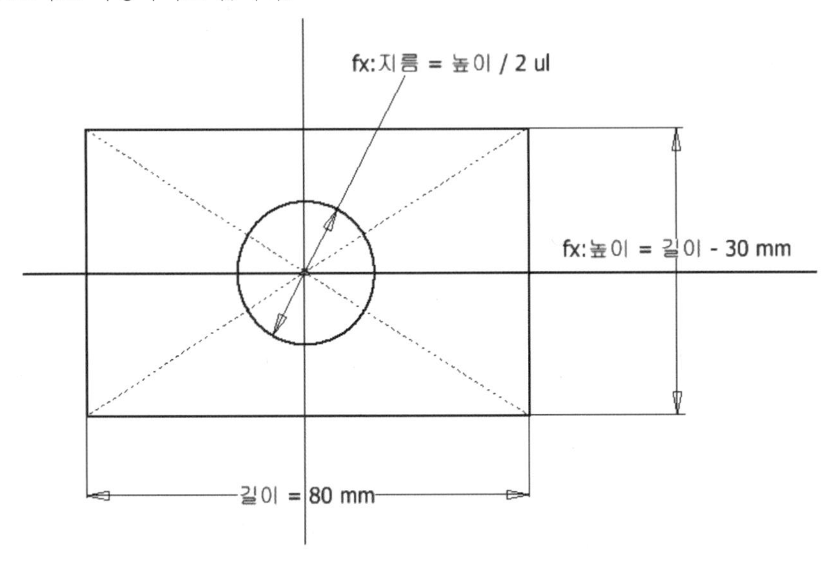


방정식은 매개변수 대화상자에서 입력하거나 치수 편집 대화상자에서 입력할 수 있으며, 높이는 길이에 연관되어 있고 지름은 높이에 연관되어 있기 때문에 설계 변경으로 형상의 크기가 변경되어야 할 경우 사용자가 길이 매개변수만 변경하면 방정식에 따라 높이와 지름 매개변수가 자동으로 변경됩니다. ul은 unit less의 약자로 단위 없음을 나타냅니다.

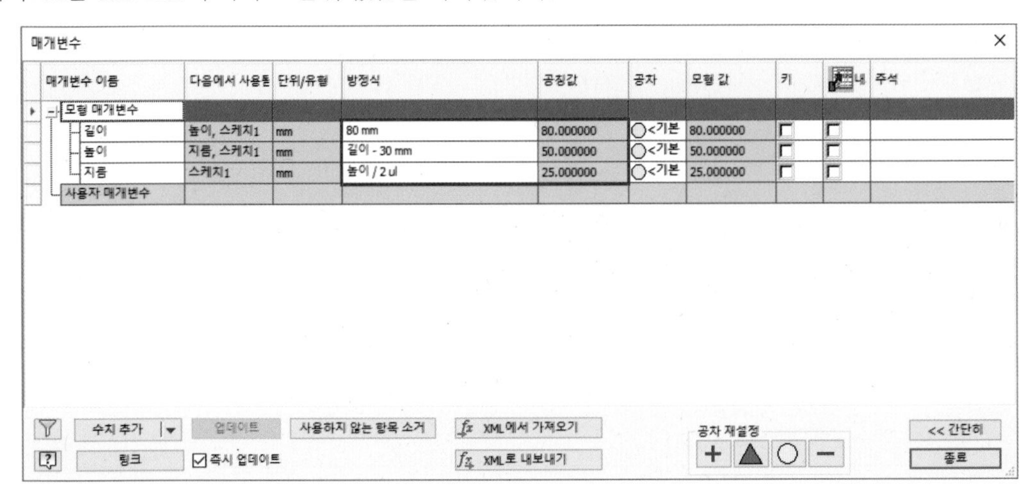

- **길이 매개변수를 80mm → 100mm로 변경했을 때**

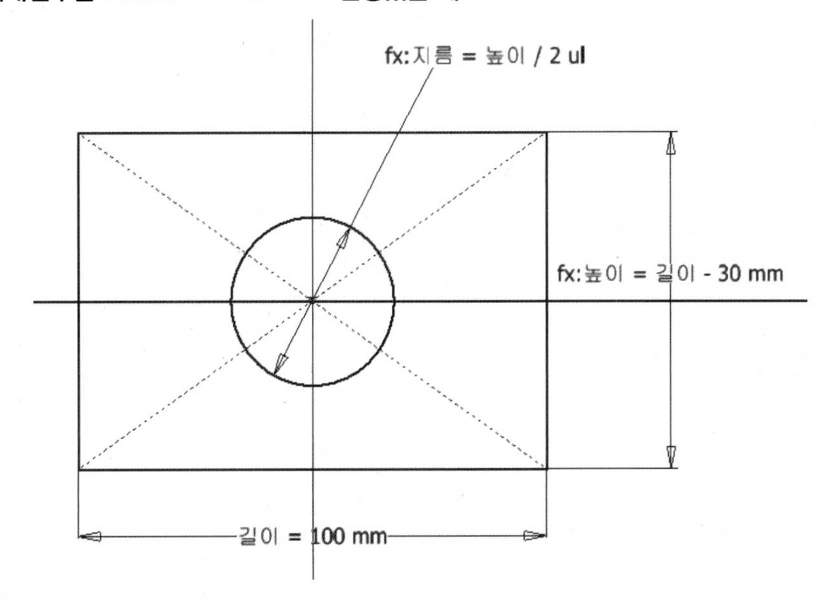


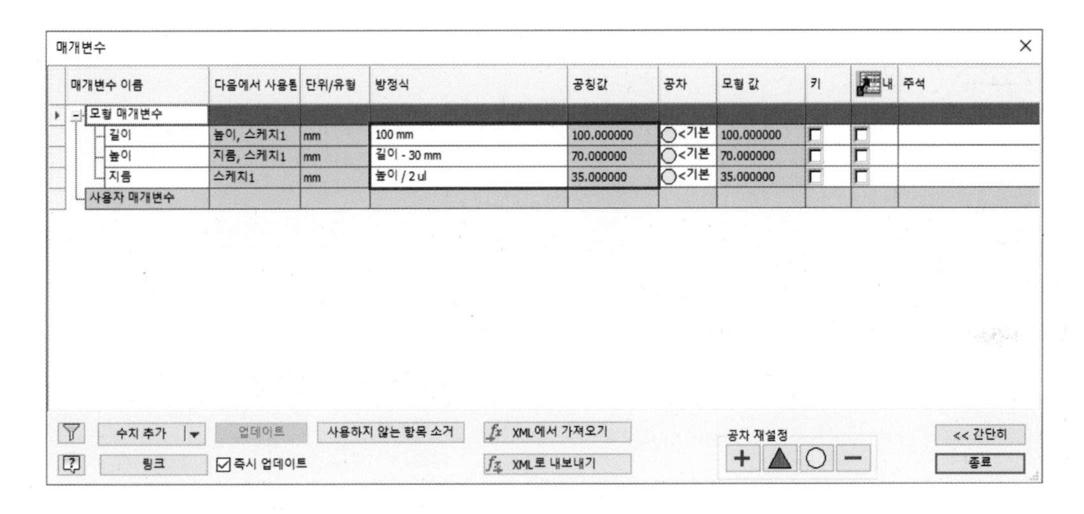

아래와 같이 다른 매개변수와 연관 없이도 방정식을 작성할 수도 있습니다. 단, 매개변수 간 연관이 없기 때문에 형상의 크기를 변경하려면 각 매개변수를 모두 변경해야 합니다.

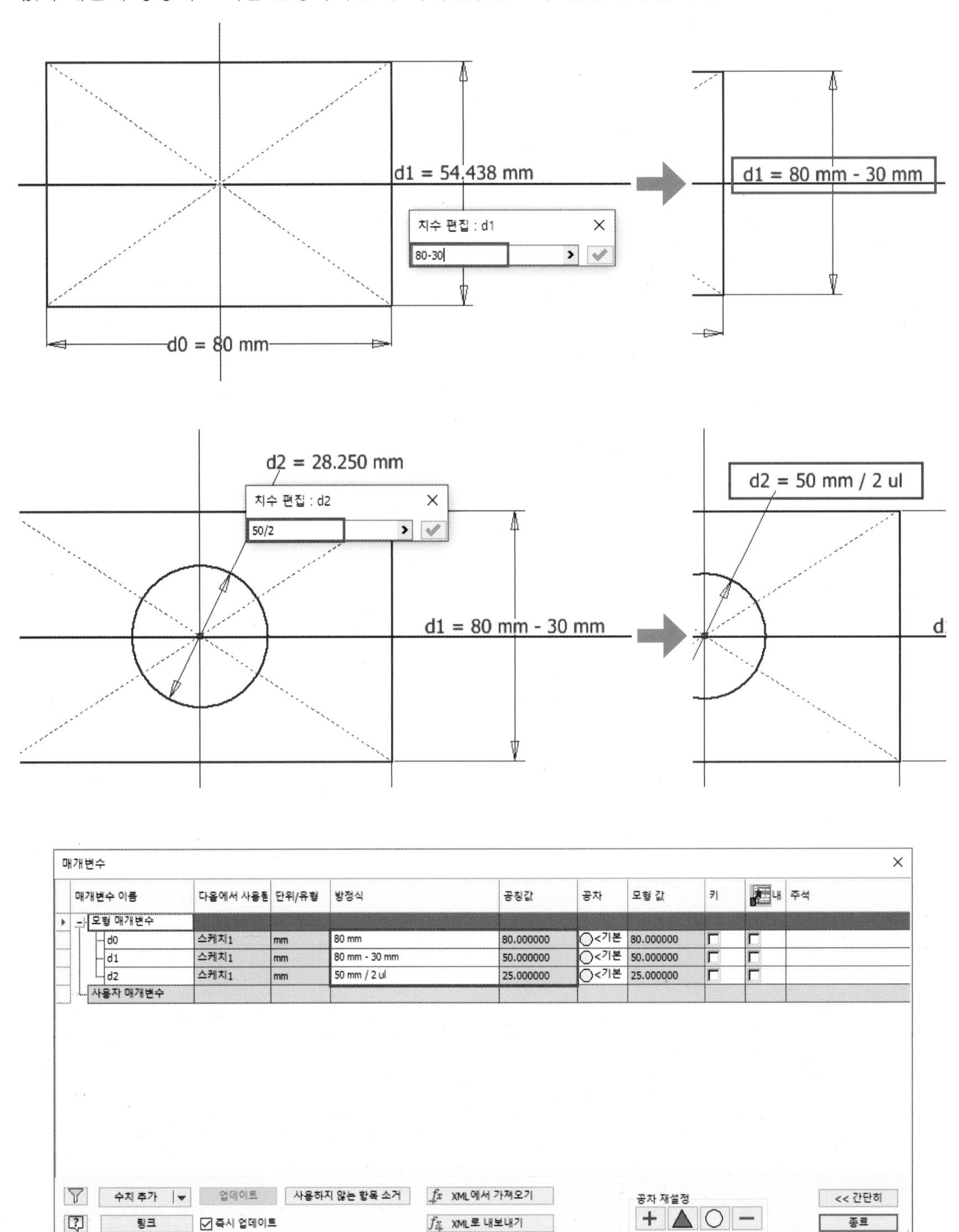

- **사용 가능한 연산자 종류**

| | |
|---|---|
| + | 더하기 |
| - | 빼기 |
| % | 부동 소수점 모듈로 |
| * | 곱셈 |
| / | 나눗셈 |
| ^ | 거듭제곱 |
| ( ) | 표현식 구분기호 |
| ; | 다중 인수 함수의 구분기호 |